ANNA K RHODES

# Maple Leaves

A WOODSIDE STORY

Dunkelstern Verlag

DunKel Stern Verlag

Dunkelstern Verlag GbR
Lindenhof 1
76698 Ubstadt-Weiher
http://www.dunkelstern-verlag.de
E-Mail: info@dunkelstern-verlag.de

Lektorat: Katrin Weißenböck
Korrektorat: Katrin Weißenböck
Satz und Layout: Ryvie Fux (www.ryviefux.com)
Illustrationen: Dunkelstern Verlag unter Verwendung von Grafiken von www.unsplash.com und www.pixabay.com
Umschlagdesign: Jaqueline Kropmanns

Druck: CPI buchbücher.de GmbH
Zum Alten Berg 24
96158 Birkach
Vertrieb: Nova MD GmbH, Raiffeisenstr. 4, 83377 Vachendorf/Germany

ISBN: 978-3-98595-299-1

Ungekürzte Taschenbuchausgabe.

*Für alle, die jemals unter einem anderen Menschen leiden mussten. Ihr seid stark, schön und klug. Lasst euch niemals etwas anderes einreden.*

Don't let them break you.

## *Triggerwarnung:*

Einige der in diesem Buch erwähnten Themen können auf manche Leserinnen und Leser beleidigend, provozierend oder verstörend wirken. Eine genaue Auflistung dieser Inhalte befindet sich am Ende des Buches. Das Lesen dieser Warnung möchten wir unseren Leserinnen und Lesern hiermit sehr ans Herz legen.

## *Playlist*

You Broke Me First – Tate McRae
Hurt – Johnny Cash
Exit Wounds – Placebo
For What it's Worth – The Cardigans
Fuck the World – Badflower
Driver's License – Olivia Rodrigo
The Scientist – Coldplay
You Don't Get Me High Anymore – Phantogram
Lovely – Billie Eilish
So long, Marianne – Leonard Cohen

# Prolog

Brausepulver. Ihr Mund schmeckte nach Erdbeer-Brausepulver, als unsere Lippen sich zum allerersten Mal berührten. Maple Elizabeth Turner. Das Mädchen, das nach Brausepulver schmeckte.

»Igitt, E.T.! Das ist ja widerlich!«, quietschte Maple wie ein aufgeregtes Küken und rückte ein Stück von mir ab. Energisch wischte sie mit dem Ärmel ihrer Jacke über die Lippen. »Eines ist mir jetzt ganz klar: Ich werde nie, nie, niemals wieder einen Jungen küssen!« Sie sprang auf und schüttelte ihre Locken, die wild in alle Richtungen flogen. Sie klopfte sich den Hosenboden ab, ihre Augen blitzten auf. »Komm, lass uns lieber zum Fluss gehen. Vielleicht sehen wir wieder Kaulquappen.« Sie sauste los. Ihre langen Haare hüpften bei jedem Schritt, den sie machte, auf und ab.

Ich wollte ihr hinterherlaufen, aber meine Knie zitterten wild und unkontrolliert. Wäre ich aufgestanden, wären meine Streichholzbeinchen sicherlich unter mir zusammengebrochen. Zumindest fühlten sie sich an wie durchgekauter Kaugummi, seit ich Maples Brausepulverlippen geküsst hatte.

»Was ist nun?«, rief sie mir ungeduldig über die Schulter zu. »Kommst du?«

Ich zuckte zusammen und hoffte inständig, sie hatte nicht bemerkt, wie ich mit den Fingern über meine Lippen fuhr, um ihren Kuss weiterhin zu spüren. Ich wollte ihr noch einmal so nah sein. Aber Maple hatte nicht vor, jemals wieder einen Jungen zu küssen, und das musste ich akzeptieren. So schwer es mir auch fiel.

Wir verbrachten den Nachmittag am Bach, der durch das kleine

Waldstück hinter Maples Haus führte. Wir fingen Kaulquappen, nur um sie wieder freizulassen, und Maple zeigte mir, wie man Pupsgeräusche mit der Achselhöhle machte. Während sie beachtliche Fürze zustande brachte, klang es bei mir eher wie ein klägliches Lüftchen, woraufhin sich meine beste Freundin vor Lachen schüttelte.

Als die Sonne sich dem Horizont entgegenwandte und dieser sich orange färbte, schlenderten wir zurück zu ihrem Haus.

»Da bist du ja endlich, Mapes.«

Christian, Maples großer Bruder, stand mit verschränkten Armen auf der Veranda des beeindruckenden Gebäudes und beäugte uns misstrauisch. Er durchbohrte mich mit seinem feindseligen Blick. Eine Gänsehaut kroch über meinen Rücken. Instinktiv machte ich mich klein – noch kleiner, als ich ohnehin war. Mein Magen verknotete sich zu einem flauen Bündel in meinem Bauch, wann immer er auftauchte. Ich hatte diesem zwölfjährigen Ekelpaket nichts entgegenzusetzen. Während Chris groß und sportlich war, war ich klein und zierlich. Seine Arme zeigten bereits Ansätze echter Muskeln, während meine eher zu lang gekochten Spaghetti glichen.

»Mach dir nicht ins Hemd, Chris«, fuhr Maple ihn an.

Christian wich nicht aus, sein Blick wurde jedoch eine Nuance sanfter, als er zu seiner kleinen Schwester sah. »Mom hat das Essen fertig. Nan Nan ist auch da«, sagte er und machte einen Schritt zur Seite, um den Weg zur Haustür für Maple freizugeben.

Ihr Gesicht strahlte nun vor Freude. »Oh, wie toll! Nan Nan!« Sie wandte sich zu mir und knuffte gegen meinen Oberarm. »Tschüss, E.T.! Bis morgen.« Dann hüpfte Maple die Stufen zur Veranda des großen Hauses empor und drückte sich an Christian vorbei.

»Was willst du bloß mit diesem Loser?«, hörte ich ihn noch murmeln, bevor beide im Gebäude verschwanden.

Mein Blick ruhte noch eine Weile auf der geschlossenen Haustür. Mit der Hand rieb ich über die schmerzende Stelle an meinem Arm, wo Maples Faust mich getroffen hatte. Wie konnten Geschwister so verschieden sein wie die beiden? Wie war es möglich, dass dieselbe DNA solch unterschiedliche Personen hervorbrachte?

# Teil 1

# 1. Maple

Die Tür schwang auf und das vertraute Klingeln der Türglocke verkündete mein Eintreten. Ich ließ die Ladentür hinter mir zufallen und blieb stehen. Tief sog ich den unverwechselbaren Duft nach Holz und Büchern ein, der sich direkt wohlig warm um mein Herz legte.

»Maple, meine Kleine! Wie schön, dich zu sehen.« Meine Großmutter stand hinter dem Kassentresen. Wie immer lag vor ihr auf der hölzernen Arbeitsplatte ein aufgeschlagenes Buch.

»Hi, Nan Nan.« Ich ging zu ihr und drückte ihr einen dicken Schmatzer auf die Wange. Diese Frau war meine Heldin, seit ich denken konnte. Sie wirkte in unserer kleinen und etwas verstaubten Kleinstadt wie ein bunter Vogel, der sich nicht in einen Käfig sperren lassen wollte – und das nicht nur wegen ihrer farbenfrohen Garderobe.

Allen Widerständen zum Trotz hatte Nan Nan ihren eigenen Buchladen in Woodside eröffnet. Als sie Mutter geworden war, hatte sie sich nicht in die klassische Frauenrolle der Hausfrau drängen lassen, die in den Köpfen der meisten Bewohner hier noch immer tief verwurzelt war. Aber davon ließ sich meine Großmutter nicht abschrecken und schon gar nicht unterkriegen.

Während Grandpa in Wilmington bei einer Bank arbeitete, tobten mein Vater und seine Schwester bei Nan Nan durch den Buchladen. In Woodside war das sogar in den siebziger Jahren recht … speziell. Aber Nan Nan ließ sich nicht beirren, was sich nie geändert hatte. Ihr stolzes Herz blieb unbeugsam.

»Was führt dich denn zu mir, meine Kleine?«, fragte meine Oma und verzog ihre knallrot geschminkten Lippen zu einem breiten Lächeln.

»Ich wollte mir ein Buch aussuchen. Kann ich mir eins mitnehmen?«

»Natürlich. Was ist das für eine unsinnige Frage? Du kannst dir so viele Bücher aussuchen, wie du möchtest. Ich würde dir auch jedes einzelne Werk in diesem Laden schenken.« Sie gab mir einen Kuss auf die Stirn, obwohl sie sich dafür auf die Zehenspitzen stellen musste. »Das weißt du doch, Maplechen.«

Ich ließ meinen Rucksack und die Sporttasche auf den Boden sinken und schob beides mit dem Fuß unter den Tresen. »Dann stöbere ich mal ein bisschen.«

Meine Großmutter deutete mit dem Kinn auf meine Schulsachen. »Wie war dein erster Tag an der High School?«

Ich zuckte mit den Schultern. Mein allererster Tag als Frischling an der Woodside High war gut verlaufen. »Ganz okay«, antwortete ich. »War kein großer Unterschied zur Junior High.«

»Na ja«, winkte Nan Nan ab. »So ist das in einer Kleinstadt. Ein Tag gleicht dem anderen. Bei den Schulen ist das nicht anders.« Ihre Augen leuchteten, als ihr etwas einfiel. »Ach ja, dein kleiner Freund ist übrigens auch hier und stromert irgendwo zwischen den Regalen herum.« Sie deutete mit dem Kopf in den hinteren Teil des Ladens.

Ich verdrehte die Augen. »Nenn ihn nicht so. Er ist nicht mein *kleiner* Freund. Das klingt lächerlich, Nan Nan.«

»Was ist daran lächerlich?« Sie schnalzte missbilligend mit der Zunge. »Er ist klein und er ist dein Freund. Folglich ist er dein kleiner Freund. Korrigiere mich bitte, wenn ich mich irre.«

»Zwecklos, Grandma. Du irrst dich doch nie.« Ich grinste sie herausfordernd an.

»Grandma? Habe ich das eben richtig verstanden?« Nan Nan schürzte die Lippen und funkelte mich empört an.

»Hast du. Du bist doch die Mutter meines Vaters, oder nicht? Folglich kann ich dich auch Grandma nennen.« Es fiel mir schwer, ein Grinsen zu unterdrücken. Ich liebte diese kleinen Geplänkel mit ihr, doch nie schaffte ich es länger als sie, dabei ernst zu bleiben.

»Du kannst mich nennen, wie es dir beliebt, meine kleine Maple. Ob du dann aber noch Bücher bekommst, steht auf einem anderen Blatt.« Nan Nan straffte die Schultern in ihrem grellbunten Kleid und zwinkerte mir zu. Ihre Mundwinkel zuckten.

Mit einem lauten Lachen verschwand ich in den Gängen zwischen den hohen Regalen. Meine Fingerspitzen glitten dabei über die Buchrücken. Mein Blick wanderte zwischen den verschiedenen Titeln hin und her. Ich liebte es so sehr, hier zu sein. Eines Tages würde der Buchladen mein Geschäft sein. Nan Nan und ich hatten schon alles genau geplant und ich freute mich darauf, nach dem College und einigen Jahren in einer größeren Stadt zurück nach Woodside zu kommen.

»Hey, E.T.!«, rief ich, als ich am Ende einer Regalreihe einen Jungen entdeckte. Seine schmächtige Gestalt stand in leicht gebeugter Haltung. Die Schultern kippten vor, der Kopf war gesenkt. Sein Blick war gefangen von den Seiten des Buches, das er aufgeschlagen in seinen Händen hielt.

»Wie immer versunken in seiner Traumwelt«, murmelte ich und überbrückte die Distanz zwischen uns mit wenigen Schritten. Freundschaftlich knuffte ich ihm in die Seite.

Wie eine dieser Katzen in YouTube-Videos, die eine Gurke sahen, sprang Ethan vor Schreck in die Luft. Ein spitzer Schrei entwich seiner Kehle. Das Buch rutschte aus seinen Händen und plumpste mit einem dumpfen Laut auf den Boden.

»Hölle noch mal, Maple! Schleich dich doch nicht so an.« Ethans Stimme zitterte noch leicht von dem Schrecken, den ich ihm offensichtlich eingejagt hatte.

Abwehrend hob ich die Hände. »Hey, gib nicht mir die Schuld. Ich hab dich gerufen, du hast mich nicht gehört. Ist nicht mein Fehler.« Ich bückte mich, um das Buch aufzuheben. Dabei streifte mein Blick Ethans Schuhe. Sie waren voller Schmutz und rochen wirklich unangenehm. »Was ist mit deinen Schuhen passiert?«

»Nichts«, gab Ethan mit einem Schulterzucken zurück.

Mit schief gelegtem Kopf musterte ich ihn. »Ethan ich-bügle-sogar-meine-Jeans Bogart würde nie im Leben mit solchen dreckigen Schuhen das Haus verlassen. Also, was ist mit dir los?«

Für einen Sekundenbruchteil legte sich ein trauriger Schleier über Ethans stahlgraue Augen, bevor er diesen mit einem Lächeln vertrieb. »Ich bin in eine Pfütze getreten, nichts weiter.«

»Das muss eine ziemlich stinkige Pfütze gewesen sein«, bemerkte ich stirnrunzelnd. »Außerdem hat es seit Tagen nicht mehr geregnet …«

Ich kannte diesen Ausdruck auf dem Gesicht meines besten Freundes. Etwas stimmte nicht und aus irgendeinem Grund wollte er es mir nicht sagen. Den gleichen Gesichtsausdruck hatte er auch, als er sich einmal nicht getraut hatte zuzugeben, dass er sich im Dunkeln in unserem Wald vor Angst in die Hose gemacht hatte. »Sag schon, was ist los?« Mein Zeigefinger bohrte sich gegen Ethans hageres Brustbein.

Die Schultern meines besten Freundes sackten noch ein wenig weiter nach vorn. Er sah mich aus seinen grauen Augen an wie ein Hundewelpe, der etwas falsch gemacht hatte.

Unter seinem Blick wurde mir kalt. Eine Gänsehaut krabbelte über meine nackten Arme. Ich löste meine Hand von seiner Brust. »Was ist los, Ethan?«, flüsterte ich nun ernsthaft alarmiert.

Ein tiefes Seufzen drang aus seiner Kehle und das klägliche Geräusch lief mir frostig durch den gesamten Körper. Ethan zuckte mit den Schultern. Sein Blick schwand in die Ferne, verschwamm dort hinter einem Schleier aus Tränen.

»Ethan. Was ist los? Sag schon!« Eine beklemmende Stille legte sich in den schmalen Gang zwischen den Bücherregalen. Mir war, als würden sämtliche Bücher aus ihnen herausfallen und mich unter sich begraben, als mein bester Freund flüsterte: »Ich möchte nicht mehr mit dir befreundet sein.«

Einen Moment lang blieb alles still. Es war mir unmöglich, auch nur zu atmen. Mein Gehirn versuchte, das eben Gehörte zu verarbeiten – erfolglos.

Ethan und ich waren beste Freunde, seit wir ungefähr sieben Jahre alt gewesen waren. Damals war er mit seinen Eltern neu in die Stadt gezogen und wir waren uns am Fluss in dem Waldstück hinter unserem Haus über den Weg gelaufen. Besser gesagt war ich ihm vor die Füße gefallen. Ich hatte versucht, auf einen Baum zu klettern, als ich hörte, dass jemand kam. Ich hatte angenommen, dass es mein großer Bruder wäre. Als ich jedoch Ethan entdeckte, beugte ich mich ein wenig zu weit vor. Der Ast, auf dem ich gehockt hatte, gab nach und ich war unsanft auf dem Boden gelandet. Ethan hatte mir danach sofort hochgeholfen.

Von dem Tag an waren wir immer zusammen gewesen und hatten uns geschworen, stets befreundet zu bleiben. Wir hatten sogar einen

Blutschwur darauf vollzogen. Und nun wollte er nicht mehr mit mir befreundet sein? Warum? Welchen verdammten Grund sollte es dafür geben?

»Wie meinst du das?«

»So, wie ich es sage.« Ethans Stimme war ein brüchiges Flüstern.

»Warum?«, bohrte ich nach.

Seine vorgebeugten Schultern zuckten. »Weil es so besser ist.«

»Für wen soll das denn wohl besser sein?«, brach es aus mir heraus.

Ethan schwieg.

Mein anfängliches Entsetzen wich einem anderen Gefühl: Wut. Sie breitete sich in mir aus wie ein Farbtropfen, den man in Wasser träufelt, und erreichte schnell jeden Winkel meines Körpers.

»Okay, E.T., wenn es das ist, was du willst. Wenn du mir nicht genug vertraust, um mir die Wahrheit zu sagen, bitte sehr!«, zischte ich.

Ethans Blick war stur auf den Boden gerichtet. Er blickte nicht einmal auf, als ich sagte: »Dann sind wir eben keine Freunde mehr!« Ich drehte mich um und eilte an den Regalreihen vorbei in Richtung Ausgang. Am Kassentresen raffte ich meine Sachen zusammen.

Nan Nan schaute mich verblüfft an. »Alles in Ordnung, Maple?«

Nickend schniefte ich und wischte mit dem Unterarm über meine brennenden Augen. »Ja, alles bestens«, gab ich zurück. »Ich nehme an, nichts hält ewig, oder? Anscheinend ändern sich selbst in Kleinstädten Dinge von Zeit zu Zeit.« Trotzig schulterte ich meinen Rucksack. Heftig blinzelnd versuchte ich, die Tränen zurückzuhalten, die sich schmerzhaft brennend ihren Weg über meine Wangen bahnen wollten.

Nan Nan legte einen Arm um meine Taille. Sanft zog sie mich enger an sich. »Mein Herz. Nimm ein Ende nicht einfach hin, wenn es dir weh tut. Hinterfrage das Handeln der anderen Menschen. Meistens geschehen solche Dinge aus einem einfachen Grund, den du vielleicht noch nicht erkennst. Manchmal jedoch, weil es dein Gegenüber einfach nicht besser weiß. Aber hin und wieder sind die Gründe auch vielschichtiger.« Die braunen Augen meiner Großmutter blickten tröstend und aufmunternd in meine.

Ein Schatten huschte an uns vorbei. Nur Sekunden später fiel die Ladentür mit einem sanften Bimmeln hinter Ethan ins Schloss.

# 2. Ethan

Komm schon«, murmelte ich ärgerlich. Meine Hände waren schrumpelig und eiskalt vom Wasser. Doch so sehr ich auch schruppte, meine Schuhe wollten einfach nicht sauber werden. Auch der Gestank wollte trotz des Waschpulvers ebenfalls nicht weichen.

Ich ließ mich auf meinen Hintern plumpsen und starrte frustriert auf die tropfnassen Chucks in meiner Hand. Die bräunlichen Ränder auf dem ehemals weißen Canvas-Stoff waren nicht zu übersehen. Chris und seine Kumpel hatten ganze Arbeit geleistet.

Sie hatten mich abgefangen, als ich die Schule verließ. Ich wollte mich mit Maple im Buchladen ihrer Großmutter treffen; an unserem ersten Tag in der High School hatten wir uns nämlich kaum gesehen. Obgleich man glauben könnte, in unserer kleinen Stadt hätten alle Schülerinnen und Schüler denselben Stundenplan, belegten wir nur wenige Kurse gemeinsam. So hatten wir uns beim Mittagessen für ein Treffen am Nachmittag in Nan Nan Turners Laden verabredet.

Ich schlenderte die Straßen in Richtung Stadtzentrum entlang. In Gedanken fertigte ich mir eine Liste der Bücher an, die ich unbedingt bestellen musste. Doch näher kommende Schritte und eine schmerzhaft vertraute Stimme rissen mich aus meinen Gedanken.

»Hey, E.T.«, ertönte es höhnisch hinter mir.

Ich mochte meinen Spitznamen, wenn Maple ihn benutzte. Sie hatte ihn mir bei unserem allerersten Treffen vor beinahe zehn Jahren verpasst. Sie meinte, ich würde mit meinen langen, dünnen Armen und dem verhältnismäßig großen Kopf wie ein Außerirdischer aussehen. Außerdem fand sie es passend, da beide Buchstaben *E* und *T* auch in meinem Namen vorkamen. Aus Christians Mund hingegen klang mein Spitzname wie ein Faustschlag ins Gesicht. Mit einem schiefen Grinsen auf seinen Lippen schlenderte Chris Turner auf mich zu. Im Schlepptau hatte er seine besten Freunde aus dem Footballteam. Möglicherweise waren es auch seine Schatten oder eventuell sogar Klone? Wer konnte das schon mit Bestimmtheit sagen? Die Grenzen waren nicht so klar zu erkennen.

»E.T., mein lieber Freund. Wohin willst du?«, säuselte Maples Bruder und entblößte seine makellosen, weißen Zähne.

»Ich … ähm … zum Buchladen.« Ein unbehagliches Gefühl beschlich mich und breitete sich in meinem gesamten Körper aus. Meine Haut kribbelte, alles in mir schrie: »Gefahr!«

Chris kam näher und näher. Ich wollte rennen, doch wohin? Mein Blick huschte nervös über den Gehweg und die Grundstücke, die an ihn grenzten. Vielleicht sollte ich wie ein Kätzchen auf einen Baum klettern und dort oben ausharren, bis Chris und sein Gefolge keine Lust mehr hatten, auf mich zu warten. Aber anders als eine Katze hatte ich keine Krallen, um am Baumstamm Halt zu finden. Ich würde wie ein schwerer, nasser Sack auf meinem Hintern landen. Wem machte ich also etwas vor? Es gab keine Chance für mich, ihnen zu entkommen.

Mein Körper versteifte sich unter der Berührung, als Chris seinen muskulösen Arm um meine knochigen Schultern legte.

»Zum Buchladen, also?« Er lachte auf und seine Klone taten es ihm gleich. »Du bist ein wandelndes Klischee, oder?« Er tätschelte meine Wange. »Ich meine, du siehst aus wie eine Vogelscheuche und hängst in deiner Freizeit im Buchladen ab.«

»Du bist auch ein wandelndes Klischee«, murmelte ich durch zusammengebissene Zähne.

»Wie bitte?« Maples Bruder zog seine Augenbrauen zusammen. Auf seiner Stirn bildete sich eine steile Falte. Ich zuckte zusammen, als sein Gesicht meinem noch näher kam. »Hast du was gesagt, Vogelscheuche?«

Ich schüttelte den Kopf und versuchte, dem starken Arm zu entkommen, der tonnenschwer auf meiner Schulter lastete. Doch ich hatte keine Chance. Es war, als wäre ich in einem Schraubstock eingezwängt.

»Weißt du, was das Einzige ist, was bei dir nicht ins Bild passt?« Chris ließ seinen Arm von meiner Schulter sinken. Für den Bruchteil einer Sekunde fühlte ich mich frei, als sein Gewicht meinen Körper verließ. Doch dieses Gefühl der Freiheit währte nicht lange, denn seine Finger schlossen sich blitzschnell fest um mein Handgelenk und drückten zu. Es kam mir vor, als würde meine Hand abgetrennt werden. Ich schluckte schwer und starrte Maples Bruder paralysiert in die Augen, in denen nun Zorn aufflackerte.

»Meine Schwester«, zischte er. »Maple passt nicht in das Bild.«

Ich hörte, was er sagte, aber den Sinn seiner Worte konnte ich nicht begreifen. »Maple? Was hat sie damit zu tun?«

Er schnaubte verächtlich und sein Atem traf mich feucht und warm im Gesicht. »Was sie damit zu tun hat?« Der Griff um mein Handgelenk wurde noch fester, während Chris sprach. Ich war mir sicher, meine Hand würde jeden Moment einfach absterben und auf den Boden fallen.

»Meine kleine Schwester war jetzt lange genug mit dir befreundet. Sie hat Besseres verdient als dich.« Angewidert starrte er mich an. »Du ziehst sie nur runter, verstanden?«

Er ließ mich los und ich versuchte, seine Worte zu verarbeiten. Ich sollte Maple runterziehen? Warum? Sie war meine beste Freundin, seit meine Eltern und ich nach Woodside gezogen waren. Genau genommen war sie meine einzige Freundin. Alle anderen Menschen hier hielten mich für zu merkwürdig. Zu anders …

»Wie meinst du das?«, brachte ich mühsam hervor.

Chris kam wieder ein Stück näher und gab seiner Gefolgschaft ein Zeichen, ihm zu folgen. Die beiden fremden Jungs stellten sich hinter mich und legten jeweils eine Hand auf meine Schultern. Unter ihrem Gewicht hatte ich das Gefühl, im Asphalt zu versinken.

»Was ich damit meine, E.T., ist, dass die High School ein Schlachtfeld ist. Du bist entweder ein Held oder ein Loser. Und wie ein Held siehst du nicht aus. Oder täusche ich mich da?«

Ich schüttelte den Kopf.

»Dachte ich mir.« Chris lächelte kalt. »Die nächsten vier Jahre werden also die Hölle für dich sein. Das sind sie für die Loser immer. Aber ich mache dir ein Angebot.«

Wäre ich mutiger oder leichtsinniger gewesen, hätte ich ihn gefragt, ob er sich für den Paten hielt, aber ich schwieg und starrte Maples älteren Bruder verängstigt an. In meinem Kopf spukte die eine Frage umher: Was will er von mir?

Er strich mit der Hand über sein Kinn. »Vielleicht kann ich dafür sorgen, dass du die Schule einigermaßen unbeschadet überstehst – indem ich dich unter meinen Schutz stelle, sozusagen. Glaub mir, niemand legt sich an der Woodside High mit mir an. Ich bin der verdammte König der Schule.« Er verzog die Lippen zu einem hämischen Grinsen. »Aber meinen Schutz gibt es selbstverständlich nicht umsonst«, säuselte er.

Ich schluckte schwer gegen einen Kloß an, der sich in meiner Kehle gebildet hatte und sie zu sprengen drohte. »Und was muss ich dafür tun?« Meine Stimme war zittrig und leise. Ein winziger Babyvogel hätte mich übertönen können. Ich hasste mich selbst dafür, so eingeschüchtert zu sein.

»Nicht viel, mein Freund. Überhaupt nicht viel.« Erneut tätschelte er meine Wange. »Du lässt nur meine Schwester in Ruhe. Mehr nicht«, sagte er schulterzuckend. »Das ist doch ein fairer Deal, habe ich recht?«

»Aber … Maple … Sie ist meine einzige Freundin«, stammelte ich.

»Ja, das ist sie. Oder sagen wir, das *war* sie. Denn ab jetzt ist sie es nicht mehr.« Chris grinste und wandte sich zum Gehen.

Meine Beine zitterten und Erleichterung durchflutete meinen Körper. Ich stieß den Atem aus. Erst jetzt merkte ich, dass ich es wohl schon länger nicht gewagt hatte, zu atmen. Immerhin hatte ich keine Prügel bezogen. Was Maple anging, so würde ich schon eine Lösung finden.

Doch ich hatte mich getäuscht. Chris war noch nicht fertig mit mir. Ich erstarrte, als er sich noch einmal zu mir umdrehte. Er erinnerte mich einen Moment lang an den alten TV-Kommissar Columbo, der immer ein Ass im Ärmel hatte. Augenblicklich brach mir kalter Schweiß aus.

Er gab den beiden Kerlen hinter mir ein Zeichen, woraufhin sie meine Schultern losließen. Ich hätte rennen sollen. Irgendwohin. Hauptsache, weg von den dreien.

Aber es kam mir vor, als würde der Asphalt unter mir mit meinen Füßen verschmelzen, mich an Ort und Stelle festhalten. Das nächste

Geräusch, das ich hörte, waren Reißverschlüsse, die geöffnet wurden.

»Ich habe ganz vergessen, dir zu sagen, was passiert, wenn du dich weiter an meine Schwester klammerst.« Chris griff in seinen Schritt und holte seinen Penis hervor. Dann pisste er auf meine Schuhe. Seine Klone folgten seinem Beispiel.

Galle stieg mir die Kehle empor, sammelte sich sauer und bitter in meinem Mund.

»Und das ist nur ein Vorgeschmack, du kleiner Pisser.« Er schüttelte die letzten Tropfen aus seinem Ding und blickte mich aus eiskalten Augen an. »Du bist es noch nicht mal wert, den Namen meiner Schwester auszusprechen. Hast du das kapiert?« Zum Abschied schnippte er mit den Fingern gegen mein Ohr. Gefolgt von seinen Schatten verschwand Chris lachend aus meinem Sichtfeld. Ich blieb zurück in einer Pfütze aus Pisse und verlorener Selbstachtung.

***

Mein Blick wanderte zur Spülbürste in meiner Hand. Das Wasser hatte sich in unzähligen Tropfen auf dem angegrauten Holz der Veranda verteilt, so kräftig hatte ich die Schuhe geschruppt, gewischt, gebürstet. Es war sinnlos. Die Sneaker, die meine Mutter mir erst vor einer Woche neu gekauft hatte, waren ruiniert. Ich konnte nur hoffen, dass es ihr nicht sofort auffiel. Was mich anging, so würde ich einfach wieder meine ausgetretenen Winterboots anziehen. Das würde sowieso niemand bemerken. Es war, wie Chris gesagt hatte: Ich war ein Loser; niemand nahm Notiz von mir. Da machte es keinen Unterschied, ob ich nun Chucks oder Boots oder gar nichts an den Füßen trug.

Ich dehnte meinen Nacken und reckte mein Gesicht der Sonne entgegen, die vollkommen gegensätzlich zu meiner Gefühlslage strahlend und warm auf mich herabschien.

»Ethan?« Meine Mom stand hinter mir in der Tür und blickte mich verwundert an. »Was machst du da?«

Ich war so in meinen Gedanken versunken gewesen, dass ich sie nicht kommen gehört hatte. Wie lange hatte ich schon auf dem Boden gehockt in dem kümmerlichen Versuch, meine Schuhe von der Pisse zu befreien?

Eilig bemühte ich mich, die ruinierten Chucks hinter mir zu verstecken.

»Was ist mit deinen Schuhen passiert, Junge?«

Meine Mutter sah müde aus. Sie trug noch die alberne Kleidung, die sie immer bei ihrem Job in der Tierarztpraxis tragen musste. Sie bestand aus einer dünnen, blauen Stoffhose, wie sie auch in Krankenhäusern getragen wurde, und einem Kittel mit einem wilden Aufdruck von unzähligen Hunden, Katzen und Hamstern samt passender Pfotenabdrücke.

»Du bist früh zu Hause, Mom«, versuchte ich sie abzulenken.

»Der letzte Kunde hat abgesagt. Wir konnten also früher schließen.« Sie fuhr sich mit einer Hand über die müden Augen. »Nun, was ist mit deinen Schuhen?«

»Ich bin in eine Pfütze getreten«, sagte ich mit gesenktem Blick.

Ich hasste es, meine Eltern zu belügen. Sie waren die ehrlichsten Menschen, die ich kannte und verdienten es nicht, angelogen zu werden. Wenn ich aber die Wahrheit sagen würde, wären die Konsequenzen umso fürchterlicher. Meine Mom wäre – als die Löwenmutter, die sie war – außer sich und würde es meinem Vater berichten. Dann würden die beiden die Schule einschalten und zu den Turners gehen. Ich könnte mich genauso gut direkt selbst verprügeln und mir auf die Füße pissen. Die High School würde ich in dem Fall unter keinen Umständen heil überstehen.

»Eine Pfütze?« Sie legte ihre Stirn in Falten, als ihr Blick über den vom heißen Sommer ausgedörrten Rasen wanderte. Meine Mutter schüttelte den Kopf und drehte sich um. Bevor sie im Haus verschwand, sagte sie über die Schulter an mich gewandt: »Dein Vater wird auch gleich zu Hause sein. Hilfst du mir beim Kochen und schälst bitte die Kartoffeln?«

Seufzend rappelte ich mich auf. Mein Blick verharrte auf den dreckigen Chucks. Übelkeit stieg in mir auf, als meine Gedanken zu Chris wanderten und sich sein Bild schonungslos vor meinem inneren Auge zusammensetzte. Sein höhnisches Grinsen auf den vollen Lippen, der eiskalte Hass in den wachen Augen.

»Was sollte das vorhin?« Maple riss mich aus meiner Paralyse. Eine Woge aus Freude überflutete meinen Körper, als ich die Stimme meiner besten Freundin vernahm. Unmittelbar darauf folgte die Angst. Was, wenn Chris sie hier sehen würde?

Ich drehte mich zu ihr. Maples schlanke, sportliche Gestalt stand am Fuße der schmalen Treppe, die zum Hintereingang unseres Hauses führte. Ärgerlich tippte sie mit der Fußspitze gegen das ausgeblichene Holz vor ihr. Die Arme hatte sie vor der Brust verschränkt. Ihre Augen funkelten mich zornig an. »Hat es dir die Sprache verschlagen?«, zischte sie.

»Ich … ähm …«

»Ich ähm was?!« Sie trat auf die unterste Stufe. »Falls du es noch nicht weißt: Eine Freundschaft funktioniert nicht so. Du kannst nicht einfach entscheiden, keine Lust mehr auf mich zu haben. Das läuft so nicht, Ethan Humphrey Bogart! Du hast doch wohl den Verstand verloren!« Ihre Stimme wurde lauter und ich hoffte, meine Mutter würde nicht hinzukommen. Ihre unvermeidlichen Fragen würden mich erneut in Erklärungsnot bringen.

»Bitte schrei nicht so, Maple. Meine Mom ist da.« Beschwichtigend hob ich die Hände, die sich vom Putzwasser noch immer taub anfühlten.

»Ich schreie nicht. Ich habe eventuell lediglich Probleme, die Lautstärke meiner Stimme zu kontrollieren«, zischte sie und funkelte mich an. Maple zog dabei ihre Nase kraus und sah plötzlich aus wie ein wütendes Kaninchen.

»Soll ich dir eine Karotte bringen?« Ich musste schmunzeln. Es ging mir jedes Mal so, wenn Maple versuchte, sauer auf mich zu sein. Sie hatte dann diesen besonderen Gesichtsausdruck, der mich zum Lachen brachte.

»Häh? Wieso?« Irritiert schaute sie mich an. Eindeutig hatte ich sie aus dem Konzept gebracht.

»Na ja, du siehst aus wie ein aufgebrachtes Kaninchen. Da kann eine Karotte nicht schaden, oder?« In dieser Sekunde erkannte mein Verstand, was mein Herz schon längst wusste: Es ging nicht, ich konnte mich nicht von ihr fernhalten. Nicht, wenn sie das einzig Gute war, was mir außerhalb meines Elternhauses jemals widerfahren war.

Schnaubend knuffte Maple mir in die Seite und ließ sich dann auf den Holzstufen nieder.

Mit einer Hand griff sie nach dem Saum meines Shirts und zog mich zu sich auf den Boden.

»Also, was ist los?«, fragte sie leise, während sie mit ihren Fingerspitzen kleine Kreise auf ihre nackten Knie malte. »Warum willst du nicht mehr mit mir befreundet sein?«

Mein Herz brach beim unendlich traurigen Klang ihrer Stimme. Tausend Scherben schienen dabei klirrend zu Boden zu rieseln. Wäre ich nicht so ein Schwächling, hätte Chris sicher kein Problem damit, dass seine Schwester und ich Freunde waren.

»Habe ich etwas falsch gemacht?«, flüsterte Maple. Sie schlang ihre schlanken Arme um die Knie und legte ihren Kopf auf ihnen ab. Ihre großen Augen schimmerten feucht, als sie mich ansah.

»Nein, Maple. O mein Gott. Du hast gar nichts falsch gemacht, überhaupt nichts. Hörst du?« Zögernd strich ich mit der flachen Hand über ihren Rücken.

»Warum willst du dann nicht mehr mit mir befreundet sein?«, schniefte sie.

»Die High School … sie wird schwer für mich.«

»Ach was. Du bist der cleverste Kerl, den ich kenne. Da wird überhaupt nichts schwer für dich.«

»Nein. Das meine ich nicht. Ich meine die Leute. Sie sind … Ich glaube, ich sollte mich unsichtbar machen.«

Maple machte ein undefinierbares Geräusch, eine Mischung aus Schnauben, Zungenschnalzen und Glucksen. »Mach dich doch mit mir gemeinsam unsichtbar.«

»Wie soll das gehen? Du bist das schönste Mädchen der Schule. Alle sehen dich an und wollen mit dir befreundet sein. Ich würde nur als der Außenseiter an deiner Seite auffallen, der ich bin.« Ich seufzte schwer. »Ich möchte lieber unterhalb des Radars bleiben, verstehst du?«

Maple schwieg und musterte mich, dann schüttelte sie den Kopf. »Nein, tue ich nicht. Das ist absoluter Unsinn, E.T.« Langsam erhob sie sich und strich ihre Laufshorts glatt. Ihr Blick heftete sich auf ein gelblich gewordenes Grasbüschel am Fuße der Treppe. Maple verschränkte ihre Hände derart fest miteinander, dass die Fingerknöchel weiß hervortraten. »Aber wie du willst«, fügte sie leise hinzu. »Dann treffen wir uns eben nur noch nach der Schule. Auf unserer Lichtung.

Immer abends um 18:00 Uhr. Hast du das verstanden?«

Sie stemmte die Hände in die Hüften und ich wusste, sie würde auf keinen Fall Widerrede von mir dulden. Also nickte ich und ein Lächeln huschte über die Lippen meiner besten Freundin. »Wunderbar. Geht doch. Dann also bis morgen, E.T.«

Sie winkte mir zum Abschied und lief zum Waldstück hinüber, an dessen anderem Ende sich ihr Haus befand. Maples rotbraune Haare verschmolzen mit dem bernsteinfarbenen Licht, das die untergehende Sonne herabstrahlte.

# 3. Maple

Wo warst du?«

Mit verschränkten Armen stand Chris auf unserer Veranda. Finster blickte er mich an.

»Beim Weihnachtsmann.« Ich stellte mich neben ihn und imitierte seine alberne Pose. Mit dem Kinn deutete ich auf meine Laufschuhe. »Ich war laufen, du Klappspaten.« Mit dem Ellenbogen knuffte ich ihm gegen den muskulösen Oberarm.

Ein Lächeln schlich sich auf die Lippen meines Bruders. Er blickte viel zu oft ernst in die Welt. Ich hatte keine Ahnung, warum Chris so wenig Spaß am Leben hatte; zumindest sah es für mich danach aus. Aber wenn mein großer Bruder lächelte, und zwar so, dass auch seine Augen strahlten, schmolz augenblicklich jeder dahin wie ein Eisbecher in der prallen Sonne.

Chris legte einen Arm um meine Schultern und zog mich an sich. Ich schmiegte mich an ihn und genoss seine Nähe. Er konnte manchmal ein Arschloch sein, besonders zu seinen Gegnern auf dem Spielfeld. Für mich war er aber einfach mein großer Bruder, der mich in den Arm nahm, wann immer ich es brauchte.

»Ihr wisst schon, dass ihr verwandt seid, oder? Wenn ihr rummacht, ist das illegal«, ertönte eine Kinderstimme hinter uns. Jarred, unser jüngerer Bruder, lehnte mit verschränkten Armen im Türrahmen und musterte uns mit angewidertem Gesicht.

»Ih, Jarred. Geht's dir noch gut, du Zwerg?«, fuhr ich ihn an.

»Was stimmt denn nicht mit dir?« Chris nahm seinen Arm von meinen Schultern und ging auf Jarred zu. Der versteifte sich erst, wandte sich dann ab und wollte davonrennen. Doch es war zu spät – Chris hatte ihn bereits geschnappt. Er packte unseren Bruder und legte ihn sich wie einen Sack Getreide über die Schultern.

»Was machen wir jetzt mit dem kleinen Wurm?«, fragte er schmunzelnd in meine Richtung.

Gespielt ernsthaft legte ich meinen Zeigefinger auf die geschürzten Lippen. »Pool?«, säuselte ich.

»Ja«, antwortete Chris mit einem diebischen Grinsen. Mit dem quiekenden Jarred auf der Schulter flitzte er ums Haus herum. Ich folgte den beiden lachend.

»Nein! Ich hab schon meinen Schlafanzug an. Nicht in den Pool! Nicht in den Pool!« Jarred kreischte. Seine Stimme bestand zum Teil aus Gelächter, aber auch aus Verzweiflung.

»Das hättest du dir früher überlegen müssen«, gab Chris zurück. »Und Alter, welcher Zehnjährige trägt noch Schlafanzüge mit Feuerwehrautos drauf?«

Meine Brüder erreichten den Pool. Chris hob den zappelnden Jarred von seinen Schultern und hielt ihn nun auf beiden Armen, als würde er seine Braut über die Schwelle tragen. Sein Grinsen wurde noch breiter, als er einen großen Schritt nach vorne machte und mit unserem kleinen Bruder gemeinsam ins kühle Wasser des Schwimmbeckens eintauchte. Das waren die Momente mit meinen Geschwistern, die ich unendlich liebte. Wenn wir unbeschwert zusammen waren und Chris nicht den Kapitän der Football-Mannschaft heraushängen ließ, sondern einfach nur Christian Turner war. So liebte ich ihn am allermeisten.

»Mom wird euch umbringen«, flötete ich und lachte. Mit schlendernden Schritten kam ich zum Pool und beobachtete Jarred aufmerksam, der bereits aufgetaucht war und wie ein kleiner Hund zum Rand des Beckens paddelte. Zwar konnte er sich über Wasser halten, aber ein sicherer Schwimmer war er noch nicht.

Ich streckte ihm meine Hand entgegen, um ihm aus dem Wasser zu helfen. Mit einem Ruck an meinem Arm erwischte er mich eiskalt. Ich verlor das Gleichgewicht und plumpste kopfüber ins Wasser. Prustend tauchte ich wieder auf, schnappte nach Luft und strich mir die nassen, langen Haare aus dem Gesicht.

»Korrigiere, Schwesterchen«, säuselte Jarred. »Mom wird *uns* umbringen.«

In dem Moment hörten wir, wie die Terrassentür energisch aufgeschoben wurde. Unsere Mutter stürmte aus dem Wohnzimmer und baute sich am Rande des Pools auf. Sie bedachte uns mit jenem tadelnden Blick, bei dem wir uns grundsätzlich wie Vierjährige fühlten, die zum hundertsten Mal vergessen hatten, die Milch zurück in den Kühlschrank zu stellen.

»Kinder! Habt ihr den Verstand verloren?!« Sie deutete auf ihren jüngsten Sohn. »Jarred sollte jetzt eigentlich schon im Bett liegen.« Sie ließ die Arme sinken, doch ein Lächeln stahl sich zeitgleich auf ihre Lippen und ließ ihre Augen vor emotionaler Wärme beinahe überlaufen. »Kommt raus, ihr unverschämte Brut«, forderte sie und lachte.

Nacheinander krabbelten wir aus dem Wasser und steuerten auf das Haus zu. Tropfnass platschten Jarreds, Chris' und meine Füße drinnen über den Holzfußboden, was von unserem lauten Lachen und dem Schimpfen unserer Mutter begleitet wurde, die sich über die Wasserflecken auf dem teuren Hartholz mokierte.

***

Als ich später an diesem Abend in meinem Bett lag, wanderten meine Gedanken unweigerlich zu Ethan. Irgendetwas musste ihm in der Schule passiert sein, sonst wäre er nicht auf die unsinnige Idee gekommen, unsere Freundschaft zu verbergen oder gar beenden zu wollen. Vielleicht hatte ihm jemand deswegen zugesetzt? Aber wer sollte das gewesen sein? Die meisten Kids unserer Schulstufe wussten sowieso, dass wir befreundet waren, schließlich wohnten wir hier in einer Kleinstadt, in der beinahe jeder jeden kannte.

Was war also passiert? Vielleicht hatten ihn ein paar der Jungs aus dem Footballteam blöd angemacht, weil er mit mir befreundet war? Morgen würde ich Chris fragen, ob er ein Auge auf Ethan haben könnte. Es würde sich bestimmt niemand mit ihm anlegen, wenn mein Bruder auf ihn achtete.

Ich nickte zufrieden. Zwar war mein großer Bruder kein besonderer Fan von E.T., aber er würde mir den Gefallen ganz sicher tun.

Mit einem guten Gefühl schlief ich ein.

***

Chris' pechschwarzer BMW glitt über die Straße. Es war praktisch, mit ihm die gleiche Schule zu besuchen. So konnte ich mir die Fahrt mit dem Schulbus sparen, was mir wertvolle dreißig Minuten bescherte, die ich länger in meinem Bett bleiben konnte.

Mein Blick folgte den vorbeifliegenden Häusern, Bäumen und Feldern.

»Chris?«

Mein Bruder brummte, ohne den Blick von der Straße zu nehmen.

»Kann ich dich etwas fragen?«

»Klar, Mapes. Alles. Das weißt du doch.« Er sah kurz zu mir rüber.

»Weißt du, ob Ethan gestern in der Schule irgendwas passiert ist?«

»Nein, keine Ahnung. Warum?«

»Er will nicht mehr mit mir befreundet sein«, gab ich zu.

Chris zuckte mit den Schultern. »Das ist doch gut. Was willst du mit dem Nerd?«

Ich stöhnte genervt auf. »Nein, Chris. Hör auf damit. Ethan ist mein bester Freund, kein Nerd. Und wenn, dann ist er auf die gute Art nerdy. Und ich finde es scheiße, wenn er unsere Freundschaft plötzlich verheimlichen will.«

»Verheimlichen?« Chris' Stirn legte sich in Falten.

»Ja. Er will nicht, dass in der Schule jemand weiß, dass wir befreundet sind. Er meint, das würde zu viel Aufmerksamkeit auf ihn lenken und er würde lieber unsichtbar sein. Das ist aber Unsinn, weil sowieso alle von unserer Freundschaft wissen; in Woodside weiß doch jeder alles von jedem. Aber E.T. will lieber *unter dem Radar bleiben.*« Die letzten Worte machte ich in Ethans Stimme nach.

»Das ist doch gar nicht so dumm von ihm«, gab Chris nach einer Weile zurück und erntete meinen verständnislosen Blick als Antwort.

»Ich meine, er ist ein absoluter Nerd«, fügte mein Bruder hinzu.

»Chris …«, unterbrach ich ihn.

»Was denn? Er *ist* ein Nerd. Die Tatsache kannst nicht mal du leugnen. Und du, Schwesterchen«, er deutete auf mich, »kannst alles sein, was du willst.« Sein Blick richtete sich wieder auf die Straße. »Die High School kann echt brutal sein. Wenn du Schwäche zeigst, gehst du unter. Ethan wäre so eine Schwäche für dich.« Chris legte seine Hand auf mein Knie und drückte es leicht. »Ich meine, du bist echt hübsch, Schwesterherz. Und klug. Du bist die geborene Gewinnerin. Außerdem ist dein Bruder der beste Quarterback, den die Westwood High jemals hatte. Aber Ethan ist … na ja … er ist eben ein Loser. Es ist ein ziemlich kluger Schachzug von ihm, die Freundschaft zu dir nicht an die große Glocke zu hängen. Es wird euch beiden das Leben vereinfachen. Glaube mir.«

»Das ist doch Unsinn.« Ich verschränkte die Arme vor der Brust und ließ mich tiefer in den Beifahrersitz des Autos sinken.

»Vielleicht ist es Unsinn, aber das ist nun mal die High School«, gab Chris schulterzuckend zurück.

# 4. Ethan

Mit gesenktem Blick presste ich mich an der Wand entlang über den Flur der Schule. Es erschien mir als das sicherste Mittel, den Blickkontakt zu anderen Schülern zu vermeiden, um nicht bemerkt zu werden.

Erleichtert ließ ich die Luft durch die Nase entweichen, als ich meinen Spind erreichte. Ich konnte mich nicht entsinnen, dass ich auf dem Weg zu meinem Schließfach überhaupt geatmet hatte. Vermutlich schon, sonst wäre ich wegen Sauerstoffmangels ohnmächtig zusammengebrochen. Vielleicht wäre das aber auch besser gewesen.

Unsicher blickte ich mich um. Überall um mich herum schoben sich unzählige Schüler über den Flur. Der Anblick erinnerte mich an einen Fluss in seinem Bett, nur dass es hier um ein Vielfaches lauter war. Das Stimmengewirr der vielen Menschen in dem engen Raum klingelte in meinen Ohren.

Mit zitternden Fingern drehte ich an dem Rädchen des Schlosses meines Spinds und entsperrte es mithilfe des passenden Zahlencodes. Als ich jedoch die Tür des Schranks öffnete, erstarrte ich. Meine Hand krampfte sich um die Spindtür, bis sich das Metall schmerzhaft in meine Haut bohrte. Auf meinen Schulbüchern, die ich im Schließfach gelagert hatte, lag Scheiße. Ein riesiger Haufen Kacke. Ich kämpfte gegen einen Würgereiz an, der meine Kehle erfasste. Erschrocken presste ich meine Hand auf die Lippen. Ich wollte die Tür schließen, sie einfach zurück ins Schloss schmettern, aber meine Glieder waren wie gelähmt. Keine Bewegung wollte mir gelingen.

Kurz bevor ich eine schwere Hand auf meiner Schulter spürte, hörte ich einen Schrei.

War ich das? Hatte ich geschrien?

Wie in Zeitlupe drehte ich meinen Kopf und blickte in Chris' Gesicht. Er lächelte mich an und hätte ich ihn nicht gekannt, wäre keine Bedrohung von ihm ausgegangen.

Doch ich kannte ihn nun mal; es war seine Masche. Er wiegte sein Opfer in Sicherheit, doch wenn man es nicht mehr erwartete, schlug er zu. Erbarmungslos.

»Was ist das für eine Schweinerei …« Chris rümpfte die Nase, als er an mir vorbei in meinen Spind schielte. »Hat dir etwa jemand in den Schrank geschissen, Bogart?« Er schüttelte den Kopf. Seine beiden Schatten bauten sich links und rechts hinter ihm auf. Natürlich waren auch sie da. Christian Nicholas Turner erschien niemals alleine.

Drei Augenpaare ruhten auf mir und das Gewicht ihrer Blicke erdrückte mich. Das Atmen fiel mir unendlich schwer. Mein gesamter Körper zitterte plötzlich, als wäre ich in einen riesigen Haufen aus Eis und Schnee gefallen.

»Bogart«, sagte Chris. Er legte seinen Arm auf meine Schultern und drehte meinen Körper mit einer Leichtigkeit herum, als wäre ich ein Spielzeug – denn genau das war ich für ihn. »Ich dachte, wir hätten uns gestern verstanden. Ich hatte mich doch recht deutlich ausgedrückt, oder?«

Ich nickte hektisch. Um jeden Preis musste ich tun, was er von mir verlangte, um diese Situation zu entschärfen.

»Dennoch, mein Freund, hast du dich wieder an meine Schwester rangemacht.«

»Nein!«, entfuhr es mir schrill.

»Nicht?« Chris blickte zu seinen Schergen hinüber. »Das verwirrt mich, E.T., denn weißt du, sie hat mir erzählt, dass ihr euch gestern getroffen habt.« Er kniff die Augen zusammen. »Möchtest du also sagen, dass meine Schwester eine Lügnerin ist?«

»Nein, das ist sie nicht!« Panik ergriff mich. Ich wusste nicht, was genau Chris vorhatte, aber mir war klar, dass es nichts Gutes war. »Ich habe ihr nur gesagt, dass wir nicht mehr befreundet sein können, Chris, wirklich«, erwiderte ich verzweifelt.

»Hmmmm«, machte er und legte seine freie Hand auf meine Brust. »Ich möchte dir glauben, aber … hier bist du und da«, er deutete auf meinen Spind, »ist die Scheiße.« Er lächelte, doch diesmal ging von dem Lächeln eine Kälte aus, die wohl selbst kochendes Wasser hätte gefrieren lassen können. »Ihr zwei passt einfach zu perfekt zusammen.« Mit diesen Worten griff er in meinen Nacken und donnerte mein Gesicht in das Schließfach hinein.

Augenblicklich vernebelte Schmerz und Gestank meine Sinne. Die Kacke drang in meinen Mund, vermischte sich dort mit dem Blut meiner aufgeplatzten Lippe zu einem abartigen Schleim, der sich auch über mein Gesicht verteilte.

Chris tätschelte meine Schulter. »Das ist nur ein Vorgeschmack darauf, was passiert, wenn du mich verarscht.«

»Was ist denn hier los?!«

Ich erkannte die Stimme sofort. Auch wenn das Blut in meinen Ohren rauschte und mein wild hämmernder Herzschlag alle anderen Geräusche übertönte.

»Chris, was zum Teufel ist hier passiert?«

Ich spürte Maples vertraute Hand auf meiner Schulter. Genau an der Stelle, an der eben noch die Pranke ihres Bruders gelegen hatte.

»E.T., um Himmels willen! Geht es dir gut?« Sie verzog das Gesicht und hielt sich den Unterarm vor die Nase. »Was stinkt hier so?« Ihr Blick streifte mein Gesicht. »O mein Gott! Ist das etwa …? Ist das …? O Gott.« Maple kramte hektisch in ihrer Tasche und reichte mir ein paar Taschentücher. »Hier. Für dich.«

Um uns hatte sich inzwischen eine Traube von Mitschülern gebildet, die sich im Halbkreis um uns scharrte. Natürlich kam die sensationsgeile Meute jetzt an. Sie hätten mir helfen können – jeder von ihnen. Doch niemand hatte keine Notiz davon genommen, dass Chris mich bedrohte, oder es war ihnen schlichtweg egal gewesen. Aber nun witterten unsere Mitschüler eine Sensation. Etwas, das ihren eintönigen Alltag etwas interessanter gestalten konnte. Einige lachten, andere schauten mich mit einer Mischung aus Schadenfreude und Ekel an. Bei keinem von ihnen erkannte ich Mitgefühl. Wieder andere reckten mir ihre Handys entgegen. Es war klar, dass spätestens in einer Stunde einfach jeder und jede in Woodside erfahren hätte, was hier in der Schule mit mir passiert war.

Ich ertrug die Blicke nicht mehr. Das Taschentuch vor das Gesicht gepresst rannte ich durch die sich teilende Menge zum Schulausgang.

»Du solltest doch auf ihn achtgeben, Chris. Wie konnte das passieren?!« Maples aufgebrachte Worte waren das Letzte, was ich hörte, bevor mich das grelle Sonnenlicht auf der anderen Seite der Schultüren verschluckte.

# 5. Ethan

Du solltest doch auf ihn *achtgeben, Chris.«*
Maples Worte hallten in meinem Kopfe wider. Was meinte sie damit? Sie hatte bestimmt gedacht, mir einen Gefallen zu tun. Nie würde meine beste Freundin auch nur im Entferntesten in Erwägung ziehen, wie ihr Bruder mir gegenüber war. *Wer* er war. Für sie war er einfach Chris, ihr großer Bruder, der nichts anderes wollte, als sie zu beschützen. Damit nervte er Maple gelegentlich, aber tun das nicht alle großen Brüder? Sie hatte keine Ahnung, dass Christian Turner eine ganz andere Seite hatte – eine brutale und sadistische, die er mit Vorliebe an mir auslebte. Maple würde mir nicht glauben, wenn ich ihr davon erzählte. So war sie eben, die Sache mit dem Blut und dem Wasser.

Also hatte meine beste Freundin ihn augenscheinlich gebeten, auf mich aufzupassen, damit die erste Zeit an der Woodside High für mich nicht zu schlimm werden würde. Sie hatte meine Angst gespürt, als ich ihr gesagt hatte, ich wolle unauffällig bleiben. Maple kannte mich einfach zu gut, also hatte sie vorgehabt, mich zu schützen. Was war da naheliegender, als den Kapitän des Football-Teams um Hilfe zu bitten? Den verfluchten König der Schule. Mit Chris würde sich schließlich niemand anlegen.

Meine Wangen waren kalt von dem Flusswasser, das ich mir wieder und wieder ins Gesicht spritzte. Die restliche Kacke war inzwischen getrocknet und spannte auf meiner Haut. Der Gestank war in jede Pore meines Körpers gedrungen. Ich würde ihn vermutlich noch riechen können, wenn ich in achtzig Jahren im Altenheim lag – falls ich überhaupt so alt werden würde.

Denn so wie es aussah, würde ich nicht mal die High School überleben.

Ein Knacken hinter mir im Unterholz ließ mich zusammenfahren. Eine Gestalt kam näher und ich erkannte Maples Silhouette, die sich deutlich vom Wald abhob. Sie trug eine helle Jeans und ein dunkelblaues Top mit V-Ausschnitt, das ihre porzellanhafte Haut wunderschön betonte. Ihr rotbraunes Haar leuchtete in den Lichtpunkten, die die Sonne durch das Blätterdach warf.

»Hey, E.T.« Ihre Stimme klang beinahe schüchtern. Zaghaft kam sie näher. »Geht es dir gut?«

Ich wandte mich ab. Sie sollte mich unter keinen Umständen so sehen – mit Kacke beschmiert auf dem Boden kauernd wie Gollum in seiner verfluchten Höhle.

»Es tut mir so leid«, flüsterte Maple, als sie neben mir in die Hocke ging. Ich zuckte zurück, als sie ihre Finger nach mir ausstreckte.

»Nicht«, zischte ich und verbarg mein Gesicht in den Händen.

»Ethan, was da passiert ist, wird ein Nachspiel haben. Das verspreche ich dir.« Als ich ihr nicht antwortete, sprach meine beste Freundin weiter. »Ich werde rausfinden, wer das war. Hast du denn niemanden gesehen? Oder irgendwas bemerkt? Ich habe schon mit Chris gesprochen.« Ihre Stimme klang hart und entschlossen. »Er wird dieses Arschloch fertig machen. Das hat er mir versichert.« Sanft legte sie ihre Hand auf meine Schulter. »Chris tut es furchtbar leid, dass er zu spät kam und dir nicht mehr helfen konnte. Er hat nur noch jemanden um die Ecke huschen sehen.«

Ich schnaubte. Ja klar, Chris tat es leid. Mein Magen krampfte sich zusammen. Ich hatte Mühe, das Würgen zu unterdrücken, dass meine Kehle emporkroch. Ich presste meine Arme noch ein wenig enger um meine Knie.

Ohne Maple anzusehen, sagte ich: »Verstehst du jetzt, warum ich auf der High School unsichtbar sein möchte? Das wird wieder und wieder passieren. Beim nächsten Mal werden sie sich gemeinere Dinge ausdenken.« Tränen der Wut und der Verzweiflung brannten in meinen Augen, doch ich hielt sie zurück. Ein rauer Laut drang aus meiner Kehle, der mir selbst einen eisigen Schauer über den Rücken jagte; er klang wie das verängstigte Knurren eines verwundeten Tiers.

»Mit den vielen Videos, die die Schüler von mir gemacht haben, habe ich jetzt eine Zielscheibe auf dem Rücken. Sie werden mich nicht in Ruhe lassen. Ich muss so unauffällig wie möglich sein. Da ist kein Platz für eine Freundschaft mit dir.«

Maple seufzte schwer. Ich hörte ihr Mitleid und ihr Entsetzen darin. Sie ließ sich neben mir im Gras nieder. Ihre Beine zog sie an und setzte sich anschließend in den Schneidersitz. Ein paar Mal hörte ich Maple tief Atem holen.

»Hör zu, E.T.«, flüsterte sie letztendlich. »Ich finde die Idee nach wie vor unsinnig, aber ich verstehe das.« Sie tastete nach meiner Schulter. Unter ihrer Berührung hatte ich keine Chance mehr, meine Tränen zurückzuhalten. Mit fester Stimme fuhr sie fort: »Seit heute auf jeden Fall. Doch die Vorstellung, unsere Freundschaft könnte der Grund dafür sein … dass dir das passiert ist, macht mich krank. Deshalb habe ich Chris gebeten, auf dich aufzupassen.«

Automatisch verspannten sich alle Muskeln in meinem Körper, als ich seinen Namen hörte. »Du hast was?«, flüsterte ich, als ich hörte, dass meine schlimmste Befürchtung sich bewahrheitet hatte.

»Mein großer Bruder fungiert jetzt als dein Bodyguard. Na ja, nicht ganz, aber er wird die Leute wissen lassen, dass du unter seinem persönlichen Schutz stehst. Niemand wird sich mit ihm anlegen. Er ist der Kapitän des Football-Teams, jeder liebt Chris. Zumindest die Mädchen. Warum auch immer … Die haben seine Fürze noch nicht gerochen. Und die anderen Jungs wollen alle so sein wie er. Also wird dieser Knaller-Kerl nun auf dich aufpassen.« Ich konnte Maples triumphierendes Grinsen hören, ohne ihr Gesicht zu sehen. »Gut, oder?«

Mir wurde wieder übel, doch das lag nicht nur an dem Gestank, der mich umwaberte. Maple hatte mich, ohne es zu wissen, dem schlimmsten Typen der High School zum Fraß vorgeworfen. Ich war das Lamm und er der große, böse Wolf. Ich wusste, dass ihr Bruder es genießen würde, mich zu quälen. Er würde mit mir spielen, mich in Sicherheit wiegen und zuschlagen, wenn ich nicht damit rechnete. Chris hatte genau das bekommen, was er wollte. Maple würde an unserer Freundschaft festhalten. Doch für jedes Treffen mit ihr würde ihr Bruder mich bestrafen. Mein Leben war vorbei.

***

»Guten Morgen, Junge.« Meine Eltern saßen an unserem kleinen Esstisch in der Küche. Darauf standen zwei Kaffeebecher. Der meiner Mutter war weiß mit einem Blumenmuster, der meines Vaters dunkelblau mit weißen Schiffen darauf. Die Hände meiner Mom waren um ihre Tasse gelegt. Sie hielt sie so fest, dass ihre Fingerknöchel weiß hervortraten. Mein Vater schob nervös seinen Daumen über die Haut seines Zeigefingers und erzeugte damit dieses unfassbar nervige Geräusch. Das war seine Eigenart, die sich nur zeigte, wenn er sich unwohl fühlte.

»Ethan, mein Schatz«, sagte meine Mutter mit einem Lächeln, das die Traurigkeit nicht aus ihren Augen vertreiben konnte. »Setz dich doch bitte.« Sie deutete auf meinen Platz am Tisch. Als wenn ich mich in unserer Küche woanders hätte hinsetzen können.

Mein Blick wanderte zum schmalen Fenster über der Spüle, das halb geöffnet war. Trügerische Stille lag draußen auf der anderen Seite der dünnen Glasscheibe. Die Sonne strahlte mit all ihrer Kraft vom Himmel, als würde sie wissen, dass es bald Herbst werden und sie dann nur noch ein seltener Gast am Firmament sein würde.

»Mein Junge, wir wollen gar nicht um den heißen Brei herumreden. Du weißt, wir leben in einer kleinen Stadt und da sprechen sich Dinge nun mal schnell herum.« Mein Vater verstärkte das Rubbeln auf seinem Zeigefinger und ich fragte mich, ob er sich dessen überhaupt bewusst war. »Deine Mutter und ich haben ein Video gesehen.«

Ich schloss die Augen. Mir war klar gewesen, dass meine Eltern die Aufnahmen sehen würden. Aber nun, da sie es ansprachen, fühlte ich mich wie von einem Fallbeil getroffen. Ich sah auf und der Blick meiner Mom fand mich. Ihre Augen, in denen sonst nur Liebe wohnte, waren voller Kummer und Tränen. Das Blut rauschte in meinen Ohren und Hitze stieg mir in die Wangen. Sie war meinetwegen so traurig … Unter ihrem gequälten Blick krampfte sich mein Herz zu einem schmerzenden, dumpf polternden Klumpen zusammen.

»Ethan«, hörte ich meinen Dad aus weiter Ferne sagen, »was dir da passiert ist, ist Unrecht. Weißt du, wer das war?«

Da war sie, meine Chance. Meine Eltern würden mir vorbehaltlos glauben. Warum auch nicht? Ich würde ihnen schließlich die Wahrheit sagen. Die beiden würden daraufhin alles Menschenmögliche tun, um mich zu schützen. Es war meine Gelegenheit, Chris ans Messer zu liefern, ihm heimzuzahlen, was er mir angetan hatte. Ich könnte ihm einen Strich durch seine absurde und abscheuliche Rechnung machen.

Die Worte formten sich auf meiner Zunge. »Ja«, wollte ich sagen. »Es war Chris Turner. Er hat es auf mich abgesehen.«

»Nein«, flüsterte ich stattdessen mit gesenktem Kopf. Tränen quollen aus meinen Augen und fielen als dicke Tropfen auf meine Oberschenkel.

»Ethan.« Mein Vater beugte sich vor und legte seine Hand auf die meine. »Früher hätte man die Kids damit durchkommen lassen, aber heute nicht mehr! Es gibt Regeln. Mobbing wird inzwischen ganz anders wahrgenommen. Wenn du jemanden erkannt hast, sag es uns oder der Schulleitung. Wenigstens dem Vertrauenslehrer. Aber bitte, behalte es nicht für dich.«

»Ist schon gut, Dad. Es ist ja nichts passiert.«

Der Blick meiner Mutter zuckte zu mir. Ihre Augenbrauen schnellten in die Höhe, sie riss ihre Augen auf und plötzlich war dort nur noch Zorn zu sehen. »*Nichts passiert?!*«, keifte sie. »Das kann doch nicht dein Ernst sein! Du wurdest mit Fäkalien beschmiert!« Sie deutete auf mein Gesicht. »Deine Lippe ist aufgeplatzt. Du wurdest gedemütigt, schlechter behandelt als manch armes Tier.« Sie presste die Luft aus der Lunge und es klang wie ein Schrei. »Das ist doch keine Lappalie!« Sie sprang von ihrem Stuhl auf und hätte beinahe den gesamten Tisch umgeschmissen. Der Kaffee schwappte über den Rand der beiden Tassen und hinterließ bräunliche Seen auf der hellen Tischdecke.

Mom strich unruhig durch die Küche. Sie sah aus wie eine Löwenmutter, die Gefahr witterte. »Ich werde dich heute zur Schule bringen, dann gehen wir sofort zur Rektorin. Die Frau muss erfahren, was mit dir geschehen ist.«

»Marcia«, griff mein Vater beschwichtigend ein. »Meinst du nicht, dass auch die Lehrer das Video kennen? Sie wissen, was vorgefallen ist. Lass die Leute ihren Job machen und lass Ethan das für sich klären.«

Meine Mutter wirbelte herum und funkelte meinen Vater böse an. »*Lass Ethan das für sich klären?! Das* ist deine Meinung dazu, Steve?

Unser Sohn wurde angegriffen, schikaniert. Seine Würde wurde ihm genommen. Sie haben sie ihm entrissen und auf ihr herumgetrampelt.« Mom wischte sich wütend mit dem Handrücken über die Augen. »Und das sollen wir gut sein lassen?!«

»Nein, das sollen wir nicht. Aber wir helfen unserem Jungen nicht, wenn wir ihn zur Schule bringen.« Mein Vater stand auf. Er ging, die Hände beruhigend erhoben, auf meine Mutter zu und legte einen Arm um sie. Wenn sie die impulsive Löwenmutter war, war er eher der bedächtige Koala – auch wenn er weder klein noch pummelig war. »Erinnerst du dich nicht mehr an deine High School-Zeit, my Love?«

Meine Mutter seufzte. »Doch, das tue ich. Aber …«

»Wie wäre damals jemand behandelt worden, der von seiner Mommy in die Schule gebracht wurde?«

»Nicht gut«, gab Mom nach einigem Zögern zurück. »Aber er ist doch mein Baby.« Sie deutete mit dem Arm auf mich. Ihre Augen füllten sich erneut mit Tränen. »Es muss etwas geben, das wir tun können. Wir dürfen nicht zulassen, dass Ethan so behandelt wird.« In einer verzweifelten Geste schlug sie sich die Hand vor den Mund. Mit der anderen krallte sie sich am Arm meines Vaters fest, der ihr beruhigend über den Rücken streichelte.

Ich wusste, dass meine Eltern mich nicht einfach so ziehen lassen würden. Also sagte ich, was ich sagen musste, um der Situation zu entkommen. »Ich gehe heute zum Vertrauenslehrer. Okay, Mom?« Ich erhob mich von meinem Platz und rang mir ein Lächeln ab. »Außerdem hat Maple Chris gebeten, ein Auge auf mich zu haben. Mir wird also nichts mehr passieren.«

Mein Magen krampfte sich zusammen und bittere Galle stieg mir in den Mund. Vor mir standen die einzigen beiden Menschen, die mir glauben würden. Die einzigen Personen, die nicht eine Sekunde daran zweifeln würden, wenn ich ihnen sagte, wer mich in den Scheißhaufen geschleudert hatte. Ich hatte jedoch nicht den Mumm, ihnen die Wahrheit zu sagen. Chris hatte recht: Ich war ein Loser.

# 6. Ethan

Wäre ich eine Comicfigur, würde ich in einem See aus meinem eigenen Schweiß stehen, der von meinen Handinnenflächen tropfte, während ich nervös von einem Fuß auf den anderen hüpfte. Aber ich war keine Comicfigur. Wäre ich eine, dann hätte ich mir ein superheldenhaftes Alter Ego zugelegt. Ich könnte Chris und seine dämlichen Sportlerkumpel fertig machen. Dumm nur, dass ich keinen muskelbepackten Klon hatte. Keine geheime Identität, in die ich schlüpfen konnte.

Ich war und blieb Ethan Humphrey Bogart, der Prügelknabe der Schule. Gerade gut genug, dass die coolen Kids mich als Fußabtreter nutzten. Ein Wicht, der noch dazu einen unmöglichen Namen trug, denn Humphrey Bogart war der Lieblingsschauspieler meiner Mutter. Als sie meinen Vater kennengelernt hatte, war sie wegen seines Nachnamens ganz aus dem Häuschen gewesen. Böse Zungen behaupteten, sie hätte ihn nur deswegen geheiratet. Aber jeder, der meine Eltern gemeinsam sah, wusste, dass das nicht stimmte. Sie waren die große Liebe füreinander.

Meine Gedanken schweiften zu meinem berühmten Namensvetter. Wäre ich bloß so cool wie er. Unnahbar. Abgebrüht. Die Kommentare und Sticheleien der anderen würden an mir abperlen wie Regentropfen von einem frisch gewachsten Auto. Aber ich war nicht so cool wie er. Toll, weder hatte ich ein furchtloses Alter Ego noch war ich so verwegen wie ein Filmstar des alten Hollywoods. Ich war ein verdammter Niemand.

Ich löste mich von dem Baumstamm, an dem ich die letzten Minuten gekauert hatte, als ich das Klingeln vernahm. Wenn ich die Schule jetzt betrat, sollten die meisten Schüler bereits in den Klassenräumen verschwunden sein.

Meine Zähne schlugen sich schmerzhaft in meine Unterlippe bei dem Gedanken daran, in das Gebäude einzutreten. Jeder einzelne Mensch darin dürfte das Video inzwischen gesehen haben – wenn sie nicht sowieso alle live dabei gewesen waren und ihre Handys auf mich gerichtet hatten, anstatt mir zu helfen. Ich schluckte hart gegen den Kloß in meiner Kehle an. Ich hatte das Gefühl, er wäre so groß wie ein Basketball.

Wieder dachte ich daran, wie ich als Comicfigur aussehen würde. Ein lächerliches, kleines Strichmännchen mit einem gigantischen Kopf, der sich vor einer High School herumdrückt und sich verdammt noch mal nicht traute, den Ort seiner größten Demütigung zu betreten.

Es klingelte noch einmal. Das war das finale Zeichen für alle Schüler, sich nun unverzüglich in die Klassenräume zu begeben. Wenn ich keine Eintragung wegen einer Verspätung riskieren wollte, musste ich nun über meinen Schatten springen. Über meinen verdammt riesigen Schatten.

Ein Schrei entfuhr meiner Kehle, als ich an der Schulter berührt wurde. Ängstlich wirbelte ich herum und befürchtete, in Chris Turners Gesicht zu blicken, das ebenso gut auch einer griechischen Götterstatue gehören könnte. Aber es war nicht seines, sondern Maples. Sie hatte das hübscheste Gesicht überhaupt und es war das einzig Schöne, das ich seit gestern gesehen hatte.

»Hey, E.T.«, sagte sie mit einem etwas verunglücktem Lächeln. »Was machst du noch hier draußen? Komm schon.« Sie klemmte ihren Arm unter meinen und zog mich mit sich.

Nein, nein, nein! Das durfte sie nicht. Wenn Chris uns zusammen sah, war es aus. Wer wüsste schon, was er als Nächstes mit mir vorhatte?! Es würde jedenfalls nicht besser werden, so viel stand fest.

»Maple, warte! Ich … ich kann …« Ich wollte nicht stammeln. Ich wünschte, ich könnte souverän sein. Ihr einfach sagen, was in mir vorging. Sie darum bitten, dass sie mich abseits der Lichtung in Ruhe lassen sollte. Aber ich konnte es nicht tun. Sämtliche Muskeln in meinem Körper, und dazu gehörten ganz offensichtlich auch die meines Sprachapparats, versagten ihren Dienst beim Gedanken daran, die

Schule zu betreten. Maple stoppte und schaute mich aus ihren kastanienbraunen Augen an. »Okay.« Sie seufzte und ließ ihren Rucksack von der Schulter gleiten. Sie streckte ihre Hand nach meiner aus und umschloss fest meine Finger. Mit dem Kopf deutete Maple auf die Schule und ihr Haar floss dabei wie Seide über ihre Schulter. »Ich wollte die Scheiße von gestern nicht ansprechen, aber es führt wohl kein Weg daran vorbei.« Sie schloss ihre Hand noch ein wenig fester um meine Finger. »Du hast Angst. Das ist mehr als verständlich. Aber E.T., wenn du jetzt nicht in die Schule gehst, dann haben diese Nichtsnutze gewonnen. Dann haben sie genau das, was sie wollten, und du bist der Verlierer. Und glaub mir, für dich wird es jeden Tag schwieriger, diesen letzten Schritt über die Schwelle dort oben zu machen.«

Wieder deutete Maple in Richtung des Haupteingangs. »Wenn du jetzt aber dort hinein gehst und ihnen zeigst, dass sie dich alle mal können, dann werden sie dich auch in Ruhe lassen.« Sie nickte nachdrücklich. Das war ihre typische Geste, wenn sie keinen Widerspruch duldete.

Ich wusste, dass meine beste Freundin recht hatte. Zumindest würde es mir auch morgen oder nächste Woche nicht leichter fallen, die Schule zu betreten. Ich bezweifelte jedoch stark, dass ich weiteren Schikanen entgehen würde. Egal, wann ich mich wieder in diese Folterkammer begab, die anderen Schüler würden schon auf mich lauern – mit all den abfälligen Spitznamen und dem hämischen Gelächter.

»Maple, ich will da wirklich nicht rein«, presste ich durch zusammengebissene Zähne hervor.

»Ich weiß.« Maple sah mir direkt in die Augen und ich erkannte die bernsteinfarbenen Sprenkel rund um ihre Pupillen, die die morgendlichen Sonnenstrahlen reflektierten. »Aber, verdammte Scheiße, wer will schon in die Schule?« Meine beste Freundin zuckte mit den Schultern und zog mich hinter sich her.

»Hey, Kackefresser!«

Der Ruf eines Sportler-Typen hallte durch den Klassenraum und traf mich wie eine saftige Ohrfeige. Ich hielt meinen Blick gesenkt. Um keinen Preis wollte ich Blickkontakt zu ihm herstellen.

Um mich herum brandete Gelächter auf. Ich versank darin wie in einer dunklen Flut, wurde von einem Strudel aus Schimpfwörtern,

Johlen und gemeinen Spitznamen erfasst und in die Tiefe hinabgerissen.

»Haltet eure Klappen!« Maples Stimme brachte die Wogen zum Erliegen. Im Augenwinkel sah ich, dass sie auf ihren Stuhl gesprungen war. Ihre Augen funkelten zornig, als sie sich im Klassenraum umsah. »Wollt ihr mich eigentlich verarschen?«, schrie sie. »Gestern ist hier etwas Schreckliches passiert. Ethan wurde brutal angegriffen und was macht ihr? Ihr lacht ihn aus, anstatt ihm zu helfen. Jedem einzelnen von euch sollte man Kacke ins Gesicht schmieren!«

Betretenes Schweigen nahm den Platz des schrillen Gelächters ein. Hin und wieder wurde ein »Tschuldigung« gemurmelt. Aber die meisten Schülerinnen und Schüler blieben still.

Ich beeilte mich, auf meinen Platz zu gelangen. Mein Blick war fest auf den abgewetzten Linoleumboden gerichtet. Makellose Nike-Schuhe schoben sich in mein Sichtfeld, kurz bevor ich meinen Stuhl erreichte. Ein fester Stoß gegen meine Rippen beförderte mich unsanft gegen meinen Tisch, bevor ich mich schlaff wie ein nasser Sack auf meinen Platz sinken ließ.

»Maple Turner.«

Ich erkannte Jamie Burtons Stimme sofort. Er war einer der erfolgreichsten Sportler an der Schule und folgte Chris auf der Beliebtheitsskala unmittelbar. Es war wohl unnötig zu erwähnen, dass er einer seiner Schatten war.

Jamies Hand schloss sich um meine Schulter. Mit jedem Wort, dass er daraufhin sprach, grub er seine Finger erbarmungslos in meine Haut.

»Große Worte«, schnaubte er höhnisch.

Ich war noch immer nicht in der Lage, meinen Blick zu heben, also konnte ich Maple nicht sehen. Ich hörte jedoch ihre Schuhsohlen auf den Boden aufkommen, als sie vom Tisch sprang.

»Lass ihn los!«, zischte sie.

*Hör auf, Maple. Hör einfach auf. Du willst mir helfen, aber du machst alles nur noch schlimmer. Bitte!* Ich betete, sie würde mein stummes Flehen erhören.

Stattdessen trat sie auf Jamie zu und ich sah, wie ihre Schuhspitzen die seinen berührten. »Nimm deine verfluchte Pranke von seiner Schulter, du Gnom.«

Ich hätte aufgelacht, wenn die Situation nicht so bedrohlich für mich gewesen wäre. Jamie war beinahe zwei Meter groß. Ihn als Gnom zu bezeichnen war absurd.

Der Druck auf meiner Schulter verschwand. Kurz hatte ich das Gefühl zu schweben. Dennoch hielt ich den Blick stur auf die Tischplatte geheftet. Jamies dröhnendes Lachen drang an mein Ohr.

»Schon gut, schon gut, Maple, Süße. Ich mach doch nur Spaß.«

»Ich bin nicht deine *Süße*, Jamie.« Maples Stimme war nur ein Zischen. »An deiner Stelle würde ich die Finger von Ethan lassen, wenn du keinen Ärger mit Chris haben willst.«

*Hör auf, Maple! Hör einfach auf!*

»Uuuuuuuh«, machte Jamie. »Ich zittere.« Er lachte schallend auf. Dann klatschte er mir seine Pranke hart auf den Rücken und seine makellosen Sneaker verschwanden aus meinem Sichtfeld.

Das war's, mein Leben an der Woodside High School war offiziell vorbei. Selbst wenn Chris mich in Ruhe lassen würde, würde Jamie es von nun an nicht mehr tun. Er würde Maples Provokation nicht auf sich sitzen lassen. Sie hatte mir nur helfen wollen, doch dank ihr würde ich jetzt als breiiger Blutklumpen in irgendeiner Gasse enden.

# 7. Maple

Scheiße noch mal, Nan Nan.« Ich lehnte mich gegen den Verkaufstresen und verschränkte die Arme vor der Brust. »Was ist bloß los mit diesen Feiglingen los?«

Meine Augen brannten. Ich war einfach so unfassbar wütend auf die Leute, die ich für meine Freunde gehalten hatte. Wie konnten sie sich einem anderen Menschen gegenüber nur so abscheulich verhalten?

»Hm«, machte Nan Nan und sah mich aus ihren eisblauen Augen prüfend an. »Du hast Courage bewiesen, meine Liebe. Das war sehr mutig.« Sie lächelte und legte eine Hand auf meinen Arm. »Aber ich befürchte, du hast deinem kleinen Freund damit nicht geholfen.«

Ich wandte mich zu ihr um. Der Gedanke war mir auch schon gekommen. Wie hatte das ausgesehen? Ethan hatte schon genug Ärger am Hals und dann kam ich daher und stellte mich vor ihn. In einer anderen Welt hätte ein Mädchen für einen Jungen eintreten dürfen, ohne dass er dafür Spott kassieren müsste. Aber in einer Parallelwelt hätte man Ethan auch keine Scheiße ins Gesicht geschmiert und sich dann über ihn lustig gemacht.

»Ich weiß.« Ich ließ meine Stirn auf das kühle Holz sinken. »Aber ich konnte meine Klappe nicht halten, Nan Nan. Du hättest die anderen doch auch nicht einfach machen lassen, oder?«

Meine Großmutter lachte auf und schnalzte mit der Zunge. »Natürlich nicht. Ich hätte es genauso gemacht wie du. Das war aber auch der Grund, warum ich nur Freundinnen hatte und keine Freunde. Die Jungs wollten mir sowieso alle nur an die Wäsche.«

»Komm schon, Nan Nan. Das ist nicht lustig.« Ich stöhnte laut auf.

»Das behaupte ich auch nicht, Kindchen.« Sie nahm einen Stapel

Bücher vom Tresen und ging zielsicher in die Abteilung für Klassiker. Ich folgte ihr. Beim richtigen Regal angekommen, nahm ich das oberste Buch vom Stoß – John Steinbecks *Of Mice and Men* – und stellte es an den korrekten Platz.

»Maple.« Nan Nan seufzte und hielt meine Hand fest, als ich das nächste Buch vom Stapel nehmen wollte. »Du bist eine kluge und wunderschöne junge Frau. Nicht nur das, du bist couragiert und hast dein riesiges Herz am rechten Fleck.«

Der Blick meiner Großmutter war klar und ernst. Jeglicher Schalk, der sonst beinahe immer in ihren Augen zu finden war, war gewichen. In meinem Hals bildete sich ein dicker Kloß. »Aber Kindchen, du hast keine Ahnung, wie es ist, anders zu sein. Ich hingegen weiß genau, was das bedeutet. Als ich hierherkam und mich nicht direkt dem Hausfrauen-Heer anschließen wollte, das hier den Ton angab wie in *Die Frauen von Stepford,* war ich eine Außenseiterin. Und das war mir zu jener Zeit vollkommen fremd.«

Ihr Blick glitt in die Ferne. »Damals, zu Hause in New York, war ich beliebt. Ich hatte haufenweise Freundinnen gehabt, aber hier … Nur, weil ich arbeiten wollte, meinen eigenen Laden plante und meinem Ehemann nicht die Pantoffeln anwärmen wollte, war ich ein Sonderling in Woodside.«

»Aber dich kann doch nichts unterkriegen, Nan Nan. Du bist tough.«

»Ja.« Sie lachte. »Das bin ich. Jetzt. Früher … na ja. Ich war Anfang zwanzig, als ich deinem Großvater hierher folgte. Natürlich wollte ich dazu gehören. Doch als ich erkannte, wie anders die Uhren in Woodside tickten, wollte ich nicht mehr unbedingt dazugehören. Es war für mich ein harter und zermürbender Kampf, mir ein dickes Fell zuzulegen und nichts darauf zu geben, was die Leute über mich tuschelten.« Sie lächelte traurig.

»Oh, Nan Nan.« Behutsam legte ich einen Arm um ihre schmalen Schultern. »Ich wusste nicht, dass du es hier so schwer hattest. Ich dachte immer, du hättest dir einen Spaß daraus gemacht, die Leute in Woodside zu provozieren.«

»Nein, Spätzchen. Mit Spaß hatte das nichts zu tun.« Sie schüttelte den Kopf. »Ich wollte mich nur nicht verbiegen lassen. Das hat dein Großvater glücklicherweise auch nie von mir erwartet. Nur dadurch habe ich es hier ausgehalten. Du glaubst nicht, wie oft ich ihn angefleht habe, aus diesem Ort wegzuziehen. Ich wollte zurück nach New York oder wenigstens in eine Stadt, die mehr als 2.500 Einwohner hat. Aber er liebte Woodside und ich habe es nicht übers Herz gebracht, ihn zu verlassen.«

Während sie von ihrem verstorbenen Mann sprach, legte sich ein wässriger Glanz über ihre Augen. Drückendes Schweigen breitete sich in dem schmalen Gang zwischen den raumhohen Bücherregalen aus.

Nan Nan räusperte sich nach einer Weile vernehmlich. »Nun … und dein Ethan ist wie ich: Er gehört nicht dazu. Er ist eben irgendwie anders. Das kommt in so einer kleinen Stadt leider noch immer nicht gut an.«

»Das ist doch bescheuert.« Ich rieb mit der Hand über die Stirn. »Wie kann ich ihm bloß helfen?«

»Indem du das tust, worum er dich gebeten hat: Respektiere seinen Wusch, auf Abstand zu dir zu gehen. Auch wenn es dir wehtut.«

Plötzlich hatte ich einen fetten Kloß im Hals, der mir die Luft zum Atmen raubte. »Ich möchte doch nur mit ihm befreundet bleiben. Was ist daran falsch?«

»Nichts, Spätzchen. Überhaupt gar nichts. Nur kannst du nicht nachvollziehen, was er durchmachen muss. Du gehörst zu einer der angesehensten Familien des Ortes. Jeder hier liebt dich. Das ist schön für dich, aber es hilft dir nicht, Ethan besser zu verstehen.« Nan Nan legte den Stapel Bücher, den sie noch immer trug, ab. Sie griff nach meinen Schultern und zog mich in eine warme Umarmung. »Geh zu deinem kleinen Freund und sag ihm, dass du seinen Wunsch akzeptieren wirst.«

»Okay.« Ich schniefte an ihrer Schulter. Mit der Hand fuhr Nan Nan kleine Achten über meinen Rücken, so wie sie es schon gemacht hatte, als ich klein war. Wie immer beruhigten mich ihre gleichförmigen Bewegungen – diese winzigen Unendlichkeitszeichen – auf meinem Rücken.

***

Nervös wackelte ich mit meinem Fuß auf und ab. Zum gefühlt tausendsten Mal überprüfte ich die Uhrzeit. *18:45 Uhr.*

Mein Blick wanderte über die Lichtung. Ein winziger, lächerlich perfekter Ort, der direkt einem Reiseführer entsprungen sein könnte. Sie war beinahe kreisrund und hatte einen Durchmesser von weniger als vier Metern. Das war wohl auch der Grund, warum kaum jemand dieses kleine Himmelreich kannte. Der umgestürzte Baum am Flussufer diente als Bank, der Bach dahinter gurgelte kristallklar über sein Bett aus Steinen. Zwischen dem Gewässer und Wald breitete sich ein bunter Teppich aus Gänseblümchen, Lupinen und Kornblumen aus, auf denen Bienen umhersummten.

Ich griff nach einem Gänseblümchen und rupfte die Blütenblätter ab. »Er kommt noch.« Rupf. »Er kommt nicht mehr.« Ich rupfte noch eine Blüte ab. »Er kommt …«

»Er kommt noch.«

Ich zuckte zusammen, als ich Ethans Stimme hörte. Ein spitzer Schrei entfuhr meiner Kehle. Ein Lächeln stahl sich auf Ethans Lippen, doch es erreichte seine Augen nicht.

»Scheiße, E.T.! Du sollst mich nicht erschrecken!« Ich legte eine Hand auf meine Brust und versuchte, meine Atmung wieder unter Kontrolle zu bekommen. »Warum schleichst du dich so an?«

»Mach ich gar nicht.« Er zuckte mir den Schultern. »Ich war schon die ganze Zeit hier.«

Stirnrunzelnd sah ich zu ihm auf.

Er zuckte mit den Schultern. »Ich hab dort hinterm Baum gehockt und dich beobachtet. Ich war mir nicht sicher, ob ich mit dir reden wollte.«

»Okay, das ist gruselig. Du hast mir eine Dreiviertelstunde still zugesehen wie ein Stalker. Scheiße, hab ich in der Nase gebohrt?«

Ethan lachte laut auf. Ein Geräusch, das mir in den letzten Tagen so gefehlt hatte. Für einen Moment war die Traurigkeit aus seinem Gesicht verschwunden. »Nein«, erwiderte er und lachte erneut kurz auf, »das hast du nicht.«

Ich klopfte mit der Hand auf den Baumstamm neben mir und Ethan kam meiner stummen Bitte, sich zu setzen, nach. Eine Weile schwiegen wir.

Nur das Gurgeln des Bächleins hinter uns und das Summen der Bienen im Abendlicht durchbrachen die Stille.

»Ich hab dir Ärger gemacht, oder?«

Ethan sah mich nicht an. Sein Blick war stur auf eines der abgerupften Blütenblätter gerichtet, die zu unseren Füßen auf dem Boden lagen. Dann schüttelte er langsam den Kopf. »Nein, Maple. Hast du nicht.« Er seufzte kaum hörbar. »Du hast dich für mich eingesetzt; dafür fehlt mir der Mut. Für mich selbst einstehen … das kann ich nicht.« Er bückte sich nach unten, pflückte eine Kornblume und reichte sie mir. »Das war sehr nett von dir. Danke.«

»Es hat sich also niemand über dich lustig gemacht, weil ich etwas gesagt habe? Auch Jamie nicht?«

»Nein. Es war alles gut.«

Ich lehnte meinen Kopf an Ethans Schulter und ließ die angehaltene Luft geräuschvoll aus meinen Lungen entweichen. »Puh. Da bin ich erleichtert.«

# 8. Ethan

*Es war alles gut.*

Meine eigenen Worte hallten durch meinen Kopf, wurden wie eine Kugel in einem Flipperautomaten von der einen zur anderen Schädelwand geschleudert. Nichts war gut. Absolut gar nichts. Aber ich konnte Maple nichts von alldem sagen. Nicht, dass Jamie mir auf die Toilette gefolgt war und mir dort erst in die Nieren geboxt und mich dann mit dem Kopf voraus in die versiffte Toilettenschüssel gestoßen hatte. Nur um mir dann mit seinen perfekten Sneakern in den Bauch zu treten.

Und auch nicht, dass Chris mich auf dem Heimweg mit dem Auto eingeholt hatte. Natürlich hatte er von Maples Einsatz für mich gehört. Er hielt mir zugute, dass ich ja nichts für das große Herz seiner Schwester konnte. Trotzdem ließ er mich vor seinem schwarzen BMW laufen und jagte mich erbarmungslos davor umher. Immer wieder jaulte der aberwitzig PS-starke Motor auf. Chris fuhr so dicht an mich heran, dass die Stoßstange meine Waden berührte, als ich davonhetzte. Es grenzte an ein Wunder, dass ich nicht gestürzt und von ihm überrollt worden war.

*Lass dich fallen! Lass dich fallen! Lass dich einfach fallen!* Dieser eine Gedanke schoss durch mein Bewusstsein, während meine Lungen brannten und die spärlichen Muskeln an meinen Beinen ihren Dienst versagen wollten. Aber ich hatte mich nicht fallengelassen. Ich war gerannt und gerannt, bis wir an der Kreuzung ankamen, an der Chris endlich abbog. Sein schallendes Lachen durch das geöffnete Fenster übertönte sogar das Motorengeräusch seiner Beschleunigung.

Es war mein Glück, dass ich als Erster nach Hause gekommen war.

Ich hätte keine Idee gehabt, wie ich meiner Mutter hätte erklären sollen, warum ich verschwitzt und zerzaust von der Schule kam. Ich stellte mich schnell unter die Dusche und zog mir anschließend saubere Sachen an. Als meine Mutter von der Arbeit zurückkehrte, saß ich mit Bohnen vor mir am Küchentisch und bereitete das Abendessen vor.

Nur wie sollte ich das meiner besten Freundin erzählen? Es würde ihr das Herz brechen. Sie würde sich die Schuld daran geben. Maple würde leiden, und das war das Letzte, was ich wollte. Ich wünschte mir nichts mehr, als dass sie glücklich und unbeschwert sein konnte. Sie sollte sich nicht von meinem Scheiß runterziehen lassen und auch nicht erfahren, was für ein Arsch ihr Bruder sein konnte. Denn ich wusste, wie gut das Verhältnis der beiden war.

Also sperrte ich den ganzen Mist des Tages in der letzten Ecke meines Verstandes ein und schenkte Maple ein Lächeln. Ich hoffte, es würde ungezwungen und natürlich wirken; nicht so dumpf und hohl, wie es sich anfühlte.

Ihre bernsteinfarbenen Augen leuchteten auf und ein Lächeln zupfte an ihren Mundwinkeln, als sie mich erkannte. Ich beobachtete, wie die Erleichterung ihre Anspannung vertrieb. Als sie ihren Kopf auf meine Schulter sinken ließ, entspannte auch ich mich. Der Pfirsichduft ihrer Haare drang in meine Nase. Ein Kribbeln wie von tausend kleinen Ameisen auf meiner Haut durchfuhr mich, als ich meine Wange gegen ihren Scheitel legte. In diesem Moment, hier auf unserer Lichtung, war alles gut. Ich wusste, dass ich das Richtige tat.

»E.T.?«, murmelte Maple an meiner Schulter.

Der weiche Klang ihrer samtigen Stimme so nah an meinem Körper ließ eine Gänsehaut über meinen Rücken krabbeln. Für eine Sekunde stellte ich mir vor, wir würden gemeinsam auf meinem Bett liegen, sie in meinem Arm, ihre Haut an meiner. In einer anderen, besseren Welt hätte es sein können. Aber nicht in dieser.

Maple wiederholte meinen Namen und löste die körperliche Verbindung zwischen uns, als sie sich aufrichtete und mir forschend in die Augen blickte. »Hörst du mir überhaupt zu?«

Na hoppla, da waren meine Gedanken wohl etwas zu lange in ein »Was wäre, wenn« abgedriftet.

»Ähm … ja, tue ich. Natürlich«, stammelte ich.

Maple verengte die Augen und legte den Kopf schief. Ein Lächeln zog an meinen Lippen und ich musste mir verkneifen, nicht laut loszulachen. »Wenn du so guckst, siehst du aus wie ein wütendes Eichhörnchen.« Nun musste ich doch lachen und Maples Lider verschmälerten sich noch mehr. Das machte die Sache nicht besser. Die kraus gezogene Nase, auf der die Sommersprossen um diese Jahreszeit ein feines Netz dunklerer Sprenkel bildeten. Die feinen, golden schimmernden Flecken rund um ihre Pupillen, ihre geschürzten Lippen. Ein dunkles, kehliges Lachen drang aus meinem Mund, als ich sie musterte. Ganz anders als das hohe Glucksen, mit dem ich normalerweise lachte.

Wieder zeichnete sich ein Bild vor meinen Augen ab. Maples Lippen auf meinen … Sie war meine beste, meine einzige Freundin. Hier, an unserem geheimen Ort mitten im Wald, wollte ich in diesem Moment nichts sehnlicher, als meine Hände an ihre Wangen zu legen und ihren Mund zu küssen.

Sie knuffte mich in die Seite. Nicht sehr stark, aber Maple erwischte genau die Stelle, an der mich einige Stunden zuvor Jamies Sneaker getroffen hatte. Ich zuckte zusammen und der Moment des Glücks verflog.

»Alles in Ordnung?« Maples Gesichtsausdruck veränderte sich augenblicklich. Ihre Augenbrauen schossen in die Höhe, in ihren Augen lag plötzlich Sorge. Ich hasste es, so angesehen zu werden.

»Ja«, beteuerte ich. »Alles gut. Sagte ich doch schon.«

Maple erhob sich und baute ihre zierliche Gestalt zu voller Größe vor mir auf. Sie stemmte sie Hände demonstrativ in die Hüften. Wie eine sonst so anmutige Person von einer auf die andere Sekunde plötzlich derart resolut wirken konnte, hatte ich mich bereits oft bei Maples Großmutter gefragt.

»Ethan Humphrey Bogart«, begann sie. »Du spinnst doch. Ich habe dich schon mehrere tausend Male in die Seite geknufft. Und nie – ich wiederhole: *nie* – bist du so zusammengezuckt wie eben. Also, was ist passiert? Und wage es ja nicht, mich anzulügen!«

Jap, definitiv Nan Nan.

»Ach, komm. Lass das, Maple. Ich bin okay.«

»Ach ja?« Sie beugte sich leicht zu mir vor. »Ich glaube dir kein Wort. Es ist schon wieder passiert, oder?«

Mein Blick heftete sich auf die ausgerupften Blütenblätter am Boden. Meine Hände pressten sich derart fest auf das Holz des Stammes unter mir, dass ich deutlich dessen Struktur an meiner Haut spürte. Ich wollte sie ansehen, ich wollte es wirklich. Ihr sagen, was passiert war. Aber ich konnte es nicht.

Das Gurgeln des Bachs hinter mir, das eben noch fröhlich und beruhigend geklungen hatte, schien mich jetzt zu verhöhnen. Ich hörte Jamies zufriedenes Brummen darin, als er seinen Fuß in meinen Bauch gerammt hatte. Christians kaltes Lachen, während er den Motor hinter mir aufheulen ließ. Das Rauschen des Wassers schrie scheinbar »Versager!«. Wenn ich Maple nun erzählen würde, was geschehen war, würde sie dasselbe sagen.

»Sie haben es wieder getan, oder?«

Ein Paar Bernsteinaugen schob sich in mein Sichtfeld. Maple kniete vor mir. Ihre zarten Hände umfassten meine Knie. Ihr Blick war so mitfühlend und weich, aber gleichzeitig auch fordernd. Ich schloss die Augen, um dem verräterischen Brennen dahinter keine Chance zu geben, aber es war zu spät. Ich spürte die Tränen, die zwischen meinen Lidern hervorquollen. Ihre heißen Spuren auf meinen Wangen brannten wie Flammen. Alles, was ich fühlte, war Scham.

»So eine verfluchte Scheiße!« Maple sprang wieder auf die Füße. Ihre Stimme war laut und ungehalten. Ein paar Vögel, die in den Bäumen um uns herum gesessen hatten, stoben erschrocken auf. »Das darf doch nicht wahr sein!«

»Lass es gut sein, Maple. Bitte.« Ich flüsterte, aber sie hatte mich genau verstanden. Meine beste Freundin wirbelte zu mir herum, ging erneut vor mir in die Knie.

»*Es gut sein lassen*? Willst du mich verarschen, E.T.?« Sie schüttelte den Kopf. »Irgendein Arschloch will dich fertig machen und du willst es gut sein lassen? Das kann doch nicht dein Ernst sein. Es ist Jamie, oder?« Sie erhob sich. Ihr wütendes Schnauben wäre in einer anderen Situation beinahe komisch gewesen. »Natürlich ist es Jamie. Dieser blasierte Wichser. Ich mach ihn fertig! Das verspreche ich dir, E.T.! Ich werde es ihm sowas von zeigen. Keine Ahnung, wie genau, aber da fällt mir schon etwas ein.«

Wie ein Panther im Käfig strich sie auf der Lichtung hin und her.

Die Hände in die Hüften gestemmt, verfiel sie in eine Art murmelnden Monolog.

Und hier war sie wieder, meine Chance, Maple zu sagen, dass es nicht nur Jamie war. Dass auch ihr Bruder eines der Arschlöcher war, das mir jeden Tag zur Hölle machte. Aber würde sie mir das überhaupt glauben? Würde Maple nicht eher zu ihrem großen Bruder halten, den sie vergötterte? Vielleicht war es gut, dass sie Jamie in Verdacht hatte. So würde Maple sich nicht mehr wundern und ich könnte Chris aus der Sache raushalten. Möglicherweise hatte Jamie mir heute sogar einen Gefallen getan.

»Es war Jamie«, flüsterte ich also. Diese halbe Wahrheit fühlte sich wie eine fette Lüge an, die meine Kehle zuschnürte.

»Ich wusste es!« Maple wirbelte zu mir herum. »Was hat er getan?«

Sie kam auf mich zu. Wieder war dieses Mitgefühl in ihren Augen, das ich so verabscheute. Ich mochte es, wenn ihr Blick fröhlich war, und auch schelmisch oder verträumt. Aber mitfühlend? Nein. Wenn Maple mich so ansah, hatte ich das Gefühl, ein noch größerer Versager zu sein.

»E.T., was hat er getan?«

Ihre schlanken Finger schoben sich in meine Handfläche. Ihre Wärme an meiner Haut … Oh, wäre meine Welt doch besser! Ich würde ihre Hand halten und sie nie wieder loslassen.

# 9. Maple

Maple?«

Den hochgezogenen Augenbrauen nach zu urteilen, hatte sie meinen Namen schon deutlich öfter gesagt, bis ihre Stimme endlich zu mir durchdrang.

»Sorry, ich war mit meinen Gedanken ganz woanders.«

»Wirklich? Habe ich gar nicht bemerkt.« Meine Freundin lachte und hakte sich bei mir unter. »Also, bist du bereit fürs Training?«

Gemeinsam reihten wir uns in den Strom aus geschwätzigen Kids ein und trieben mit ihnen über die Schulflure. Ich kannte Hazel bereits seit … na ja, eigentlich schon immer. Wir waren gemeinsam in Woodside aufgewachsen, und wie das in Kleinstädten eben so war, lief man sich ständig über den Weg. Als Kinder hatten Hazel und ich nur wenig miteinander zu tun gehabt, da wir nicht in der gleichen Klasse gewesen waren. Außerdem kam es mir komisch vor, eine Freundin zu haben, die auch nach einer Baumart benannt war. Was sollte das sein? Der Club der Bäume?

Außerdem schien diese Sache mit den Namen unsere einzige Gemeinsamkeit zu sein. Ich liebte Leichtathletik und lesen, sie Gartenarbeit und backen.

Im Gegensatz zu meinen Eltern wirkte ihre Familie ein bisschen esoterisch angehaucht. Hazels Mutter trug immer weit fallende Gewänder, während meine Mom der Inbegriff einer typischen *Soccer-Mom* war. Unnötig zu erwähnen, dass Nan Nan Hazels Familie liebte.

In Hazel hatte ich neuerdings meine eigene Cheerleaderin gefunden. Egal, wie viele Runden ich auf dem Sportplatz drehte, sie stand immer an der Seite der Bahn und jubelte lauthals, wenn ich an ihr vorbeilief.

Ich ließ meine Sporttasche nun auf das Gras sinken, nachdem ich aus der Umkleide gekommen war. »Du musst nicht hier auf mich warten, Haze.«

»Ich weiß. Aber wenn ich dir beim Laufen zusehe und dich anfeuere, ist es fast so, als würde ich selbst Sport machen.« Hazel zuckte mit den Schultern. »Außerdem kann ich hier in Ruhe lesen. Wenn ich nach Hause gehe, löchert mich meine Mutter wieder mit Fragen und ich muss im Garten helfen, um ihre *wundervollen und traumhaften Zucchini im genau richtigen Moment zu ernten.*« Sie malte Anführungszeichen in die Luft, während sie die Stimme ihrer Mutter perfekt imitierte.

»Es gibt einen genau richtigen Moment, um Zucchini zu ernten?«

»*O ja, Maple. Selbstverständlich. Aber natürlich muss auch die Aussaat zum perfekten Zeitpunkt erfolgen. Und achte darauf, dass eine schwarze Katze bei jedem Vollmond auf dem Zaun sitzt*«, äffte sie ihre Mutter mit gespielt empörter Miene nach.

Wir lachten beide laut auf, doch die plötzliche Unruhe auf dem Sportplatz lenkte uns ab. Das Football-Team kam unter lautem Getöse aus der Umkleide.

»Wie kann ein so mickriger Haufen nur so unglaublich laut sein?«, murmelte ich kopfschüttelnd. Mein Blick wanderte zu meiner Freundin. Sie starrte wie gebannt zu den Jungs hinüber und mich beschlich der Verdacht, dass sie überhaupt nicht wegen mir mit zum Sportplatz kam. »Ach, komm schon, Haze. Das ist jetzt nicht dein Ernst!«

»Du hast gut reden. Du wohnst schließlich mit ihm zusammen. Wie kann ein Mann so gut aussehen?« Ihr Blick folgte Christian bei jeder seiner Bewegungen.

»*Mann*? Na, ich weiß nicht. *Affe* würde die Sache besser treffen. Ich weiß, er sieht ganz gut aus und er ist ein netter Kerl, aber er ist mein Bruder. Bei dem Gedanken daran, was du am liebsten mit ihm machen würdest …« Ein unkontrollierbares Schütteln erfasste meinen Körper.

»Nun geh schon laufen!«, rief Hazel, während sie mir amüsiert in den Arm knuffte.

Das ließ ich mir nicht zweimal sagen und machte mich auf den Weg. Locker drehte ich meine Runden um den Sportplatz. Doch schon bald drängte sich immer wieder Ethans Gesicht vor mein inneres Auge. Sein leerer Blick, seine angespannte Haltung.

»*Du musst mich einfach in Ruhe lassen, Maple.*«

Seine Worte dröhnten in meinem Schädel. Jedes Mal, wenn mein Fuß auf den Boden aufkam, stoben sie empor und wirbelten unbeirrt durch meinen Kopf.

*»Maple, ich flehe dich an. Lass mich in Ruhe.«*

Meine Lungen brannten, mein Herz pumpte, als sei ich panisch auf der Flucht vor einem namenlosen Gegner. Schwarze Flecken tanzten vor meinen Augen, als ich zum Sprint ansetzte.

*Lass mich in Ruhe.*

*Lass mich in Ruhe.*

*Lass mich in Ruhe.*

Ich hatte ihn anschreien wollen. Hatte Ethan sagen wollen, wie unsinnig seine Idee war. Dass nicht er oder unsere Freundschaft das Problem war, sondern Jamie. Stattdessen hatte ich es ihm versprochen. Ich würde ihm seinen Wunsch erfüllen. Ich würde Ethan in Ruhe lassen.

»Herrgott, Maple. Ich glaube, so schnell warst du noch nie.« Hazel hatte sich meine Sporttasche über die Schulter gehängt. Sie reichte mir meine Trinkflasche und musterte mich. Ihre Stirn legte sich in Falten, als ihr Zeigefinger vor meinem Gesicht unsichtbare Linien zeichnete. »Hast du geweint?«

»Quatsch.« Schnell wischte ich mit dem Arm über meine Wangen. »Ist nur Schweiß.«

»Aha. Sieht aber nicht nach Schweiß aus.« Aus zusammengekniffenen Augen musterte sie mich.

Mir wurde flau im Magen. Hazel hatte die Gabe, Gedanken zu scannen. Es war unmöglich, ein Geheimnis vor ihr zu haben; wenigstens ging es mir so.

»Deine Tasche vibriert«, sagte sie, ohne den Blick von mir zu nehmen.

»Was?« Ich schrumpfte unter ihrem forschenden Blick.

»Deine Tasche, sie vibriert. Ich glaube, dein Handy klingelt.« Ohne den Blickkontakt zu unterbrechen, reichte sie mir meine Sachen.

»Hazel, kannst du bitte aufhören, mich so anzustarren. Mann, manchmal habe ich das Gefühl, du bist ein Cyborg.« Froh über die Ablenkung des Anrufs kramte ich mein Telefon aus der Tasche.

»Sorry, Mapes. Blöde Angewohnheit«, gab sie schulterzuckend zurück. »Ich hau ab.« Sie beugte sich vor und gab mir einen Kuss auf die

Wange. »Geh duschen, dein *Schweiß* muss ab.« Sie zwinkerte mir zu, bevor sie über den Sportplatz Richtung Ausgang davonschlenderte.

»Hey, Klappspaten. Was gibt's?«

»Wenn du deinen Arsch sofort zum Parkplatz bewegst, kann ich dich mit nach Hause nehmen«, antwortete mein Bruder.

»Okay, ich bin gleich da.«

***

»Habt ihr heute kürzer trainiert?«

Erst als ich mich in den bequemen Beifahrersitz des BMWs gleiten ließ, merkte ich, wie erschöpft ich war. Meine Beine fühlten sich an wie Pudding. Es würde mich nicht überraschen, wenn sie nachgeben würden, sollte ich jemals die bescheuerte Idee haben, wieder aufzustehen.

»Nein, so lange wie sonst auch.« Chris manövrierte den Wagen aus der Parklücke. »Was war heute mit dir los? Du bist gerannt, als wolltest du vor etwas davonlaufen.« Mein Bruder musterte mich von der Seite. »Alles in Ordnung, Schwesterchen?«

»Ja, alles gut. Es ist nur …« Ich atmete tief ein. »Es ist wegen Jamie.«

Chris' Augenbraue wanderte in die Höhe. »Was ist mit ihm?«

»Nichts. Ach, vergiss es einfach.« Ich wandte meinen Blick ab und erschrak, als mein Bruder an den Seitenstreifen fuhr und den Wagen abrupt anhielt.

»Warte mal, Mapes. Was ist mit Jamie? Er hat doch nicht …? Hat er dich … Ist er dir … irgendwie zu nahe gekommen?« Sanft legte Chris seine große Hand auf mein Knie und forderte mich mit leichtem Druck auf, ihn anzusehen. »Ich weiß, Jamie kann ein Arsch sein. Er hat noch nicht so richtig kapiert, in welchem Jahrhundert wir leben. Wenn er dir blöd gekommen ist, sag's mir bitte. Okay? Ich kümmere mich darum.«

Das Gesicht meines Bruders hatte jede Härte verloren, die sonst so oft in seinen Zügen lag. Er blickte mich an und in seinen Augen lag nur bedingungslose Liebe für mich. Die Art von fürsorglicher, platonischer Liebe, die es nur unter Geschwistern gab.

Ein Kloß bildete sich in meiner Kehle und griff wild um sich, schnürte mir den Atem ab, wickelte sich um meinen Magen. Ich lehnte mich zu Chris hinüber und schlang meine Arme um seinen starken Hals. »Danke, dass du da bist«, flüsterte ich an sein Ohr.

Mein Bruder schob mich sanft von sich und hielt meine Unterarme umfasst. »Dazu sind große Brüder da, oder? Mein Job ist es, dich zu beschützen, egal vor wem. Jamie ist mein Kumpel, aber wenn er dir etwas tut, legt er sich automatisch mit mir an.« Er zwinkerte. »Da zieht er automatisch den Kürzeren.«

»Er hat mir nichts getan, aber er ist das Arschloch, das Ethan die Scheiße in den Spind getan hat. Und er hat ihn verprügelt.«

»Hat er das?« Etwas an Christians Gesichtsausdruck änderte sich. In seinen Augen flackerte nun etwas auf, das ich nicht zuordnen konnte. Er drehte sich zurück zum Lenkrad und richtete seine Aufmerksamkeit wieder auf die Straße, um weiterzufahren.

»Ja, hat er!« Nun legte ich meine Hand auf den Arm meines Bruders und übte sanften Druck darauf aus. »Kannst du ihn bitte davon abhalten?«

»Hat Ethan dich darum gebeten?«

Ich schüttelte den Kopf. »Nein. Wüsste er, dass ich mit dir darüber rede, würde er furchtbar sauer auf mich werden.«

Chris brummte. »Okay, Mapes, pass auf. Ich finde es richtig, dass sich die Geschlechterrollen verändert haben. Frauen und Männer und so. Du weißt, was ich meine. Aber es gibt nun mal Dinge, die muss ein Kerl alleine klären, und das gehört dazu. Ich meine, dein Kumpel will ein Mann sein. Dann soll er sich auch so verhalten und Jamie die Meinung sagen. Damit hab ich doch nichts zu tun.«

»Aber du hast mir doch versprochen, ein Auge auf ihn zu haben! Chris, bitte!« Es gefiel mir nicht, wie hoch meine Stimme plötzlich klang. »Du musst ihm helfen. Schau ihn dir doch an. E.T. hat keine Chance gegen Jamie, und das weißt du.«

Chris schwieg und starrte auf die Straße, die unter dem Wagen entlangglitt.

»Bitte, Chris«, flüsterte ich.

»Meinetwegen.« Er drehte den Kopf und schaute mir in die Augen. »Ich kümmere mich um deinen kleinen Freund.«

# 10. Maple

An den Abenden wurde es jetzt im September bereits deutlich kälter. Zwar lag die Delaware Bay gute zehn Meilen entfernt, aber bei Ostwind lag der salzige, frische Geschmack des Meers in der Luft. Ich liebte diese ersten, kühlen Vorboten des Herbsts; wenn man abends nicht mehr ohne Jacke aus dem Haus gehen sollte und die Temperatur in der Nacht bereits so weit abkühlte, dass man sich tiefer in die Decken kuschelte.

Ich bog vom schmalen Kiesweg ab und steuerte auf den Wald zu, der sich dunkel vor mir erhob. Das goldene Abendlicht schaffte es nicht mehr, die langen Schatten der Bäume zu vertreiben. Es tauchte die sich bunt färbenden Blätter in ein prächtiges Farbenspiel aus Rot, Gelb und Orange. Ich sammelte ein großes, rötliches Ahornblatt auf, das vor mir zu Boden schwebte. Bald würde ich mich mit Nan Nan zusammen in ihre Küche setzen und herbstliche Kränze aus den farbenfrohen Blättern binden. Wie sehr ich es doch liebte, Zeit mit ihr zu verbringen.

Ich schlenderte den Waldweg entlang, schlug mich dann durch das Unterholz. Nur ein winziger Trampelpfad verriet den Weg zur Lichtung. Jedes Mal, wenn ich diesen kleinen Platz betrat, hüpfte mein Herz unregelmäßig, so als würde es sich weiten. Hier war einfach alles perfekt. Ein kleines Stück vom Himmel mitten in unserem Wald.

»Hey! Du bist ja schon da!«, rief ich, als ich E.T. entdeckte. Er hockte mit dem Rücken zu mir auf dem umgekippten Baumstamm und warf Holzstückchen ins gurgelnde Wasser des Bächleins. Ich ging ein paar Schritte auf ihn zu.

»Hi!«, sagte ich noch einmal. Doch auch dieses Mal reagierte Ethan nicht.

»Dem Wasser ist es egal, wer oder was du bist. Es nimmt dich einfach mit«, murmelte er, ohne den Blick vom Gewässer abzuwenden. »Es macht keinen Unterschied, ob du ein Stückchen Holz bist, ein Tier, ein Mensch oder Müll. Das Wasser fließt einfach weiter, obwohl es gar nicht weiß, wohin es rinnen soll.« Er holte aus und warf noch ein Stück Holz in den Bach. Ich folgte dem Treibgut mit meinem Blick, bis es um die kleine Biegung verschwand.

»Bei Menschen ist das nicht so. Fällst du irgendwie aus der Norm, hast du verloren. Egal, wie dein Charakter ist. Wenn du nicht schön, reich oder super sportlich bist, bist du ein Versager. Und die Schönen, Reichen und Supersportlichen nutzen dich als Punchingball, um sich besser zu fühlen. Oder was weiß ich, warum sie es tun. Wahrscheinlich einfach aus Spaß. Gefühle haben sie anscheinend nicht.« Er wandte mir noch immer den Rücken zu.

Mir kroch bei Ethans Worten eine Gänsehaut über den Rücken. Hatte eben noch das Abendlicht alles in Gold getunkt, so war jetzt nur noch beklemmende Dunkelheit an dessen Stelle getreten.

»Ethan?« Nur noch ein Schritt trennte uns voneinander. Ich streckte meine Hand nach ihm aus und berührte sanft seine Schulter. Als meine Fingerspitzen den Stoff seiner Jacke streiften, zuckte er zusammen. Hatte er mich gar nicht kommen gehört?

»Entschuldige, ich wollte dich nicht erschrecken.«

Langsam drehte er den Kopf zu mir und ich erschrak. Auf Ethans Unterlippe hatte sich eine dicke Blutkruste gebildet, unter der die zarte Haut geschwollen war. Sein linkes Auge war ebenfalls zugeschwollen. Nur noch ein kleiner Spalt zwischen den Lidern ließ mich die Trauer in seinem Blick erkennen.

»Was ist passiert?«, flüsterte ich entsetzt.

Ethan schüttelte den Kopf. »Ich habe dir doch gesagt, du sollst mich in Ruhe lassen, Maple.«

»Und ich habe dir gesagt, dass das bescheuert ist und ich dich nicht in Ruhe lassen werde.« Ich ließ mich am Flussufer auf die Knie sinken, zog ein Taschentuch aus meiner Jacke und tränkte es mit dem kühlen Wasser des Bachs. Vorsichtig legte ich meine Hand an Ethans Wange und tupfte mit dem nassen Stoff behutsam über seine Lippe. »Du musst das kühlen.«

Er zuckte unter meiner Berührung zusammen. Seine Finger schlossen sich um mein Handgelenk. »Maple, bitte geh jetzt.«

Mein Körper kribbelte vor Wut bei dem Gedanken daran, was meinem Freund zugestoßen war. Tränen der Verzweiflung bahnten sich brennend ihren Weg über mein Gesicht. Langsam schüttelte ich den Kopf. »Nein. Ich werde nicht gehen und dich hier alleine lassen. Ich werde dich nach Hause bringen.«

Ein freudloses Lachen entwich Ethans Kehle. »Ich kann nicht nach Hause gehen, Maple«, flüsterte er. »So kann ich meinen Eltern nicht unter die Augen treten. Sie sollen nicht wissen, was für ein Versager ich wirklich bin. Ihren Schmerz darüber und ihre mitleidigen Blicke kann ich nicht ertragen. Es reicht schon, dass du mich so ansiehst.«

In einer schnellen Bewegung stieß ich mich vom Boden vor ihm ab und setzte mich neben E.T. auf den Baumstamm. »Denk nie wieder, dass du ein Versager wärst, hörst du?!« Ich legte meinen Arm um seinen Rücken. Sanft zog ich ihn an mich heran. »Nicht du bist der Nichtsnutz, Ethan Humphrey Bogart, sondern Jamie.«

Ich spürte, wie erst Ethans Schultern erbebten, dann folgte sein gesamter Körper. Ich schloss ihn in meine Arme und wiegte ihn langsam hin und her. Ich wusste nicht, wie lange wir so auf der Lichtung gesessen hatten. Aber als ich meinen Freund irgendwann überredet hatte, ihn nach Hause zu bringen, war es bereits finstere Nacht.

***

»Guten Morgen, Kleines.« Meine Mutter stellte eine Schüssel mit Obstsalat auf den Küchentisch.

Mein Vater blickte von seinem Tablet auf, das er vor kurzem gegen die gedruckte Version der Tageszeitung eingetauscht hatte – sehr zum Unmut Nan Nans, die nichts davon hielt, Zeitungen digital zu verlegen.

*»Wo bleibt da das Flair? Wenn du keine Druckerschwärze an den Fingern hast, hast du auch keine Zeitung gelesen«*, pflegte sie zu sagen.

»Du warst gestern lange unterwegs«, bemerkte Dad. »Wo warst du?«

Ich zuckte mit den Schultern und ließ mich auf meinen Platz fallen. »Ich hab mich bei Hazel verquatscht.«

Ein feiner Stich fuhr in mein Herz. Ich hatte meine Eltern nicht anlügen wollen, nur waren sie von meiner Freundschaft zu Ethan nie wirklich begeistert gewesen. Ihren konservativen Ansichten zufolge sollte man sich wenigstens ab der High School mit gesellschaftlich gleichgestellten Menschen abgeben; wobei Hazel auch nicht unbedingt in diese Kategorie fiel.

»Mit Hazel?« Meine Mutter hob ihre perfekt gezupften Augenbrauen. »Diese Familie ist so merkwürdig.«

»Oh, Mom, bitte nicht schon wieder.« Ich stöhnte gequält auf.

»Was denn? Ich sage doch gar nichts. Sie sind eben seltsam. Das kannst du nicht abstreiten.«

»Darling, nun lass es doch sein. Bitte«, mischte mein Vater sich ein, ohne vom Tablet aufzuschauen.

»Nur, weil Hazels Mutter Sexualtherapeutin ist und ihren Horizont spirituell erweitert hat, findest du sie merkwürdig.«

»Oh, nun spricht aber deine Großmutter aus dir!«

»Was ist eine Sex…ulahaltherapeutin, Mom?« Unbemerkt war Jared in die Küche geschlichen und stand nun mit neugierigem Blick am Tisch.

Meine Mutter lief puterrot an und schnappte entsetzt nach Luft. Ich biss mir schmerzhaft auf die Lippe, um ein Lachen zu unterdrücken. Mein Vater verbarg sein Gesicht kichernd hinter seinem Display.

»Da seht ihr, was ihr angerichtet habt!«, zischte meine Mutter.

»Wer hat was angerichtet?« Chris betrat die Küche, schnappte sich eine Tasse und goss dampfenden Kaffee hinein.

»Ich will wissen, was eine Sex… Sex…ula…thilitätstherapeutin ist«, antwortete Jarred und sah Chris ernst an. »Aber das will mir niemand sagen.«

»Das ist ganz einfach. Eine Sexualtherapeutin, Jarred, hilft Vätern und Müttern im Schlafzimmer. Damit es da besser läuft«, erwiderte Chris.

»Christian!« Der empörte Ruf meiner Mutter hallte durch die Küche.

»Dann hilft sie euch beim Schlafen, Mommy?«, fragte Jarred mit einer kindlichen Unschuldsmiene.

Sie schüttelte den Kopf und öffnete den Mund, um meinem kleinen Bruder zu antworten, doch Chris kam ihr zuvor.

»Nein, nicht beim Schlafen. Ich meine eher, wenn es heiß her gehen soll.«

Jarreds Stirn legte sich in Falten. »Brauchen sie dann nicht eher jemanden für die Klimaanlage?«

Wir alle schauten den verwirrten Jungen einen Moment stumm an, bevor wir in schallendes Gelächter ausbrachen.

»Also, Familie«, sagte mein Vater, als wir uns wieder beruhigt hatten. »Was haben wir heute vor? Das Wetter soll wunderschön werden, es ist Samstag, wir haben alle frei. Wie wäre es mit einem Ausflug zum Strand? Oder wollen wir nach Wilmington fahren? Vielleicht ins Kino gehen?« Dad schaute fragend in die Runde.

»Ich wäre für den Strand. Jarr, wir können Football üben.« Christian wuschelte unserem kleinen Bruder durch die Haare, der ihn mit leuchtenden Augen ansah.

»Okay, also an den Strand. Mapes, was ist mit dir?«

»Ich habe Nan Nan versprochen, heute im Buchladen zu helfen.«

»Du hast keine Lust auf einen unserer legendären Turner-Familienausflüge? Maple! Komm schon. Wir alle, der Strand … Komm doch mit, Süße! «

»Ohne mich habt ihr vielleicht sogar eine Chance, gegen Chris beim Football zu gewinnen.« Ich lächelte, obwohl mein Herz schmerzte. Ich hasste es, meine Familie zu belügen, aber ich hatte etwas Wichtigeres zu erledigen.

»Siehst du, Nicole … Das passiert, wenn die Kinder groß werden.« Er schüttelte mit gespielt ernster Miene den Kopf.

»Deshalb haben wir ja auch Jarred bekommen.« Meine Mutter zwinkerte ihrem Mann zu und wuschelte meinem kleinen Bruder ebenfalls liebevoll durchs Haar. »Außerdem hat Maple deiner Mutter versprochen, ihr zu helfen. Das kann sie doch jetzt nicht wieder zurücknehmen. Nan Nan arbeitet sowieso viel zu viel.«

»In Ordnung. Dann fahren wir ausnahmsweise ohne dich. Also, werft euch alle in die Badeklamotten und ab geht's zum Meer.« Dad sprang auf und sah in diesem Moment so jugendlich aus, als wäre er zwanzig Jahre alt und nicht beinahe fünfzig.

Ich sah dem Range Rover hinterher, als er sich einige Minuten später langsam und behäbig von unserer Auffahrt schob. Nach einer Weile verschwand der Wagen aus meinem Sichtfeld und ich atmete aus. Mir war überhaupt nicht aufgefallen, dass ich die Luft angehalten hatte.

Eilig lief ich die Treppe hoch in mein Zimmer und schlüpfte in eine Jeans sowie in ein dünnes Sweatshirt. Im Badezimmer band ich mein Haar zu einem Half Bun zusammen, dann schnappte ich meine Tasche und verließ das Haus.

# 11. Ethan

Wer hätte gedacht, dass Zähneputzen so schmerzhaft sein konnte?

Meine Lippe brannte, als ich den weißen Schaum ins Waschbecken spuckte. Feine rote Linien durchzogen ihn und das minzige Aroma in meinem Mund mischte sich mit dem Geschmack von Blut. Scheiße, die verfluchte Lippe war wieder aufgeplatzt!

Das energische Rütteln an der Tür ließ mich zusammenzucken. Noch nie in meinem ganzen Leben war ich über die klemmende Badezimmertür in unserem Haus so glücklich gewesen wie jetzt. Mit einem großen Schritt durchquerte ich unser kleines Innenbad und warf mich mit voller Kraft gegen die Tür. Um jeden Preis musste ich verhindern, in diesem Zustand von meinen Eltern gesehen zu werden.

»Ethan?« Die Stimme meiner Mutter ertönte auf der anderen Seite der dünnen Tür. »Bist du da drin?«

»Ja!« Eilig drückte ich den Knopf auf dem Türknauf, damit sie nicht doch noch auf die Idee kam, die Tür aufzustoßen. »Warum schließt du dich ein?«

»Privatsphäre, Mom! Privatsphäre!«, erwiderte ich und war unglaublich froh darüber, im Bad zu stehen. Niemand schöpfte Verdacht, wenn ich hier die Tür abschloss. In meinem eigenen Zimmer würde das anders aussehen.

»Na gut. Dein Vater und ich wollen einkaufen fahren. Willst du mitkommen?«

»Nein.«

»Du möchtest nicht mitfahren? Du willst uns doch immer begleiten.«

»Heute nicht!«

»Wir werden aber länger weg sein, denn wir möchten nach Wilmington fahren.«

»Ist gut, Mom.«

»Ist alles in Ordnung bei dir?« Ihre Sorge war unüberhörbar.

»Jetzt lass den Jungen doch mal in Ruhe, Marcia.« Die Stimme meines Vaters kam näher. »Es ist doch in Ordnung, wenn er hierbleiben möchte.«

»Okay. Aber … ach, ist egal.« Es war meiner Mutter deutlich anzuhören, dass es ihr nicht passte, ohne mich einkaufen zu fahren.

Wenn mein Gesicht nicht aussehen würde wie eine Mischung aus einem überreifen Kürbis und zermatschter Tomate, hätte ich sie vermutlich sogar begleitet. Aber auf gar keinen Fall sollten meine Eltern diese Verletzungen sehen. Sie sollten entspannt und in aller Ruhe ihren Einkaufstag begehen, vielleicht einen Kaffee zusammen trinken und keinen Gedanken an ihren Versager-Sohn verschwenden.

»Brauchst du noch irgendetwas?«

»Nein, Mom«, antwortete ich langgezogen. Sollte sie mich ruhig für einen bockigen Teenager halten. Dann lauschte ich ihren Schritten, die sich vom Bad entfernten, und atmete erleichtert auf, als ich Dads Wagen draußen endlich starten hörte.

Ich entriegelte das Schloss der Badezimmertür. Langsam, wie in Zeitlupe, öffnete ich sie und schob meinen Kopf durch den schmalen Spalt. Meiner Mutter würde ich zutrauen, dass sie sich auf die Lauer gelegt hätte. Sie und ihr verfluchter siebter Sinn, wenn es um mich ging. Aber im Haus war es still. Ich machte mich auf den Weg ins untere Stockwerk und linste durch das vordere Fenster des Hauses, das den Blick auf die Einfahrt freigab. Der Wagen war tatsächlich nicht mehr da. Voller Erleichterung ließ ich mich gegen die Wand sinken.

Erst jetzt wurde mir bewusst, wie sehr mein Gesicht schmerzte. Hinter meinem geschwollenen Auge pochte es unaufhörlich. Meine Lippe fühlte sich an, als würde unentwegt mit heißen Nadeln hineingestochen werden.

Erinnerungen an den vergangenen Abend schoben sich in meine Gedanken. Maple. Sie hatte mich gefunden, als ich nicht nach Hause gehen konnte. Sie hatte mich getröstet und ich hatte in ihren Armen geheult wie ein Baby. Ich war so erbärmlich. So unendlich erbärmlich.

Ich öffnete den Gefrierschrank, der im Flur stand. Zu meinem Glück fand ich eine Packung tiefgekühlter Erbsen, die ich mir auf mein schmerzendes Gesicht drückte. Die Kälte pikste in meine Haut, bevor sie taub wurde. Einen Moment lang verschwanden der Schmerz und das Pochen. Beides wich dem süßen Gefühl von dumpfem Nichts.

Ein leises Rascheln weckte mich auf. Im ersten Augenblick wusste ich nicht, wo ich war. Mein Blick brauchte länger als gewöhnlich, um sich scharf zu stellen. Dann erkannte ich allmählich die Umrisse unseres Wohnzimmers. Ich lag auf dem alten, durchgesessenen Sofa, neben mir auf dem Boden die Tüte Erbsen, die inzwischen vermutlich matschig und ungenießbar waren. Wieder hörte ich das Rascheln. Vielmehr war es eine Art Klopfen, ein sehr zaghaftes sogar.

Mühsam rappelte ich mich auf und augenblicklich kehrte der fiese Schmerz zurück in mein Gesicht. Ich wollte schreien, doch es kam nur ein leises Wimmern über meine Lippen.

»E.T.?«

Ich lauschte. War das Maple? Oder träumte ich?

»Bist du da?«

Nein, ich war nicht mehr gefangen im Niemandsland irgendwo zwischen Schlaf, Traum und Wachzustand. Maple war hier.

»E.T.? Darf ich reinkommen?«

Ich hatte ihr gesagt, sie sollte mich in Ruhe lassen, sich von mir fernhalten. Immer und immer wieder. Ich hätte meine Freundin besser kennen müssen. Natürlich ließ sie sich nicht einfach verscheuchen. Sie war Maple Elizabeth Turner – hartnäckig und stur bis ins Mark. Sie bekam immer, was sie wollte.

Der Raum schwankte, als ich mich vom knarrenden Sofa erhob. Schwerfällig machte ich mich auf den Weg zur Küchentür, die zur hinteren Veranda führte. »Maple, ich bin da.«

»Was dauert denn so lange, E.T.? Weißt du eigentlich, wie lange ich hier schon um euer Haus schleiche? Ich kann nur hoffen, dass mich niemand gesehen hat.« Sie zwinkerte mir zu, bevor ihr Blick mich musterte. »Hey, du siehst gar nicht mehr ganz so scheiße aus wie gestern. Das ist gut.«

Ich musste lachen. Es war unglaublich, wie schnell meine Anspannung in ihrer Gesellschaft von mir abfiel. Scheiß auf die Tiefkühlerbsen, sie war alles, was ich jetzt brauchte.

»Komm rein.« Mit einer einladenden Geste deutete ich auf die Fliegengittertür, die vor der verblichenen Küchentür schief in ihren Angeln hing.

»Warum nicht gleich so?« Im Vorbeigehen knuffte Maple mich in meinen Oberarm. Sie marschierte zielstrebig ins Wohnzimmer, wo sie sich auf dem alten Sofa niederließ. »Ich hab mir schon gedacht, dass du heute nicht mit deinen Eltern gefahren bist. Wegen …« Anstatt weiter zu sprechen, fuchtelte sie mit dem Finger vor meinem Gesicht herum.

»Dabei wollten sie heute nach Wilmington«, sagte ich seufzend.

»Scheiße, du hättest einen Milchshake von Lucy's holen können.«

»Jup.«

»Damit kann ich natürlich nicht konkurrieren. Ich kann dir nur einen Film vorschlagen.« Schulterzuckend sah sie mich an. Maple lächelte und in ihren grünen Augen schimmerten goldene Funken.

»Klingt gut. Ich mache uns Popcorn.«

***

*Ich glaube, dies ist der Beginn einer wunderbaren Freundschaft.*

Mein Blick wanderte zu Maple, die im Laufe des Films auf den Boden und immer weiter in Richtung Fernseher gerutscht war. Verstohlen wischte sie sich mit dem Handrücken über die Augen.

»Wir haben den Film jetzt bestimmt zum zehnten Mal gesehen«, sagte ich schmunzelnd.

Sie konnte mittlerweile alle Dialoge zwischen Ingrid Bergmann und Humphrey Bogart mitsprechen und jedes Mal, spätestens wenn die Figuren in der Schlussszene am Flughafen ankamen, kullerten die Tränen über ihr Gesicht.

»Ich weiß.« Sie schniefte. »Es ist nur … Rick liebt Ilsa. Er liebt sie so sehr. Und dennoch lässt er sie gehen. Das ist so …« Ein Schluchzen drang aus Maples Kehle.

»Blöd?«, beendete ich ihren Satz.

»Nein«, entgegnete sie mit gespielter Empörung. »Es ist romantisch!

Rick liebt sie. Er liebt Ilsa mehr als alles andere. Und genau deswegen lässt er sie gehen – weil er seiner großen Liebe nicht das geben kann, was sie braucht. Natürlich hätte Rick sie das entscheiden lassen können. Trotzdem handelt er selbstlos. Rick rettet Ilsas Ehemann vor den Nazis und schickt sie dann mit ihm fort, in eine sichere Zukunft. Weg von der Gefahr, der sie an seiner Seite ausgesetzt wäre. Er tut alles nur für seine Liebe. Das ist total selbstlos und unglaublich romantisch!«

»Ich finde es blöd.«

»Du bist blöd!«

Ein Kissen landete in meinem Gesicht. Auch wenn eine Ecke unsanft gegen mein geschwollenes Auge prallte, lachte ich auf. Der Schmerz in meinem Gesicht war nicht wichtig. Alles, was in dieser Sekunde zählte, war das Strahlen in Maples Augen.

Blitzschnell schnappte ich mir ein anderes Kissen und schleuderte es in ihre Richtung. Kreischend sprang sie auf, warf sich aufs Sofa. Dabei landete sie halb auf meiner Brust. Der Schwung ihres Sprungs erwischte mich unvorbereitet. Mit einem dumpfen Plumpsen rutschten wir daher beide auf den Boden, eingeklemmt zwischen Couch und Tisch.

Maple richtete ihren Oberkörper auf und fixierte mich aus ihren funkelnden Augen. Ein vorwitziges Grinsen zupfte an ihren Mundwinkeln.

Für den Bruchteil einer Sekunde erinnerte mich ihr Ausdruck an Christian, doch der Gedanke an ihn verschwand so schnell, wie er gekommen war, als Maple ihre Finger in meine Flanken krallte und mich mit kreisenden Bewegungen kitzelte. Ich kreischte laut auf, wand mich wie ein Aal unter ihren Schenkeln, die mich am Boden fixierten. Mein Shirt verrutschte. Als ihre Fingerspitzen daraufhin meine nackte Haut berührten, jagten tausend winzige Stromstöße durch meinen Körper, lähmten mich. Es war mir nicht möglich, mich zu bewegen.

Wie erstarrt blickte ich an die Stelle, an der Maples Finger knapp oberhalb meines Gürtels auf mir ruhten. Ihre helle Haut auf meiner dunkleren. Sie spürte es auch, da war ich mir sicher. Sie musste es spüren, warum hätte sie sonst aufgehört, mich zu kitzeln?

Ich war die Motte, sie mein Licht. Es war mir nicht möglich, etwas anderes zu sehen. Als ich ihren Blick fand, weiteten sich ihre Augen.

Zögerlich beugte Maple sich vor. Ihr langes Haar rutschte nach vorn, es fiel ihr wie ein kastanienbrauner Vorhang aus Seide über die Schultern und schirmte uns so vom Rest der Welt ab.

Meine Kehle war wie zugeschnürt. Verzweifelt versuchte ich, mit meinem Speichel gegen die Trockenheit in meinem Rachen anzukämpfen, aber es gelang mir nicht. Maples Gesicht näherte sich meinem. Ich spürte ihren Atem auf meiner Haut. Sie war mir so nah.

Mein Blick heftete sich an ihre Lippen. Lieblich und süß. Oh, dieser Mund! So voller Verheißung, nur wenige Zentimeter von meinen entfernt. Ob sie wieder nach Brausepulver schmecken würden? So wie damals, vor einer Ewigkeit, als sie mir ihren allerersten Kuss geschenkt hatte?

Maples verheißungsvollen Lippen trafen meine. Sie küsste mich und wieder betete ich, dieser Kuss möge niemals enden. Doch das tat er – viel zu schnell.

Mein flatterndes Herz schrie mir zu: »Halt sie fest und lass sie nie, nie wieder gehen!«, doch ich drehte den Kopf zur Seite.

Maples Mund rutschte von meinem. Ich spürte ihren fragenden Blick tief in meinen verknoteten Eingeweiden. Eine weit entfernte Stimme sagte: »Du solltest jetzt besser gehen.«

Erst als sich Maples Gewicht von mir erhob, realisierte ich, dass es meine Stimme gewesen war.

# 12. Maple

Heilige Scheiße, was ist da grade passiert?«

Diese Frage spukte durch meinen Kopf, als ich rannte. Ich rannte, als wäre der Leibhaftige höchstpersönlich hinter mir her.

Ethan. Ich hatte ihn geküsst. Einfach so. Und er hatte sich benommen wie ein Arsch.

Ich kam mir so dämlich vor. Scham trieb mir die Röte ins Gesicht. Das hätte nicht passieren dürfen. Doch jetzt war der Kuss geschehen und konnte nicht mehr zurückgenommen werden. Ich hatte Ethan geküsst und es hatte sich gut angefühlt. So, so gut.

Als ich die Lichtung erreichte, stoppte ich meinen Lauf. Meine Beine zitterten von der Anstrengung, meine Lungen brannten, mein Herz schlug wie verrückt gegen meine Rippen, als wollte es meinen Brustkorb von innen heraus zerbersten. Es gelang mir irgendwann, meine Atmung unter Kontrolle zu bringen, mein Herz aber ließ sich nicht beruhigen. Ich hatte ihn geküsst und er hatte mich weggestoßen.

Seufzend ließ ich mich auf den Baumstamm fallen und vergrub mein Gesicht in den Händen. Mein verschwommener Blick folgte dem Wasser, das gurgelnd dem Meer entgegenplätscherte.

*Flussabwärts – ist das die Richtung, die alles im Leben nimmt? Abwärts?*

Mit bebenden Fingern angelte ich mein Handy aus der Hosentasche und starrte minutenlang auf das Display. Ethans Gesicht tauchte vor meinem inneren Auge auf. Der entsetzte Ausdruck in seinem Blick. Seine heisere Stimme, die mich wegschickte.

Ich entsperrte das Smartphone, öffnete die Nachrichten-App und

scrollte zum Chat mit Ethan. Dann tippte ich ein:
*Du hast recht. Ich werde mich von dir fernhalten.*

Mein Blick war auf die Nachricht geheftet, die ich gerade abgesendet hatte und neben der zwei graue Häkchen erschienen, die sich nach einer Sekunde bereits blau färbten. Ethan hatte also gelesen, was ich ihm geschrieben hatte. Ich zog die Luft scharf ein, als ich las, welcher Text unter meiner Nachricht auftauchte.

*E.T. schreibt*

Wie hypnotisiert wartete ich auf seine Nachricht, fragte mich, was er mir wohl schreiben würde. Dann jedoch wurde er als offline angezeigt. Keine neue Mitteilung. Ich war ihm kein Wort mehr wert.

»Mapes! Bist du verrückt?«

Meine Mutter trat an den Rand des Schwimmbeckens und musterte mich aus schmalen Augen. »Es ist doch viel zu frisch, um in den Pool zu steigen.« Sie ging zur Liege, die dicht an der Poolleiter stand, und griff sich das Handtuch, das ich darauf abgelegt hatte. »Komm raus, mein Schatz. Du erkältest dich noch. Deine Lippen sind schon ganz blau.« Sie breitete das Tuch aus und stellte sich als demonstrative Aufforderung neben den Einstieg.

»Ich bin heute zu viel gelaufen, Mom. Coach Ronja sagt, ein Bad im kalten Wasser regeneriert die Muskeln schneller.«

»Und kocht Coach Ronja dir auch Tee und Suppe, wenn du krank im Bett liegst? Ich glaube nicht. Komm also bitte raus und ab mit dir unter die heiße Dusche.« Resolut stemmte sie eine Hand in die Hüfte und tippte mit der Fußspitze auf den Boden.

»Sie hat recht, Mom. Ein Bad im kalten Wasser ist gut für die Regeneration der Muskeln nach dem Sport. Hat irgendwas mit der Durchblutung zu tun. Keine Ahnung.« Christian stellte sich mit verschränkten Armen neben unsere Mutter. Sein Blick folgte meinen Bahnen im Wasser. »Allerdings sollte man das nur ein paar Minuten machen, Mapes. Du siehst bereits aus wie eine verdammte Forelle. Wie lange bist du schon im Wasser, verflucht?«

»Christian! Was habe ich dir über das Fluchen gesagt?«, zischte unsere Mutter.

»Gott, Mom. Es ist ja nicht so, als hätte ich *verfickt* gesagt.«

»Oh, lieber Himmel! Was habe ich bei dir nur verkehrt gemacht?!«, rief Mom, hängte das Handtuch über den Handlauf der Leiter und wandte sich zum Gehen. »Mapes, komm jetzt endlich raus!« Dann verschwand sie durch die Terrassentür im Haus.

Ich schloss die Augen, drehte mich auf den Rücken und ließ mich auf dem kalten Wasser treiben.

»Ist alles in Ordnung, Schwesterchen?« Christian ließ sich auf eine der hölzernen Liegen nieder, die um das Becken herum standen.

Anstatt ihm eine Antwort zu geben, entspannte ich meinen Körper, ließ die Luft aus meinen Lungen entweichen und sank wie ein Stein zu Boden. Das kalte Wasser umspülte meinen Körper. Wie tausend kleine Nadeln stach es in meine Haut.

Ich hatte mich durch Sport ablenken wollen. Es hatte nicht funktioniert. Auch als ich fünfzehn Meilen gerannt war, tauchte Ethans entsetzter Blick immer wieder vor mir auf – seine stahlgrauen Augen hinter den vollen, pechschwarzen Wimpern, die mir heute zum allerersten Mal wirklich aufgefallen waren. Ich wollte das Bild loswerden. Den Schmerz, mit dem seine Abweisung so unvorbereitet mein Herz zerschmettert hatte, betäuben. Aber auch das kalte Wasser des Pools half nicht dabei.

Meine Lungen schrien nach frischer Luft und ich stieß mich vom Boden des Schwimmbeckens ab. Als ich die Wasseroberfläche durchstieß und der Sauerstoff wieder in meinen Körper drang, zerbarst Ethans Bild vor mir in mikroskopisch kleine Teile.

»Ja«, antwortete ich nach einer kleinen Ewigkeit und lächelte meinen Bruder an, der noch immer am Poolrand saß und mich beobachtete. »Alles in bester Ordnung.«

***

»Oh, hier sieht es ja mal wieder aus wie in einer Folge *Downton Abbey!*«

Nan Nan lachte laut auf, bevor sie sich auf einen der stilvollen, aber furchtbar unbequemen Stühle am festlich gedeckten Tisch fallen ließ.

»Wie oft soll ich euch denn noch sagen, dass ihr euch meinetwegen kein Bein ausreißen müsst? Ich würde auch Burger von Papptellern essen.« Ein Hauch Spott lag in Nan Nans Stimme; gerade so viel, dass ich ihn unterschwellig wahrnehmen konnte.

»Ein bisschen Tischkultur schadet nicht, liebste Schwiegermutter!« Ein Nerv an Moms Oberlippe zuckte. Nan Nan schaffte es im Handumdrehen, sie auf die Palme zu bringen. Ich würde jede Wette eingehen, dass sie es genau darauf anlegte.

»Können wir Burger essen, Mom? Biiiiiitte!« Jarred übte sich an seinem besten Welpenblick und schaute unsere Mutter bettelnd an. Mit einem entnervten Stöhnen verließ diese das Esszimmer und ging in Richtung Küche.

»Oh, es ist so einfach, sie zu ärgern.« Nan Nan führte ein Wasserglas an ihre zufrieden grinsenden Lippen. »Aber nun zu dir.« Sie stellte ihr Glas ab. Ihr Blick musterte mich kritisch. »Was ist los? Irgendwas stimmt nicht mit dir, das sehe ich dir an der Nasenspitze an.« Meine Großmutter lehnte sich vor. Sie bettete ihr Kinn auf ihren Händen, ohne mich aus den Augen zu lassen. »Wenn ich raten müsste, würde ich sagen, dass es etwas mit deinem kleinen Freund zu tun hat.«

Unter ihrem wachen, forschenden Blick kribbelte meine Haut. Hitze kroch in meinen Nacken und breitete sich von dort rasend schnell in meinem ganzen Körper aus. Jede Wette, dass meine Ohren wie die preisgekrönten Tomaten von Hazels Mutter aussahen.

»Nein«, brachte ich krächzend über die Lippen. Ich musste mich räuspern, damit meine Stimme nicht mehr wie ein lauer Windhauch in vertrockneten Blättern klang. »Wie kommst du denn darauf?« Noch mal ein Räuspern. »Mit mir ist nichts.« Ich wich ihrem Blick aus und fixierte einen imaginären Fleck auf der makellos weißen Leinentischdecke.

Nan Nan lachte erneut auf, bevor sie sich mit triumphierendem Blick auf ihrem Stuhl zurücklehnte. »Mach nur. Leugne es, soviel du willst. Aber ich kenne dich, mein Krümelchen. Irgendwas stimmt nicht mit dir.« Sie fuchtelte mit ihrem Finger vor meiner Nase herum. »Deine Nasenspitze verrät dich.«

»Ich habe keine Ahnung, was du meinst. Mit meiner Nasenspitze ist alles in bester Ordnung.« Trotzig verschränkte ich die Arme vor der Brust, vermied aber weiterhin den Blickkontakt mit meiner Großmutter.

»Witzig.« Sie lachte auf. »Das hat er auch gesagt.«

»Wer?«

»Na, dein kleiner Freund!«

»Ethan?«

»Wer ist denn wohl sonst dein kleiner Freund?«

»Nenn ihn nicht so! Wann hast du denn mit ihm gesprochen?«

»Er war vorhin bei mir im Laden und ähnelte einem begossenen Pudel – so wie du es nun tust.« Sie knuffte mir mit dem knochigen Ellenbogen in die Seite. »Also, Krümel. Was ist los?«

Ethan war im Buchladen gewesen. Hatte er nach mir gesucht? Wollte er über unseren Kuss reden? Anstatt ihr eine Antwort zu geben, bohrte ich nach. »Was hat er denn gewollt?«

Nan Nan zuckte mit den Schultern. »Das weiß ich nicht. Er hat nach dir gefragt und als ich wissen wollte, was mit ihm los sei, hat er nur *Nichts* gemurmelt. Dann ist er gegangen.« Sie legte ihre Hand auf meine und suchte mit ihrem Blick den meinen. »Seid ihr denn nun endlich zusammen?«

»Wer ist mit wem zusammen?« Chris kam an den Tisch und stellte eine große Schüssel mit dampfenden Kartoffeln darin ab. Fragend blickte er von Nan Nan zu mir und wieder zurück. »Nun? Wer ist mit wem zusammen?«, wiederholte er seine Frage.

»Hazel und Jamie!«, rutschte es mir raus, noch ehe ich nachdenken konnte. Ich hätte die Worte am liebsten gegriffen und mir zurück in den Mund gestopft, nur leider funktionierte sowas nur in Comics.

»Was? Hazel und Jamie?« Christians Augenbrauen huschten in die Höhe; beinahe wären sie unter seinem Haaransatz verschwunden. »Sie ist überhaupt nicht sein Typ. Außerdem ist sie viel zu nett für ihn.« Er kratzte sich am Kinn. »Bist du sicher, dass die beiden was miteinander haben? Ich hatte eher gedacht, Jamie würde auf dich stehen.«

Bei dem Gedanken an Jamie lief mir ein kalter Schauer über den Rücken. »Ach, keine Ahnung.«

Glücklicherweise hüpfte in dem Moment Jarred fröhlich pfeifend ins Esszimmer. »Hör mal, Nan Nan! Ich kann jetzt pfeifen!«

Ich spürte Chris' Blick, der noch immer fragend auf mir ruhte.

# 13. Ethan

Die Zimmerdecke über mir drehte sich in einem unbarmherzigen Tempo. Immer schneller und schneller, bis ich meine Augenlider so fest zusammenpresste, dass es schmerzte.

Maples irritierter Gesichtsausdruck tauchte in meiner Erinnerung auf. Der Schmerz in ihren Augen, als hätte ich ihr mit der Faust ins Gesicht geschlagen. Sie hatte mich geküsst. *Sie* hatte *mich* geküsst. Maple Elizabeth Turner! Das schönste, klügste, bezauberndste Mädchen ganz Woodsides, ach was, der ganzen Welt, hatte ihre weichen Lippen auf meine gelegt. Sie hatte nicht nach Erdbeer-Brausepulver geschmeckt, aber nach Verheißung. Nach einer Zukunft. Nach *unserer* Zukunft. Und was hatte ich getan? Ich hatte sie fortgejagt.

Jemand rüttelte an meiner Schulter.

»Ethan?«

Wie durch Watte hörte ich die Stimme meines Vaters. Das Schütteln wurde kräftiger, seine Finger pressten sich fordernder in meine Haut.

»Junge?«

Es kostete mich alle Kraft, meine Augen zu öffnen. Es dauerte einen Moment, bis ich die Umrisse meines Dads über mir erkannte. Eine tiefe Falte zog sich zwischen seinen Augenbrauen hinauf über seine Stirn. Warum war er so …? Scheiße! Das blaue Auge, die verschorfte Lippe. Meine Eltern hatten mich noch nicht wieder gesehen, seit … seit ich Jamie begegnet war.

Dad ließ sich auf der Bettkante nieder. »Was ist passiert?« Nichts als Sorge erklang in seiner Stimme. Mitleid und Kummer lagen in seinen blauen Augen.

»Gar nichts«, murmelte ich kraftlos.

»Warte mal.« Mein Vater schnüffelte und wirkte kurz wie ein Kaninchen. »Hast du getrunken?« Sein Blick huschte durchs Zimmer. Er bückte sich und hob eine der leeren Bierdosen hoch, die neben meinem Bett auf den Boden gefallen waren.

»Du hast mein Bier getrunken? Scheiße, Ethan. Was soll der Mist? Was ist los mit dir?« Der mitfühlende Ausdruck in seinen Augen war dem Zorn gewichen.

»Gar nichts. Sagte ich doch schon.«

Kopfschüttelnd erhob sich mein Vater. Er seufzte tief. »Deine Mutter wird hiervon nichts erfahren. Bleib gefälligst in deinem Zimmer und schlaf deinen verdammten Rausch aus.« Als er halb durch meine Zimmertür auf den Flur getreten war, drehte er sich noch einmal zu mir um. Nun war auch die Wut aus seinem Gesicht gewichen. Sie hatte Platz gemacht für eine neue Gefühlsregung, nämlich diejenige, die alle Menschen früher oder später zeigten, wenn sie es mit mir zu tun hatten: Enttäuschung.

***

Den nächsten Tag verbrachte ich im Bett. Der Kater pochte wild hinter meinen Schläfen. Es war, als würde jemand mit einem Eispickel auf mein Gehirn einstechen. Ähnliches galt für meinen Magen. Als der Geruch nach gebratenem Speck am Morgen durch das Haus waberte, ergriff mich ein heftiger Würgereiz, den ich nur mit aller Kraft überstand. Würde ich nun zum Kotzen ins Bad rennen, würde meine Mom definitiv zu mir kommen. Ein Umstand, den es zu vermeiden galt, kostete es, was es wollte. Also schluckte ich gegen die aufsteigende Galle an und verkroch mich unter meiner Decke, die nach Bier stank.

Irgendwann, es dämmerte bereits, klopfte es kurz an meiner Zimmertür. Mein Vater kam herein und richtete sich vor meinem Bett zu seiner vollen Größe auf. Er war nicht besonders breit gebaut; eher drahtig und schlank. Dennoch zeichneten sich an seinen nackten Unterarmen deutlich die Sehnen und Muskeln ab. Nicht die Art, die man durchs Gewichtheben bekam. Sondern diejenigen, die einem jahrelange harte, körperliche Arbeit brachte.

Er musterte mich mit finsterem Blick. »So, Junge. Nun erzähl mir, was los ist. Du klaust mein Bier und schwänzt die Familienzeit. Seit Tagen redest du nicht mehr mit uns und du hast dich augenscheinlich geprügelt.« Er trommelte mit den langen Fingern auf seinem vor der Brust verschränkten Arm. »Das alles würde nach dem ganz normalen Verhalten eines Teenagers klingen. Wenn …«, er zog meinen Schreibtischstuhl zu sich heran und ließ sich darauf nieder, »… dieses Video nicht gewesen wäre.« Die Worte ließ er einen Moment lang zwischen uns hängen.

Mir wurde unsagbar heiß unter meiner Decke, die inzwischen vollgeschwitzt und klamm war.

»Ethan, ich verstehe, dass du nicht mit uns darüber reden willst. Unsere High School-Zeit ist ewig her. Für dich sind wir sowas wie Dinosaurier, schon klar. Du denkst, wir können dich nicht verstehen. Es stimmt, damals gab es noch kein Social Media, keine fiesen Fotos oder Videos, die sich so schnell verbreiten wie ein Steppenfeuer im Wind. Aber ekelhafte Arschlöcher waren auch damals keine Seltenheit. Die wird es auch in hundert Jahren noch geben. Egal, wie divers und aufgeschlossen sich unsere Gesellschaft auch geben mag. Solche Feiglinge sind eine eigene Spezies, die nie aussterben wird.« Wieder forschte sein Blick in meinem Gesicht.

Meine Kehle war wie zugeschnürt. Dad hatte doch keine Ahnung. Er wusste nicht, wie das heute zuging.

»Du weißt, ich bin in Chicago aufgewachsen. In einer, sagen wir es mal diplomatisch, nicht unbedingt wohlhabenden Ecke. Die Schule war ein Minenfeld. Wenn du den falschen Kerl aus Versehen angerempelt hast, das verkehrte Mädchen gegrüßt oder dich einmal zu oft im Unterricht gemeldet hast, war es vorbei. Ich war damals ein dürrer Nerd; das ist zu der Zeit gewesen, als nerdig zu sein noch nicht cool war. Zum Ende meiner Schullaufbahn hin konnte ich nicht mal mehr zählen, wie oft ich Prügel bezogen habe.« Dads Blick verlor sich irgendwo zwischen der Erinnerung und der Realität.

Ich hatte tatsächlich keine Ahnung gehabt, dass er früher solche Probleme hatte. Mein Vater war für mich immer der ruhige, ausgeglichene Kerl gewesen.

Ich hatte ihn mir eher als Schülersprecher vorgestellt, nicht als eine

90er-Jahre Kopie von mir, für die der Schultag ein einziger Spießrutenlauf war.

»Und nun schau dir deine Mutter an. Sie war das totale Gegenteil. Wunderschön, beliebt, sportlich, intelligent. Cheerleaderin. All das war sie. Ach, was sage ich? All das *ist* sie; abgesehen von der Cheerleader-Sache zumindest. Sie hatte nie diese Probleme in der Schule. Niemals. Deine Mutter wurde angehimmelt. Jedes Mädchen wollte sein wie sie, alle Jungs wollten mit ihr ausgehen. Und nun sieh, wer sie für sich gewinnen konnte.« Sanft legte er seine Hand auf meine Schulter. »Was ich damit sagen will, Ethan …« Aufmunternd tätschelte er meine Haut. »Du bist nicht, was sie sagen. Oder was sie über dich denken. Du bist das, was du sein willst. Gib deinen Peinigern nicht diese Macht über dich. Lass nicht sie dich definieren, sondern definiere du dich selbst.«

Mein Vater erhob sich. Mit wenigen Schritten hatte er mein kleines Zimmer durchquert. »Und, Junge?« Er sah mich über die Schulter an. Unsere Blicke trafen sich. »Wenn du das nächste Mal Bier trinken willst, dann frag mich einfach.«

Seine Worte hallten in mir nach. *Lass nicht sie dich definieren, sondern definiere du dich.* Es waren schöne Worte, das musste ich zugeben. Keine Ahnung, woher mein Vater sie hatte. Vielleicht war es mal ein Spruch in einem Glückskeks gewesen. Trotzdem steckten sie voller Wahrheit. Nur hatte ich nicht den blassesten Schimmer, wie ich diesen Rat denn nun umsetzen sollte. Wie konnte ich mich selbst definieren, wenn ich nicht einmal wusste, was ich sein wollte? *Wer* ich sein wollte?

***

Der kühle Hauch, den das Flusswasser mit sich führte, strich über meine Haut. Tief sog ich die feuchte Luft in meine Lungen. Es war mir nicht möglich, ruhig zu bleiben. Eine undefinierbare Spannung erfasste mich. Wie kleine Stromstöße fegte sie über meine Synapsen hinweg.

Nervös zog ich mein Smartphone aus der Hosentasche. Mit einem Wischen erweckte ich das Display zum Leben. *18:00 Uhr.* Würde sie kommen?

Es war eine absurde Hoffnung. Ich hatte Maple fortgeschickt, nachdem sie mich geküsst hatte. Ich verdiente es nicht, noch einmal mit ihr zu sprechen.

Ich sammelte ein paar Steine auf. Mit geübtem Schwung ließ ich die flachen Kiesel über das Wasser flitschen. Meistens gingen sie nach dem dritten Hüpfer unter, doch der letzte Stein hüpfte sechsmal über die Wasseroberfläche. Ein Lächeln stahl sich auf mein Gesicht.

»Wow, sechs Mal! Beeindruckend.« Maples leise Stimme hinter mir ließ mich erstarren. »Hey, E.T.«, sagte sie fast flüsternd.

Der vertraute, warme Klang ihrer Stimme schickte eine wohlige Woge der Zuneigung durch meinen Körper und beruhigte meine aufgepeitschten Nerven. Wie gern wäre ich aufgesprungen, hätte sie in meine Arme gezogen, ihr Gesicht mit Küssen bedeckt, bevor unsere Lippen sich trafen. Ihre warme Zunge an meiner … Aber ich blieb reglos sitzen. Fehlte nur noch, dass ich mich totstellte wie ein verfluchtes Opossum.

Im Augenwinkel sah ich, wie Maple mit geschmeidigen Bewegungen über den Baumstamm kletterte und sich neben mir gegen das Holz lehnte. Das Atmen fiel mir plötzlich unsagbar schwer. Unruhig nestelte ich an dem Reißverschluss meiner Jacke herum. Unmöglich zu sagen, wie viel Zeit verging, in der wir nur auf das gemächlich plätschernde Wasser auf seinem Bett aus Steinen starrten.

»Es tut mir leid, Ethan.« Maples Stimme war so leise, dass sie beinahe vom Geräusch des Wassers verschluckt worden wäre. »Ich hätte dich nicht küssen sollen. Du hast mich nun schon so oft um Abstand gebeten, doch ich renne dir einfach immer wieder hinterher. Ich werde deinen Wunsch akzeptieren und dich jetzt in Ruhe lassen. Okay? Bitte sei mir nicht böse, ich wollte dich nicht in Schwierigkeiten bringen.«

Es fühlte sich an, als hätte ein Lastwagen mich in voller Fahrt erfasst. Langsam rieselten Maples Worte in mein Bewusstsein, doch ich war nicht fähig zu begreifen, was sie da sagte. Ich hatte sie um Abstand gebeten, aber ich wollte keinen. Verdammt, ich wollte Maple bei mir haben!

Noch immer außerstande mich zu rühren, sah ich, wie meine Freundin sich neben mir erhob. Ich wollte nach ihrem Handgelenk greifen, sie aufhalten, sie anschreien, dass das alles ganz fürchterlich falsch lief.

»Mach's gut, E.T.«, flüsterte Maple.

Ich hörte die Tränen in ihrer Stimme und ein Ruck durchzuckte meinen Körper. Meine Hand schnellte hervor und griff nach ihrem Arm. Erschrocken fuhr sie herum. Ihre Augen waren gerötet. Sie hatte geweint – meinetwegen.

»Nein, Maple. Du hast nichts falsch gemacht. Überhaupt nichts. Es ist alles nur meine Schuld, weil ich so ein verfluchter Waschlappen bin.«

»Du bist kein …«

Mit einer Handbewegung schnitt ich ihr das Wort ab. »Doch, das bin ich.« Meine Stimme klang ungewohnt scharf. »Und ich hasse mich dafür. Aber es wird sich hier in Woodside niemals ändern, Maple. Verstehst du? Diese Stadt ist zu klein; ich werde hier immer der Loser sein. Die Schule ist für mich die Hölle auf Erden; das wird sie immer bleiben. Ganz egal, was ich auch versuche. Oder du. Ich weiß nicht, was ich dagegen tun kann, außer so unauffällig wie möglich zu sein.«

Reglos starrte Maple mich an. Ihr Blick fest mit meinem verhakt.

»Wie kann ich dir helfen, E.T.? Du bist mein bester Freund. Ich ertrage es nicht, wie du behandelt wirst.«

In Maples Augen sammelten sich Tränen, die über ihren Wimpernkranz schwammen. Mit dem Daumen wischte ich einen Tropfen fort. Als mein Finger ihre weiche Wange berührte, wollte ich sie an mich ziehen, sie bis ans Ende meiner Tage halten.

»Lass uns zusammen weggehen, Ethan.« Meine beste Freundin schmiegte ihre Wange in meine Hand. »Nur wir zwei.« Maple schloss die Augen und einen Moment saßen wir schweigend beieinander, als wäre die Zeit eingefroren. »Ich hab's!«, rief sie plötzlich. »Wir werden beide ans College nach San Diego gehen.« Ein aufgeregtes Flackern loderte in ihrem Blick. Das sanfte Grün ihrer Augen sah aus, als würde es glühen.

»San Diego?« Ich konnte meine Verwirrung nicht verbergen. Was genau wollte Maple in San Diego, am anderen Ende des Landes?

»Ja! Weißt du nicht mehr, E.T.?« Sie klatschte aufgeregt in die Hände, wie einer dieser Seehunde, die es im Zoo dort an der Westküste geben sollte. »Das hatten wir schon als Kinder vor.«

»Doch, ich erinnere mich«, gab ich zu. »Aber Maple, wir wollten wegen des Zoos nach San Diego. Nicht wegen der Colleges dort.«

Sie schnalzte mit der Zunge und machte eine wegwerfende Handbewegung. »Ist doch vollkommen egal, weswegen wir dorthin gehen. Es ist auf der anderen Seite des Landes. Ungefähr … keine Ahnung … 3.000 Meilen von hier entfernt? Niemand wird uns kennen. Dort können wir von vorne beginnen. Dazu ist das College doch da, oder? Du kannst dich in San Diego einfach neu erfinden.« Maple verschränkte ihre Finger mit meinen und strahlte mich an. »Das wird wunderbar! Nur wir beide, E.T.! Ich kann es kaum erwarten!«

Ihre Idee klang so zauberhaft wie sie selbst es war – und zu schön, um wahr zu sein. Trotzdem nickte ich. »Okay.« Mein Lächeln wurde breiter, als ich mir einen Blick auf diese Traumwelt, die Maple heraufbeschworen hatte, erlaubte. Sie, ich und ein Neuanfang.

Ich musste nur die High School überstehen und dann würde alles gut werden.

# Teil 2

# 14. Maple

Mapes!«

Die Stimme meiner Mutter drang wie durch Watte in mein Bewusstsein. Müde drehte ich mich in meinem Bett auf den Rücken und bemühte mich, die Augen zu öffnen. Mein Schädel pochte, als hätte sich ein Presslufthammer hinter meiner Stirn eingenistet. Unbarmherzig trommelte er gegen mein müdes Hirn.

Brummend setzte ich mich langsam auf und eine Woge von Schwindel schwappte durch meinen erschöpften Körper. »Verfluchte Bowle«, murmelte ich. Die Party gestern Abend war eskaliert, und das bezahlte ich nun mit einem Hangover aus der Hölle.

»Maple! Komm bitte runter!«

»Ja, Mom!«, rief ich und meine Stimme klang ungewohnt heiser. Meine Zunge fühlte sich wie ein pelziger Fremdkörper in meinem Mund an.

Mühsam erhob ich mich von der Matratze und ließ meinen Kopf kreisen. Dann schlurfte ich ins Badezimmer und erschrak vor meinem eigenen Spiegelbild. »Oh, Scheiße!« Die durch den Schlaf verschmierte Mascara ließ mich wie ein verheulter Pandabär aussehen. Eilig griff ich nach der Box mit den Abschminktüchern, die neben dem Waschbecken stand.

Ich kannte meine Mutter. Sie würde mich höchstens noch einmal rufen, bevor sie in mein Zimmer gestürmt käme. Geduld war keine ihrer Stärken. Und da ich mich gestern aus dem Haus geschlichen hatte, um zur Party bei Ash zu kommen, musste ich mich jetzt in Rekordgeschwindigkeit herrichten.

Ich klatschte mir eine Ladung kaltes Wasser ins Gesicht. Tausend feine Nadeln stachen in meine Haut und weckten meinen trägen Verstand langsam auf.

»Du siehst ja toll aus.«

Ich zuckte zusammen. Unbemerkt hatte sich mein kleiner Bruder in mein Zimmer geschlichen und lehnte im Türrahmen des kleinen Bads, das zu meinem Zimmer gehörte.

»Jarred, du kleiner Spanner.« Ich warf ihm ein Handtuch ins Gesicht. »Verpiss dich.«

Er lachte sein quietschendes Stimmbruch-Lachen. »Du solltest dir mal einen anderen Weg suchen, wenn du dich abends zu einer Party schleichst, Mapes. Ich höre das jedes verdammte Mal.«

»Du kannst mich mal!«, fauchte ich ihn an. »Hast du es Mom und Dad gesagt?«

»Scheiße, Mapes. Seh ich aus wie eine gottverdammte Petze?«

Als Antwort zuckte ich nur mit den Schultern, was mir einen Hieb gegen den Oberarm einbrachte. »Au! Du Arsch!«

»Selber.« Er schmunzelte. »Na ja, seit Chris auf dem College ist, muss ich eben auf dich aufpassen.« Mein jüngerer Bruder stellte sich neben mich. Er legte einen Arm um meine Schulter und zog mich an sich. Es war verrückt, wie klein ich mich inzwischen neben ihm fühlte.

»Ist Chris schon da?«, murmelte ich.

»Nope. Du kennst ihn doch. Wenn auf etwas Verlass ist, dann darauf, dass er später auftaucht, als Mom es ihm gesagt hat.«

Wie aufs Stichwort flog meine Zimmertür auf und unsere Mutter kam energisch hineingestürmt.

»Maple! Elizabeth! Turner!« Sie stemmte die zu Fäusten geballten Hände in die schmalen Hüften. »Würdest du bitte endlich nach unten kommen?«

»Mom, warum dieser Stress am frühen Morgen?« Ich wand mich aus Jarreds Umarmung und schlurfte zu meinem Kleiderschrank. »Was kann denn so wichtig sein, dass es nicht ein paar Minuten warten kann?«

Meine Mutter musterte mich aus ihren wachen, klaren Augen. »Du hast Post aus San Diego.«

# 15. Ethan

Das Klingeln des Glockenspiels am Eingang gab mir jedes Mal ein Gefühl von Geborgenheit, wenn ich Nan Nan Turners Buchladen betrat.

»Ah!«, rief die ältere Dame, als sie mich sah. Ihre grauen Haare hatte sie zu einer wilden Hochsteckfrisur auf dem Kopf drapiert, die an ein Vogelnest erinnerte. Wie immer trug sie ein langes, buntes Kleid und ihre große Brille mit knallrotem Cateye-Gestell. Ein warmes Lächeln zog ihre Mundwinkel nach oben, als sie mich von Kopf bis Fuß musterte.

»Was kann ich für dich tun, kleiner Freund? Brauchst du noch ein paar Bücher für deine Flucht aus der Realität?«

»Nein, Nan Nan Turner, das nicht. Ich suche ein Buch für meine Mutter; sie hat bald Geburtstag. Ich möchte ihr eine Biographie von Humphrey Bogart schenken. Haben Sie sowas?« Ich öffnete meine Jacke, die für den grundsätzlich überheizten Buchladen viel zu warm war.

Maples Großmutter legte den Kopf schief. Mit dem Zeigefinger tippte sie sich gegen das Kinn. »Hmm. Humphrey Bogart, sagst du? Ich fürchte, das muss ich bestellen … aber ich habe den Computer schon ausgeschaltet. Heute muss ich den Laden früher schließen. Komm doch nach dem langen Wochenende noch mal vorbei, dann ordere ich das Buch für dich. Einverstanden?«

Ich winkte ab. »Natürlich, bitte keine Umstände! Kann ich mich noch etwas umschauen, oder wollen Sie schon jetzt Feierabend machen?«

»Ach was, schau dich ruhig noch um. So viel Zeit muss sein. Ich wollte sowieso nicht draußen vor dem Geschäft wie eine Bordsteinschwalbe auf meinen Enkel warten. Am Ende bekomme ich noch Kundschaft.« Sie lachte ihr typisch raues Lachen.

»Verstehe. Ich leiste Ihnen beim Warten einfach Gesellschaft, wenn Sie mögen. Dann kann ich Jarred auch noch etwas mitgeben.« Ich wandte mich zu den Regalen mit den Reiseführern. Mein Blick fiel auf einen Travel Guide von San Diego und Umgebung. Ein Lächeln stahl sich auf mein Gesicht. Das wäre genau das richtige Geschenk für Maple. Ihr Geburtstag stand unmittelbar bevor und mir hatte bisher kein gutes Geschenk einfallen wollen. Aber dieser Reiseführer war einfach perfekt für sie.

»Nein, nein, nicht Jarred. Christian kommt heute für das Memorial Day-Wochenende vom College nach Hause und holt mich gleich hier ab.«

Es war, als hätte man mir mit voller Wucht in den Magen geschlagen. Das Atmen fiel mir augenblicklich schwer. Alle Farbe wich mir aus dem Gesicht; Nan Nan verschwomm vor meinen Augen. Der Reiseführer rutschte aus meiner plötzlich kraftlosen Hand.

»Alles in Ordnung, kleiner Freund?« Die alte Dame kam näher. Als ihre Hand meine Wange berührte, zuckte ich heftig zusammen. Ich musste hier weg. Sofort! Ich stammelte eine Entschuldigung, klammerte mich am Riemen meines Rucksacks fest.

Die Türglocke erklang und ich erstarrte zu Eis. Dieses Mal vermittelte sie mir kein Gefühl der Geborgenheit, denn jetzt peitschte mir das Geräusch eine Flutwelle der nackten Panik durch meine Glieder.

Der freundliche Ausdruck in Christians Augen, den er seiner Großmutter schenkte, erstarb, als er mich erblickte. Das helle Blau seiner Iriden verfinsterte sich, ein Schleier aus Wut und Zorn legte sich darüber. »Was machst *du* denn hier, du Loser?«, zischte er.

»Na, na, Christian. Was ist das denn für eine Art und Weise? Willst du nicht erst mal deine alte Großmutter begrüßen?« Nan Nan Turner schob sich zwischen uns, die faltige Hand legte sie auf den Unterarm ihres ältesten Enkels.

Seine Mundwinkel hoben sich, als er seiner Oma wieder Aufmerksamkeit schenkte. Chris schloss sie in eine Umarmung, doch seine finsteren Augen ruhten auf mir. Unter seinem Blick wurde mir eiskalt. Es fühlte sich an, als würde zerstoßenes Eis durch meine Adern kriechen.

Hart schluckte ich gegen den unbarmherzigen, eisigen Knoten in meiner Kehle an. Ich wollte gehen, doch es schien, als seien meine Füße auf dem alten Holzfußboden des Buchladens festgefroren, der eben noch viel zu warm gewesen war.

Nan Nan löste sich von Chris. »Nun, kleiner Freund«, wandte sie sich an mich, »soll ich dir den Reiseführer noch schnell abkassieren?«

»Reiseführer?«, flüsterte ich matt. Ich konnte keinen klaren Gedanken fassen. Wie ein Kaninchen, das sich vor einer Schlange dem sicheren Tod konfrontiert sah, war es mir einfach nicht möglich, mich zu rühren.

Nan Nan runzelte die ohnehin schon faltige Stirn und deutete auf den Guide, der neben mir auf dem Boden lag. »Aufheben kannst du ihn wenigstens, nicht wahr?«

»Ja … ich … Entschuldigen Sie, Nan Nan Turner … Ich …«

»Du lieber Himmel. Hör auf zu stammeln! Das steht dir nicht! Das erwartet man von manch geistlosen Sportlern …« Nan Nans Blick huschte zu ihrem Enkel. »Oh, nichts für ungut, mein Schatz.« Ihre Wangen färbten sich eine Nuance roter, sofern das unter der dicken Rouge-Schicht überhaupt möglich war.

Christian trat wie ein Bär einen Schritt auf mich zu. Er hatte sich zu seiner vollen, imposanten Größe aufgerichtet. Ich zuckte zusammen, als er sich neben mir bückte, um das Buch aufzuheben. Chris reichte es mir; sein Blick fesselte meinen. Der Angstschweiß rann zwischen meinen Schulterblättern hinab, eiskalt und kochend heiß zugleich. Auffordernd hob er eine Augenbraue und deutete mit einem Nicken auf den bunt gestalteten Reiseführer in seiner Hand. »San Diego, hm?«, brummte er.

Wie ferngesteuert ergriff ich das Buch. Ich drehte mich zu Nan Nan Turner und kramte ein paar Dollarnoten aus der Jackentasche, die ich achtlos auf den Tresen fallen ließ. Dann stürmte ich aus dem Laden. Als dieses Mal die Türklingel ertönte, klang sie wie eine Freiheitsglocke in meinen Ohren. Ich war Christian Turner entkommen.

Mit eiligen Schritten überquerte ich Woodsides Mainstreet. Ich hatte keine Augen für die sommerlich dekorierten Schaufenster der kleinen Geschäfte oder für den bunten Blumenschmuck neben der Straße. *Nach Hause, nur nach Hause!*

***

Ich rannte den ganzen Weg. Meine Lungen brannten, meine Beine zitterten. Unter den Klamotten rann mir immer noch der Schweiß über den Rücken und sammelte sich in meinem Kreuz zu einem Pool aus Angst und Verausgabung. Bei jedem Auto, das sich näherte, kauerte ich mich in den Straßengraben, um sicherzugehen, dass es nicht Christians schwarzer BMW war, der mir folgte. Aber er war es kein einziges Mal.

Erst als ich das kleine Grundstück meiner Eltern erreichte, wagte ich es, durchzuatmen. Vollkommen außer Puste betrat ich unser bescheidenes Haus. Der Duft nach Moms jamaikanischen Teigtaschen umfing mich und vermittelte mir sofort ein Gefühl von Heimat.

»Ah, Schatz! Da bist du ja.« Meine Mutter war aus der Küche getreten und stand mir nun im Flur gegenüber. »Alles in Ordnung?«, fragte sie und musterte mich stirnrunzelnd.

»Ja, alles bestens.« Ich klang gehetzt und atemlos, doch es stimmte. Es war alles in Ordnung. Hier war ich in Sicherheit.

»Gut. Du hast übrigens Post bekommen.«

# 16. Maple

Der Kies unter den Reifen knirschte leise, als der schwarze BMW in unsere Auffahrt glitt. Von der untersten Treppenstufe unserer Veranda aus beobachtete ich, wie mein Bruder sein pantherartiges Gefährt parkte. Aufgeregt hippelte ich von einem Fuß auf den anderen. Es war Monate her, dass ich Chris zuletzt gesehen hatte, und er hatte mir gefehlt.

Mit einem breiten Grinsen schlenderte er auf mich zu, nachdem er Nan Nan aus dem Wagen geholfen hatte. »Mapes!«, rief er und breitete die Arme aus.

»Klappspaten!«, entgegnete ich und ließ mich lachend in seine Umarmung fallen. Er hob mich ohne Anstrengung auf, so als sei ich ein Kleinkind, und wirbelte mich umher.

»Du hast mir gefehlt«, flüsterte mein großer Bruder an meinem Ohr und ich krallte meine Hände noch fester in seinen Hoodie.

»Du mir auch!«

»Ich sag's immer wieder: Nehmt euch ein Zimmer, ihr ekelhaften Hillbillys.«

Christian setzte mich ab und wir beiden starrten Jarred an, der mit einem verwegenen Lächeln an einen Balken der Veranda gelehnt stand. Langsam machte Chris einen Schritt auf unseren jüngeren Bruder zu.

»Hillbillys, ja?« Noch ein Schritt. »Du magst zwar gewachsen sein …« Er kam wieder näher. »… und kannst Mapes auf den Kopf spucken …« Chris trat weiter nach vorne. »Aber gegen mich …« Ein weiterer Schritt. »… hast du verdammt noch mal keine Chance!« Unvermittelt rannte Chris los.

Jarred hatte tatsächlich nicht den Hauch einer Chance und wurde von unserem großen Bruder in allerbester Footballer-Manier auf die Schulter gehoben. Er wirbelte mit dem fluchenden Jarred herum, suchte meinen Blick und deutete auf den Gartenschlauch, der ordentlich zusammengerollt an der Hauswand hing.

Ich verstand sofort, was er meinte, schnappte mir die Gummileitung, drehte das Wasser auf und stellte mich in Position. Chris sprang von der Veranda und hastete auf mich zu, während er den hilflosen Jarred noch immer quiekend auf der Schulter fixiert hatte. Ich griff nach dem Saum seines Shirts und schob den gurgelnden Schlauch lachend darunter, der Jarred augenblicklich mit kaltem Wasser überzog. Er japste auf vor Schreck.

»Wasserschlacht!«, schrie Chris vergnügt und wir stürzten uns beide auf Jarred, der verzweifelt versuchte, sich unter Christians massigem Körper herauszuwinden.

Ein Wasserstrahl traf Chris am Kopf und er sprang wie von einer Tarantel gestochen zurück.

»Verrückte Brut!«, rief unser Dad, »Ihr habt den zweiten Schlauch wohl vergessen!« Triumphierend hielt er das grüne Plastikrohr hoch, aus dem eiskaltes Wasser herausspritzte. Dann stürzte unser Vater sich auf das wilde Knäuel aus seinen Kindern. Lachend, schreiend und quietschend tobten wir durch unseren Vorgarten. Es fühlte sich an, als könnte unsere Familie keine Sorge der Welt heimsuchen.

Und doch lag ich falsch, so furchtbar falsch.

***

Die Glut glomm im Grill. Es duftete verführerisch nach Barbecue. Der große Garten explodierte beinahe vor lauter Blütenpracht und jede einzelne Blume verströmte einen himmlischen Duft. Meine Mom hatte wieder ganze Arbeit geleistet und unser Grundstück in einen Sommertraum verwandelt.

»Familie, es ist schön, mal wieder alle gemeinsam hier zu haben.« Mein Vater hob seine Bierflasche feierlich und prostete mit ihr in die Runde. »Wir sollten es genießen, denn bald geht auch unsere süße Mapes aufs College. Nicht wahr, Liebling?«

Ich nickte stumm und war mir der Aufmerksamkeit aller

Anwesenden auf unserer Terrasse plötzlich sehr bewusst.

»Maple ist bekanntlich nicht nur ein wunderschöner, sondern auch ein extrem kluger Kopf …«, fuhr mein Vater unbeirrt fort, weswegen mir die Röte ins Gesicht kroch. Auch wenn es sich um meine Familie handelte, die hier um mich versammelt war, konnte ich Komplimente nicht gut annehmen.

»Das hat sie nicht von dir. Das muss mal gesagt werden, auch wenn du mein Sohn bist.« Nan Nan grinste Dad an und nahm mit einem triumphierenden Glanz in den Augen einen Schluck Sekt aus ihrem Glas.

Dad bedachte seine Mutter mit einem missbilligenden Blick und schüttelte den Kopf. »Du hast natürlich recht. Von mir hat sie das nicht, sondern von meiner zauberhaften Frau.« Er legte einen Arm um Mom und Nan Nan schnalzte mit der Zunge.

»Was ich aber eigentlich sagen wollte: Unsere Mapes hat bereits jetzt einige Zusagen von Colleges erhalten. Nicht wahr, Liebes?«

»Das stimmt«, flüsterte ich. Am liebsten wäre ich getürmt. Ich wollte nicht über meine Auswahl reden. Meine Familie hatte keinen blassen Schimmer, dass sich mein Wunsch-College auf der anderen Seite des Landes befand und ich während der Studienzeit nicht einfach mal schnell für ein Wochenende vorbeikommen würde.

»Wofür hast du dich denn entschieden, Liebes?« Die zarte Stimme meiner Mutter klingelte in meinen Ohren.

»Ich …«, begann ich, »… ich weiß noch nicht genau …«

»Nun drucks doch nicht so rum, Maple. Raus mit der Sprache!« Nan Nan ließ sich im Gartenstuhl zurücksinken und musterte mich neugierig.

»New York, oder?« Mom lehnte sich vor und suchte meinen Blick. »Du bist doch so gern dort.«

Ich nickte. »Das stimmt. Ich liebe New York und ich habe eine Zusage von der NYU.«

»Das ist ja wunderbar!« Alle riefen durcheinander und klatschten.

»Aber ich werde nicht nach New York gehen.«

Meine Familie verstummte und ihre Augenpaare richteten sich erneut auf mich.

»Meine Güte, nun mach es doch nicht so spannend!«, rief Nan Nan und warf die Hände in die Luft.

»Wohin dann? Washington? Boston?«, bohrte mein Vater nach.

»O mein Gott! Du gehst auf die UD! Du bleibst in Delaware, oder?« Meine Mutter presste vor Freude die Hand auf den Mund.

»Nein.« Ich musste mich räuspern, damit meine Stimme nicht wie ein heiseres Krächzen klang. »Ich werde in San Diego studieren. Die Zusage aus Kalifornien ist angekommen. Ich möchte dorthin.«

Schweigen legte sich über die Terrasse und wurde nur vom gelegentlichen Zischen des Grillguts unterbrochen.

»San Diego? Tatsächlich?«, murmelte Chris und musterte mich aus ungewohnt kühlen Augen.

# 17. Ethan

Halt hier bitte an.« Meine Mutter deutete auf eine freie Parkbucht vor Freds Supermarkt. »Ich hol noch schnell ein paar Sachen fürs Wochenende.« Sie stieg aus dem Auto und schlug die Beifahrertür hinter sich zu. Durch das geöffnete Fenster lehnte sie sich noch einmal zu mir herein. Ein Lächeln erhellte ihr Gesicht. »Ich bring dir *Twinkies* mit, okay?«

»Die sind so ekelhaft süß.« Kopfschüttelnd sah ich sie an.

»Das stimmt, aber du liebst sie trotzdem.« Sie zwinkerte mir zu und stieß sich vom Wagen ab.

Ich sah ihr nach und lehnte mich im Fahrersitz zurück. Aus dem alten Autoradio dudelte nichtssagender Pop, der meinen Geist einlullte. Die Wärme im Wagen tat ihr Übriges dazu. Meine Gedanken schwammen auf einer Woge aus wohliger Wärme und Entspannung davon.

Das Geräusch einer sich schließenden Autotür ließ meine wabernden Gedanken verpuffen. Wie eine Seifenblase, die auf den Boden aufkam und zerplatzte, zerbarsten meine entspannten Gedanken, als mein Blick auf den leeren Beifahrersitz fiel.

*Was zum … Es war doch eindeutig eine Tür, die ich gehört habe.*

»Hallo, du Wurm.«

Christians Stimme dicht hinter meinem Ohr ließ mich erstarren. Eine eisige Faust griff nach meinem Magen und sandte ihre Tentakel von dort aus durch meine Venen, bis jeder noch so kleine Zipfel meines Körpers und meines Geistes eingefroren war.

»Was hast du in San Diego vor?«

»W-was?« Meine Gedanken kreisten träge umher. Woher wusste er von San Diego? Hatte Maple ihm davon erzählt, dass wir gemeinsam nach Kalifornien gehen wollten? Hatte sie ihre Zulassung bekommen, sich gefreut und ihrer Familie alles erzählt? Nein, niemand sollte es wissen. Das war unser Geheimnis.

»Ich habe dich etwas gefragt, du kleiner Pisser. Was willst du mit dem Travel Guide von San Diego, den du bei Nan Nan gekauft hast?«

*O nein! Der Reiseführer. Ich habe es ihm selbst verraten!*

Chris' große Hand sauste auf meine Schulter nieder. Der Druck, den er dabei ausübte, presste mich in den Sitz hinunter. Ich war nicht in der Lage, mich zu bewegen. Mein Körper zitterte unter seiner Berührung. Schweiß bildete sich auf meiner Stirn, das Rauschen in meinen Ohren wurde überlaut und verschluckte jedes Geräusch um mich herum. Nur das leise Zischen von Chris' Atem dicht an meinem Ohr, der über meine Haut strich, drang in mein Bewusstsein.

»M-meine … meine … Mutter wird …«

Ich verabscheute mein Stammeln. Ich hasste, dass ich Chris nicht selbstbewusst gegenübertreten konnte, ihm einfach verbal in die Eier treten und ihn aus dem Wagen werfen konnte, so wie Maple es an meiner Stelle machen würde.

»Oh, ich weiß. Deine Mommy ist gleich wieder da, um dich zu retten. Ach, mein kleiner, lieber E.T. Keine Sorge, ich lass dich auch gleich in Ruhe, Wurm. Beantworte mir meine Frage und schon bin ich weg.«

Seine Stimme war ein raues Flüstern in meinem Ohr. Fest presste ich die Augen aufeinander, als ich seine Fingerspitzen an meinem Hals spürte. Ich schluchzte, doch Chris lachte nur trocken auf.

»Kleiner Wurm, du musst doch keine Angst haben. Ich will dir gar nichts tun. Sonst bekomme ich am Ende noch Ärger mit deiner Mommy, und ich will mich nicht mit deiner Mutter anlegen. Sie ist doch so eine nette Frau … und so oft allein in der Tierarztpraxis, nicht wahr? Nicht auszudenken, was da alles passieren könnte. Ein Junkie könnte auf der Suche nach Narkotika einbrechen und sie überwältigen. Oder sogar Schlimmeres. Das wäre fürchterlich.«

Abrupt riss ich die Augen auf. Als mein Blick seinen im Rückspiegel traf, fiel ich ins Bodenlose. Seine Augen ließen keinen Zweifel daran, dass er seine Worte ernst meinte.

»Ich wiederhole also meine Frage, Wurm.« Sein Blick war starr und eiskalt. »Was willst du in San Diego?«

»Ich habe mich dort fürs College beworben.« Noch ehe ich nachdenken konnte, hatten die Worte meinen Mund verlassen.

»Allein?«

Ich presste meine Augen zusammen. Tränen quollen zwischen den Lidern hervor. Erbarmungslos offenbarten sie meine Unfähigkeit und Schwäche.

Chris' Finger strichen über meine Kehle, umfassten meinen Adamsapfel. »Wurm, du gehst mir allmählich echt auf den Sack. Ich hätte jetzt wirklich gern eine Antwort. Du strapazierst meine Geduld.« Der Druck um meinem Hals verstärkte sich. »Gehst du allein nach San Diego?«

»Nein.«

»Mit wem gehst du nach Kalifornien?«

»Ich …«

»Mit wem?«

»Ich habe noch gar keine Zusage …«

»Mit wem?« Seine laute Stimme in dem kleinen Wagen dröhnte in meinen Ohren.

»Mit Maple.« Ich flüsterte ihren Namen mit zitternder Stimme.

Ein dunkles Knurren drang an mein Ohr. »Das wird nicht passieren.« Der Griff um meinen Hals lockerte sich. »Hast du das verstanden?«

Mein Blick huschte zum Eingang des kleinen Geschäfts, in dem meine Mutter verschwunden war. In dem Moment öffnete sich die Tür und sie trat mit einer braunen Papiertüte im Arm ins Freie. Wie gewohnt kam sie zügig auf den Wagen zu.

Chris' Blick folgte meinem. Im Rückspiegel verzogen sich seine Lippen zu einem gehässigen Grinsen. »Ich bin mir sicher, du hast mich verstanden.«

Die hintere Wagentür öffnete sich und er stieg aus dem Auto. Ich hörte ihn meine Mutter freundlich grüßen. Meine Hände ballten sich zu Fäusten und ich musste die bittere Galle in meinem Hals schlucken, um nicht auf der Stelle in unseren alten Wagen zu kotzen.

# 18. Maple

Der Boden unter meinen Laufschuhen wurde weicher, als ich auf den Weg abbog, der in den Wald führte. Die Bäume schluckten die frühsommerliche Wärme der Maisonne, die eben noch auf meiner Haut gekitzelt hatte. In den letzten Wochen hatte das Gewirr aus Vogelgesang zugenommen und erfüllte den Wald nun mit einem ganz besonderen Klang.

Ich drosselte mein Tempo und verharrte einen Moment, um dieser einzigartigen Frühlingsmelodie zu lauschen. Es würde mein vorerst letzter Frühling in Woodside sein. In den nächsten Jahren würde ich am Pazifik entlanglaufen und dort neue Eindrücke sammeln. Ein sonderbarer Gefühlscocktail aus Schwermut, Vorfreude und Nervosität schwappte über mich hinweg und erschwerte mir einen Augenblick lang das Atmen.

Mit den Fingerspitzen tastete ich nach einem Baumstamm neben mir und ließ sie über die raue Rinde des Stammes gleiten. Mein Blick wanderte ins lichte Blätterdach aus Platanen und Eichen. Keine Frage, meine Heimatstadt würde mir fehlen. Trotzdem freute ich mich auf das College in San Diego.

Ich hatte bereits alles geplant. Auf meinem Konto hatte ich genug Geld angesammelt, um mir ein gebrauchtes Auto zu kaufen. Damit würde ich Ethan dann am Tag unserer Abreise abholen und wir würden gemeinsam durch das gesamte Land nach Kalifornien fahren. Bei Bills Garage stand genau das richtige Fahrzeug für dieses Unterfangen. Ein Chevrolet Pick-up aus den späten achtziger Jahren. Zwar würden Mom und Dad mir auch ein neues Auto kaufen oder ein Umzugsunternehmen beauftragen, um meine Habseligkeiten fürs

College nach Kalifornien befördern zu lassen und mich in ein Flugzeug setzen. Aber ich wollte diesen Roadtrip mit E.T. machen, um ein Stück der geraubten Zeit nachzuholen und festzuhalten, damit sie uns niemand wieder würde nehmen können.

In den letzten Jahren der High School hatten wir nur noch wenig Kontakt gehabt. Ich hatte mich von ihm ferngehalten, so wie er es gewollt hatte. Jeder einzelne Tag davon war mir unendlich schwergefallen. Immer um Punkt achtzehn Uhr war ich auf meiner Jogging-Runde an unserer Lichtung am Fluss vorbeigekommen, aber nie hatte ich ihn getroffen.

Aber jetzt war die High School beinahe überstanden und wir konnten uns gemeinsam auf den Weg in ein neues Leben machen.

Beflügelt von dem Gedanken ließ ich den Baum los und trabte weiter locker durch den Wald. Der würzige Duft der Erde und der Bäume strömte in meine Lungen und ich ließ ihn tief in meinen Körper dringen.

Am Ende des Waldes trat ich auf Ethans Grundstück. Mein Herz flatterte nervös in meiner Brust wie ein kleiner Vogel in einem zu engen Käfig. Ich sah hinüber zur Auffahrt vor dem bescheidenen Holzhaus der Familie Bogart. Kein Wagen stand dort; das Vögelchen in meiner Brust machte einen Hüpfer. Ethans Eltern waren nicht da.

Ich rannte das letzte Stück zu den breiten Stufen, die auf die kleine Veranda führten. Mit geballter Faust hämmerte ich gegen die Fliegengittertür, die vor den Hintereingang angebracht war. »E.T.!« Ich lauschte auf ein Geräusch aus dem Inneren des Hauses, doch alles blieb still. Wieder klopfte ich gegen die Tür. »Ethan Humphrey Bogart! Mach die verdammte Tür auf!« Ungeduldig wippte ich auf meinen Fußballen hin und her.

Konnte es sein, dass Ethan wirklich nicht da war? Fuhr er samstags noch immer mit seinen Eltern zum Einkaufen?

Mein Blick wanderte über den Boden der Veranda. Ethans Schuhe standen ordentlich an einer Seite des hölzernen Vorbaus. Er war also doch da. Vielleicht hörte er Musik über Kopfhörer und hatte deswegen nicht reagiert?

Ich lief ein Stückchen um das Haus herum. Am Fenster von Ethans Zimmer angekommen, klopfte ich gegen das kühle Glas der Scheibe.

Dann lauschte ich gespannt. Wieder nichts.

»Ethan?«

Auch mein Ruf nach ihm blieb unbeantwortet.

Allmählich wich meine Vorfreude darauf, meinem Freund meine Pläne für unseren Umzug zu erzählen, blanker Enttäuschung.

Um einen Blick in Ethans Zimmer zu erhaschen, machte ich einen großen Schritt über die sorgsam gepflegten Rosenbüsche, die das gesamte Haus umgaben. Mit den Händen schirmte ich meine Augen ab, um im Gegenlicht durch die Scheibe spähen zu können. Ich hatte Ethan mit In-Ears auf seinem Bett erwartet, doch es war leer und ordentlich zurechtgemacht.

Mein Blick wanderte weiter durch den Raum hinter dem Glas.

Ich zuckte zusammen. Eine eisige Kälte ergriff Besitz von mir, als ich in Ethans große, graue Augen sah. Er saß zusammengesunken an seinem Schreibtisch und starrte mich regungslos an.

# 19. Ethan

Maples Stimme hallte durch unser ansonsten stilles Haus und ich erstarrte. Ich hatte gewusst, dass sie bald kommen würde. Ich hatte mich so sehr darauf gefreut, sie wiederzusehen. Und im selben Maße hatte ich mich davor gefürchtet.

Ich wollte zur Haustür gehen, sie hereinlassen – in unser Haus und zurück in mein Leben. Aber ich konnte es nicht. Es war, als wäre ich mit dem abgewetzten Stoff meines Schreibtischstuhls verwachsen. Also blieb ich sitzen, kauerte mich zusammen und wartete auf die Rückkehr der Stille.

In dem Moment, als ihre zarten Finger gegen die Fensterscheibe meines Zimmers klopften, fühlte ich mich wie ein Tier in der Falle. Was sollte ich tun? Mich blitzschnell auf den Boden werfen und unter das Fenster robben, damit sie mich nicht sah? Aufspringen und auf den Flur hinauseilen? Nein. Ich war wie immer das Opossum vom Dienst und verharrte zusammengefallen an meinem Schreibtisch.

Langsam wanderte mein Blick zum Fenster. Maples Gesichtsausdruck schnürte mir die Kehle zu. In wenigen Sekundenbruchteilen wich ihre unzähmbare Freude einer starren Maske aus Verständnislosigkeit und Enttäuschung.

Ich erhob mich langsam wie ein Neunzigjähriger aus meinem Stuhl und genau so fühlte ich mich auch. Alles in mir schmerzte, besonders mein Herz. Mit müden Schritten schleppte ich mich zur hinteren Haustür, um sie zu öffnen. Maple erwartete mich bereits am Fuße der Verandastufen. Ihre Stirn lag in Falten, ihre Augen waren hinter einem Schleier der Verwirrung verborgen. Es fühlte sich wie eine Ewigkeit an, die wir uns regungslos gegenüberstanden.

»Warum hast du mir nicht geantwortet?«, flüsterte Maple. »Hast du mich nicht gehört?«

*O Maple, du Naturgewalt im allerbesten Sinne. Natürlich habe ich dich gehört. Niemand kann dich nicht hören! Es ist nicht deine Schuld!*

»Ethan?« Maples Stimme war kaum lauter als die leise Brise des Ozeans, die das Laub der umherstehenden Bäume erfasste. Meine Finger verkrampften sich schmerzhaft ineinander. Ihr Blick fand meinen und ich erkannte Tränen in ihnen. Sie ließen ihre sonst so strahlenden Augen stumpf wie Meeresglas aussehen.

»Was willst du hier?« Das war alles, was ich hervorbrachte. Meine Lungen brannten, meine Kehle war wie zugeschnürt. In meinen Ohren rauschte das Blut und mein Magen fuhr Achterbahn.

»Wie meinst du das?« Sie schüttelte verwirrt ihren Kopf. Einige Strähnen, die sich aus ihrem Zopf gelöst hatten, hüpften eifrig um ihr schönes Gesicht. »Ich bin hier, um unsere Fahrt nach San Diego mit dir zu besprechen. Ich habe mit meinen Eltern schon geklärt, dass ich nach Kalifornien gehe. Sie sind nicht begeistert, aber trotzdem einverstanden. Ich habe mich auch schon für ein Wohnheimzimmer angemeldet und dachte mir, wir könnten uns dann irgendwann vor Ort vielleicht eine Wohnung mieten für eine WG. Das wäre doch toll, oder? Wir beide als Mitbewohner? Bei Bill steht auch grad ein cooler Pick-up zum Verkauf. Den werde ich mir zulegen, damit wir gemeinsam fahren können. Ich …«

»Ich werde nicht nach San Diego gehen.«

»Was?«

Jedes Geräusch um uns herum verstummte. Maple formte lautlose Töne mit ihren Lippen und ich erkannte, wie die Bedeutung meiner Worte langsam in ihren Verstand sickerte und sich dort als giftige Enttäuschung ausbreitete.

»Was sagst du?«

»Du kannst allein nach Kalifornien ziehen. Ich hab kein Stipendium für San Diego bekommen.« Ich schluckte und es kratzte in meinem Hals. »Tut mir leid, Maple. Wirklich.«

Ich sah die Tränen auf ihren Wangen durch den Schleier meiner eigenen. Trotzdem drehte ich mich wortlos um, schloss die Verandatür und ließ sie stehen.

Zurück in meinem Zimmer sank ich gegen die Wand und kauerte mich auf dem Boden zusammen. Mein Blick fiel auf ein Blatt Papier, das neben dem Papierkorb auf dem Boden lag. In fetten Lettern stand *Zusage für ein Vollstipendium an der Universität San Diego* darauf.

# 20. Ethan

Ich kauerte verborgen hinter dem dicken Stamm einer alten Platane und sah auf unsere Lichtung. Die dicht belaubten Baumkronen schluckten das Licht der Abenddämmerung beinahe vollständig. Die Dunkelheit kroch bereits über den weichen Waldboden.

Maple hockte auf dem umgekippten Baumstamm. Von meiner Position aus konnte ich ihr Gesicht nicht sehen, nur ihren Rücken und die bebenden Schultern.

Ich wusste, dass sie morgen nach San Diego aufbrechen würde. Nan Nan hatte es mir erzählt, als ich ihr im Ort über den Weg gelaufen war. Ich mied seit dem letzten Zusammentreffen mit Chris alles, was mit der Familie Turner zu tun hatte – so auch Nan Nans Buchladen. Aber Woodside war ein kleines Nest mit knapp 2.500 Einwohnern. Da mussten sich die Wege zwangsläufig irgendwann kreuzen.

Selbst wenn ich es nicht gewusst hätte, wäre ich wie abends stets in den Wald gegangen und hätte mich hinter der Platane versteckt, um Maple zu sehen. Sie war jeden verdammten Tag hierhergekommen und hatte auf mich gewartet. Jeden einzelnen Abend seit sie mir versprochen hatte, sich in der Schule von mir fernzuhalten. Maple hatte auf dem Stamm gesessen, geduldig gewartet, hatte Steine über das Wasser springen lassen und war dann wieder gegangen. Immer wieder hatte ich sie dabei beobachtet und mich gefühlt wie ein Stalker.

Die Fesseln meiner Angst hielten mich zurück. Hielten mich an diese Platane gekettet, die ich nicht passieren konnte, gelähmt von den Fragen: *Was, wenn uns jemand sieht? Was, wenn Chris vorbeikommt? Oder Jamie?* Ich sorgte mich zu sehr – um mich, vielmehr aber um meine Familie und auch um Maple.

Also beobachtete ich meine beste Freundin und war mir sicher, dass sie meine Anwesenheit spürte. Doch kein einziges Mal kam sie zu meinem Versteck. Maple beließ es dabei.

Aber so lange wie heute hatte sie noch nie gewartet. Mein ganzer Körper kribbelte vor Sehnsucht nach ihr – nach unseren Gesprächen, ihrem Lachen, unserer Freundschaft, ihren Lippen. Aber meine Füße gehorchten mir nicht. Sie waren wie die Platane neben mir durch uralte Wurzeln mit dem Waldboden verwachsen.

Ich hörte Maples leises Schniefen und beobachtete, wie sie sich langsam und zögerlich erhob. Mit den Händen strich sie ihr helles Lauftop glatt, das sich von der hereinbrechenden Dunkelheit abzeichnete, obgleich es eng an ihrem perfekten Körper anlag und nicht zerknittert war. Sie drehte den Kopf und blickte exakt in meine Richtung. Ich konnte ihre Augen in der fortschreitenden Dämmerung nicht erkennen, aber ich spürte ihren Blick förmlich durch den Baumstamm hindurch auf meinem Körper.

»E.T.? Ich weiß, dass du da bist.« Maples Stimme war ruhig und fest. »Du bist jeden Abend hier gewesen; dort hinter der Platane, oder?«

Sie hatte mich durchschaut. Wie hätte sie es auch nicht tun können? Maple war die Person auf der Welt, die mich am besten kannte.

»Ich habe dir deinen Freiraum gelassen, E.T, habe deinen Wunsch akzeptiert und respektiert. Auch wenn es mir unendlich schwergefallen ist, mich jahrelang nicht mit dir zu unterhalten. Morgen fahre ich nach San Diego. Ich verfolge diesen Plan, *unseren* Plan, noch immer, und ich werde ihn durchziehen. Ich verstehe, dass du nicht mitkommen kannst, weil es zu teuer ist. Wenn du hier ans College gehst, kannst du weiterhin zu Hause wohnen. Das verstehe ich, E.T., wirklich. Ich bin dir nicht böse. Befürchtest du das?«

Sie wartete auf meine Antwort. Die Worte bildeten sich in meiner Kehle, wollten über meine Zunge klettern und in die Freiheit stolpern – hinaus zu Maple. Doch ich hielt sie zurück. Sie war schon zu lange fort von zu Hause; ihre Familie würde sich sicher bald nach ihr sehen. Chris würde sie suchen …

»Ich möchte mich doch nur von dir verabschieden, Ethan! Kannst du …« Ihr Schluchzen mir brach das Herz. »Kannst du mir nicht wenigstens einen Abschied schenken?«

Ich hörte die Tränen in ihrer Stimme und spürte meine eigenen, die in fortwährenden Bächen über meine Wangen flossen.

»Okay«, flüsterte Maple schließlich. Sie trat näher an den Baum heran, der mir als Versteck diente. »Auf Wiedersehen, E.T.«

Dann drehte sie sich um und verließ diese Lichtung, unseren Ort, mein Leben. Maple war fort.

# 21. Maple

Mein Pick-up rumpelte auf den Parkplatz, der sich vor dem Haupteingang der Verwaltung erstreckte. Das Gebäude sah anders aus als die Colleges an der Ostküste. Es glich einer mexikanischen *Hacienda* – oder wenigstens meiner Vorstellung davon. Die Mauern waren weiß getüncht, die Dächer mit terracottafarbenen Schindeln gedeckt. Überall ragten Türmchen in den wolkenlosen Himmel, der so blau strahlte, wie ich es auf unserer Seite des Landes noch nie gesehen hatte. Während er im Sommer an der Atlantikküste eher in einem dunkleren Blau leuchtete, strahlte er hier so hell, als wolle er die Sonne selbst übertreffen.

Ich lehnte mich gegen das Lenkrad meines Wagens und spähte durch die Windschutzscheibe auf den Eingang der Campusverwaltung. Aus allen Richtungen strömten Menschen auf das Gebäude zu. Sie sammelten sich in Grüppchen davor oder verschwanden im Inneren.

Eine Weile beobachtete ich das geschäftige Treiben auf dem Vorplatz. Mir war unsagbar heiß in meinem Auto. Irgendwo auf halber Strecke zwischen Delaware und Kalifornien hatte die Klimaanlage röchelnd ihren Geist aufgegeben. Gleichzeitig krabbelte eine Gänsehaut über meinen gesamten Körper und ließ mich frösteln.

»Na los, Maple. Sei kein Feigling«, murmelte ich, um mir selbst Mut zuzusprechen. Wäre E.T. doch nur hier. Mit ihm an meiner Seite würde es mir sicher leichter fallen, mich auf dieses unbekannte Terrain außerhalb meines überhitzten Kokons aus Metall und Kunstleder zu begeben.

Ich angelte meine Tasche aus dem Fußraum der Beifahrerseite und kramte mein Handy daraus hervor. Mit flinken Fingern scrollte ich durch die Kontakte. Mein Daumen ruhte über dem kleinen, grünen Hörer. Würde er meinen Anruf überhaupt annehmen? Ich hatte vor meiner Abreise versucht, noch einmal mit ihm zu reden, nachdem mir klargeworden war, dass Ethan nicht von sich aus zu mir kommen würde. Aber er wollte offensichtlich nicht mit mir reden. Er hatte sich nicht von mir verabschiedet; von unserer Freundschaft hingegen schon.

Ich atmete tief ein und fixierte meinen Daumen, der sich nicht auf das kleine Icon senken wollte. Stattdessen scrollte er weiter, bis Nan Nans Name erschien. Nach dem dritten Klingeln hörte ich die vertraute Stimme meiner Großmutter.

»Hallo, Liebes! Bist du gut angekommen?«

»Ja.«

»Und? Wie gefällt es dir in Kalifornien? Ist es noch so toll, wie ich es in Erinnerung habe?«

»Keine Ahnung. Ich hab noch nicht so viel gesehen. Ich …«

»Lass mich raten: Du sitzt in deinem Auto auf dem Parkplatz und brauchst jemanden, der dich hinausschubst?«

»Woher …?« Ich hörte, wie Nan Nan mit ihrer Zunge schnalzte und konnte sie deutlich vor mir sehen, mit in die Hüften gestemmter Hand und verrutschter Cat-Eye-Brille.

»Du kannst mir nichts vormachen, Kleines. Außerdem klingt deine Stimme extrem blechern, als würdest du aus einer Sardinenbüchse anrufen. Ich kann mir aber nicht vorstellen, dass der Campus dort drüben aus Konservendosen besteht.«

Ich seufzte. »An dir ist eine Detektivin verloren gegangen. Das weißt du, oder?«

»An mir ist so einiges verloren gegangen. Steig aus dem Wagen, Maple.«

»Nan Nan …«

»Steig aus, Liebes. Du bist nicht so weit gefahren, um in dem klapprigen Auto, das du dir gekauft hast, den Hitzetod zu sterben. Dafür hättest du auch hierbleiben können. Wahrscheinlich hätte es etwas länger gedauert, bis der Wagen die richtige Temperatur gehabt hätte, aber funktioniert hätte es allemal. Also, warum bist du nach San Diego gefahren?«

»Ich möchte hier studieren?«

»Aha. Warum formulierst du das als Frage?«

»Ich möchte hier studieren.«

»So ist es. Und das macht man dort, indem man in seinem Wagen sitzt?«

»Nein.« Ich lachte auf. »Ich denke nicht.«

»Ich auch nicht.« Sie seufzte. »Steig jetzt aus. Du bist stark und intelligent. Niemand dort drüben wird dich kleinkriegen. Hörst du?«

»Danke, Nan Nan.«

»Jederzeit, mein Liebes.« Sie machte ein Kussgeräusch, dann war die Leitung tot.

Meine Finger tasteten nach dem Türöffner und sie öffnete sich knarrend, als ich mich gegen sie lehnte. Mit einem Seufzen schälte ich meine müden Knochen aus dem Inneren des Chevys. Der fünftägige Roadtrip hatte mich geschafft.

Ich blinzelte gegen das helle Tageslicht an und schnappte mir meine Sonnenbrille vom Armaturenbrett. Sie schützte mich nicht nur davor, geblendet zu werden, sondern verbarg auch meine müden Augen. Ich freute mich darauf, in dieser Nacht in dem Bett zu schlafen, das mir in den nächsten Jahren gehören würde, und sehnte mich nach einer langen, entspannenden Dusche.

Ich nahm meine Tasche, verstaute das Smartphone darin, straffte die Schultern und steuerte den Eingang der Verwaltung an. Im Inneren war es angenehm kühl. Ein Hoch auf funktionstüchtige Klimaanlagen!

***

»Name?« Die Dame am Schalter der Verwaltung sah mich kurz an und wandte ihren Blick dann wieder dem Computerbildschirm vor ihr zu.

»Maple Elizabeth Turner.«

»Woher kommen Sie?«

»Woodside, Delaware. Mam.«

Ihr Blick huschte zu mir, ein amüsiertes Lächeln zupfte an ihren perfekt geschminkten Lippen. »Delaware? Da hatten Sie eine weite Anreise, Miss Turner.«

Ich nickte und war dankbar für ihren freundlichen Blick.

Der Drucker neben ihr gab einige Laute von sich und spuckte dann ein Stück Papier aus, das die Dame in ihre gebräunten Finger nahm. Sie sah aus, als würde sie jede freie Minute an der frischen Luft verbringen. Überhaupt nicht so, wie man sich eine typische Angestellte in einer Universitätsverwaltung vorstellen würde.

»Also, Miss Turner. Hier haben wir Sie. Sie sind im Maya Building untergebracht. Erster Stock, Zimmer 110.« Sie schob eine Schlüsselkarte über den Tresen. »Die ist für den Eingang des Gebäudes und das«, nun legte sie einen silberfarbenen Schlüssel auf die Karte, »ist der Zimmerschlüssel. In Kürze werden neue Schließanlagen installiert. Dann benötigen Sie nur noch die Karte. Wenn Sie diese oder den Schlüssel verlieren, können Sie neue beantragen, dafür werden dann je 100 Dollar fällig. Bei Verlust Ihrer ID Card«, sie schob eine weitere Plastikkarte über den Tresen, auf der ich mein Gesicht im Kleinstformat entdeckte, »werden 250 Dollar fällig.« Sie sah auf und musterte mich aus ihren wasserblauen Augen. »Haben Sie noch Fragen, Miss Turner?«

»Nein, Mam«, antwortete ich und sammelte die Karten und den Schlüssel auf.

»Wunderbar. Willkommen an der SDSU. Der Nächste!« Ihr Blick wanderte an mir vorbei zu einem Jungen, der hinter mir in der Schlange wartete und sich mit weißen Fingerknöcheln an den Riemen seines Rucksacks festkrallte. Ich schenkte ihm ein nervöses Lächeln und drückte mich durch die aufgeregt schnatternde Meute. Am Ausgang angekommen, schlüpfte ich hinaus ins gleißend helle Licht des kalifornischen Vormittags und hinein in mein neues Leben.

***

Unscheinbare, weiße Ziffern zeigten mir, dass ich mein Ziel erreicht hatte. Die Zahl 110 prangte neben der braunen Holztür auf der Wand. Ich versuchte, nach Geräuschen aus dem Inneren des Zimmers zu lauschen, doch der Trubel um mich herum verschluckte jeden leisen Ton. Etliche Freshmen, einige in Begleitung ihrer Eltern, streunten suchend über die Flure. Ältere Semester kehrten ins Wohnheim zurück und begrüßten sich lautstark.

Nervös pustete ich eine Strähne meines kastanienbraunen Haars aus dem Gesicht, die sich aus meinem hohen Pferdeschwanz gelöst hatte. Kurz schloss ich die Augen und dachte an Nan Nan. *Du bist stark und intelligent. Niemand dort drüben wird dich kleinkriegen. Hörst du?* Ihre Worte hallten in meinem Kopf wider und ich musste schwer schlucken. Der Kloß, der sich in meiner Kehle gebildet hatte, sollte nicht die Überhand gewinnen und seine klammen Tentakel nach allen Empfindungen in mir ausstrecken. Also reckte ich das Kinn etwas, drückte den Rücken durch und steckte den Schlüssel ins Schloss der Zimmertür. Noch bevor ich ihn umdrehen konnte, schwang die Tür auf.

Vor mir stand ein zierliches Mädchen. Ihr blondes Haar trug sie zu einem Long Bob geschnitten, der ihr gebräuntes Gesicht umrahmte. Sie hatte leuchtend blaue Augen die wie der kalifornische Sommerhimmel aussahen und genauso hell strahlten. Die Beschreibung ›von einem Ohr zum anderen lächeln‹ hielt ich immer für übertrieben, aber auf sie traf sie genau zu.

»Hi!«, rief das Mädchen und trat zur Seite, um mir den Weg ins Zimmer freizugeben. »Komm rein! Komm rein!« Sie wedelte mit den Händen. »Ich bin Summer, deine Mitbewohnerin. Aber das hast du dir jetzt schon gedacht, nehme ich an.« Sie musterte mich abwartend aus ihren blauen Augen.

»Oh, hallo. Ich bin Maple. Schön, dich kennenzulernen«, erwiderte ich und streckte ihr meine Hand entgegen.

Summer schob sich an meiner Hand vorbei und schloss mich in eine Umarmung. »Komm schon, Mädchen. Wir wohnen jetzt zusammen, da brauchen wir nicht so förmlich sein, oder?«

Ich drückte sie sanft an den Schultern zurück und löste so die Umarmung. »Okay. Ich … ähm … werde erst mal auspacken, wenn dich das nicht stört.«

»Oh, aber kein bisschen. Fühl dich wie daheim. Ich meine, das ist ja jetzt auch dein … *unser* Zuhause. Du meine Güte! Du bist wirklich hübsch. Aber eigentlich müsstest du Chestnut heißen, oder? Wegen der Haare, meine ich. Die sehen aus wie Kastanien. Ich mag Kastanien … Was ist denn dein Hauptfach?«

»Englische Literatur.«

»Oh, wie toll! Du liest gern? Ich auch. Also … manchmal. Eigentlich eher selten, um ehrlich zu sein. Ich studiere Fernsehgeschichte im

Hauptfach.« Summer zuckte mit den Schultern. „Keine Ahnung, was mir das bringen soll, aber es klang einfach so interessant!«

»Bist du schon länger hier?«, unterbrach ich Summers Wortschwall lächelnd.

»Nein, erst seit zwei Stunden oder so. Meine Mom hat mich gefahren. Sie ist eben wieder verschwunden. Mom wohnt nicht weit von hier in Santa Babara. Eigentlich wollte sie dich noch kennenlernen, aber ich hab sie fortgeschickt. Ich kann mir vorstellen, dass dich das überfordert hätte. Sie ist nämlich auch so eine Sabbeltasche wie ich. Ich plappere gern, wenn ich nervös bin. Das mache ich jetzt auch gerade, oder? O Gott, das tut mir so leid. Ich bin dann wie ein Papagei. Kann gar nicht aufhören.« Sie seufzte und verbarg das Gesicht hinter den zierlichen Händen.

»Ist schon gut, Summer. Wirklich.«

»Nein, das ist es nicht. Ich kann ganz schön nervig sein. Okay, pass auf: Du kannst dich erst mal in Ruhe einrichten und ich hole uns ein paar Sandwiches, einverstanden? Dann essen wir gemeinsam und danach bin ich auch bestimmt nicht mehr so nervös. Essen beruhigt mich nämlich immer. Dich auch? Als ich mit meiner Mom auf College-Tour war, haben wir hier einen kleinen Coffeeshop entdeckt. ›Mick's Corner‹ hieß der … oder so. Dort gab es sensationelle Sandwiches. Irgendwas, worauf du allergisch bist? Unverträglichkeiten? Vorlieben?«

»Das ist lieb, danke. Gerne vegetarisch.«

»Okay!« Summer nahm einen Rucksack vom Haken und verließ das Zimmer.

»Warte, ich gebe dir … Geld!«, rief ich ihr nach. Doch meine Mitbewohnerin war schon in der Flut aus Studierenden auf dem Flur untergegangen.

Ich schloss die Tür und lehnte mich gegen das dunkle Holz. Mein Blick glitt durch den Raum. Summer hatte bereits die linke Seite des Zimmers bezogen, also warf ich meine Tasche auf das freie Bett in der gegenüberliegenden Raumhälfte.

Unser Zimmer war nicht besonders groß. Die Möbel wirkten leicht abgenutzt und hatten vermutlich bereits einige Bewohner kommen und gehen sehen. Auf jeder Seite gab es ein Bett, einen Schreibtisch mit Stuhl und einen Schrank. Gegenüber der Tür prangte ein großes

Fenster, das den Blick auf eine gepflegte Rasenfläche freigab. Die Wände waren kahl und mussten unbedingt mit Bildern und Lichterketten gemütlicher gestaltet werden.

Ich hievte meinen Rollkoffer auf den Schreibtisch, der glücklicherweise nicht unter dem Gewicht zusammenbrach.

Bewaffnet mit dem Bettzeug aus meinem Koffer, gestaltete ich zuerst das Bett etwas wohnlicher. Ich müsste auf jeden Fall noch Kissen besorgen, um es gemütlicher zu machen. Dann nahm ich einen großen Umschlag aus meinem Gepäck. Ich fischte den Inhalt heraus. Zum Vorschein kam eine lange Kordel, an der mit Wäscheklammern verschiedene Fotografien befestigt waren. Hazel hatte sie mir zum Abschied geschenkt, bevor ich zum College aufgebrochen war. Sie selbst hatte einen Platz an ihrem Wunsch-College in Chicago ergattert.

Mein Herz wurde beim Gedanken an meine Freundin schwer. Wie es ihr wohl ging? Sie war bereits gestern an der Uni angekommen und hatte eines der begehrten Einzelzimmer im Wohnheim erhalten. Kurz flammte Neid in mir darüber auf, aber ich war mir sicher, es mit Summer ganz gut getroffen zu haben. Wir würden bestimmt gut miteinander auskommen.

Mein Blick fiel auf eine der Fotografien. Sie zeigte einen Schnappschuss von Hazel und mir aus dem letzten Jahr an der High School. Wir gestikulierten beide wild und schienen uns über irgendetwas furchtbar aufzuregen. Im Hintergrund erkannte ich E.T., der wie gebannt zu uns hinüber starrte.

»E.T …«, murmelte ich. Wie von selbst strichen meine Fingerkuppen über sein Gesicht. Ich nahm mein Handy, rief das Chatprogramm auf und suchte unseren Nachrichtenverlauf. Als ich ihn gefunden hatte, schrieb ich ihm gleich eine Nachricht:

*Hi, E.T.! Bin angekommen. San Diego ist anders, aber gut … Das hoffe ich zumindest. Wie geht's dir? Wollen wir reden?*

Einen Moment verharrte ich, zögerte das Absenden der Nachricht hinaus. Doch schließlich senkte ich den Daumen auf den kleinen Papierflieger. Mit dem Display nach unten legte ich das Smartphone aufs Kopfkissen und machte mich daran, die Fotokette anzubringen.

Die Tür flog auf und Summer trat ein. »Oh, wow! Du bist ja schon ganz schön weit gekommen. Sieht toll aus! Ich muss unbedingt noch zu Target und Kissen und sowas kaufen. Wollen wir da gemeinsam hin? Aber erst mal essen wir, oder? Wollen wir raus gehen und uns auf den Rasen setzen? Ich hab dir übrigens ein Falafel-Sandwich mitgebracht. Ist das okay?«

»Das ist perfekt. Danke, Summer.« Ich nahm mein Telefon, sprang von meinem Bett, nahm Summer das Sandwich aus der Hand und folgte ihr hinaus aus unserem Zimmer. Das Smartphone schob ich währenddessen in meine Gesäßtasche. Ethan hatte meine Nachricht bereits gelesen, denn die blauen Häkchen verrieten ihn. Geantwortet hatte er mir jedoch nicht.

Der kleine Stich, den ich dabei fühlte, gesellte sich zu den anderen Stichen in meinem Herzen, die Ethans Schweigen verursacht hatten. Gemeinsam bildeten sie ein schmerzhaftes Loch. Ich fragte mich, ob es noch Sinn ergab, mich weiterhin bei ihm zu melden.

# 22. Maple

O mein Gott!« Summer blieb in der geöffneten Zimmertür stehen und starrte mich mit weit aufgerissenen Augen an. »Du siehst heiß aus, Eastcoast.«

Ich verdrehte die Augen, konnte mir aber ein Lächeln nicht verkneifen. »Meinst du, ich kann so zur Freshmen-Party gehen, ohne mich direkt als Landei zu outen?«

»Du bist kein Landei, du kommst beinahe aus den Hamptons. Das bedeutet eigentlich, dass du aus New York kommst. Von daher bist du ein heißes Citygirl.«

»Woodside ist ganz sicher nicht New York City!« Ich lachte und warf einen prüfenden Blick in den großen Spiegel.

»Sei nicht so kleinlich!« Summer lachte ebenfalls. »Du bist hier in Kalifornien. Alles, was mehr als 200 Meilen östlich liegt, ist New York für uns.«

Ich lächelte meine Mitbewohnerin durch den Spiegel an, dann begutachtete ich noch einmal mein Outfit für die Party. Meine Wahl war auf eine enge Jeans mit Rissen an den richtigen Stellen und ein cremefarbenes, seidig fließendes Top gefallen. Meine rotbraunen Haare hatte ich zu einem hohen Pferdeschwanz gebunden, aus dem einige Strähnen wie durch Zufall in mein Gesicht fielen.

Nach unseren ersten Vorlesungen hatten Summer und ich schnell von der Freshmen-Party gehört, die inzwischen auch Gesprächsthema Nummer eins auf den Fluren unseres Wohnheims war. Die Feier war sozusagen eine der Pflichtveranstaltungen, die man einfach besuchen musste, wenn man nicht das Gefühl haben wollte, etwas zu verpassen.

»Kommst Du, Eastcoast?«

»Ja, Sekunde.« Ich schnappte meine Clutch vom Bett und stopfte rasch Puder, Lipgloss und etwas Geld hinein. Dann griff ich nach meinem Smartphone. Das Display hatte seit Stunden keinen neuen Nachrichteneingang verkündet.

Seufzend öffnete ich das Chatprogramm und wählte die Konversation mit Ethan an. Die letzte Mitteilung in unserer virtuellen Unterhaltung war meine eigene gewesen, die ich vor ein paar Stunden geschickt hatte.

*Wie ist es auf der anderen Seite des Landes? In Kalifornien spinnen alle … Schade, dass du nicht hier bist. Wir könnten hier wunderbar lästern. Melde dich mal.*

Die blauen Häkchen neben der Nachricht verrieten mir, dass Ethan sie gelesen hatte. Eine Antwort war aber mal wieder ausgeblieben. Ein schmerzhafter Stich suchte mein Herz heim.

Seit unserem letzten Gespräch, in dem E.T. mir offenbart hatte, dass er nicht mit nach San Diego kommen würde, hatte ich nichts mehr von ihm gehört. Allmählich kam ich mir wie eine abgeschobene Exfreundin vor, die sich einfach nicht mit dem Ende einer Beziehung abfinden konnte.

»Eastcoast, komm endlich!« Summer lehnte in der Tür zum Flur und trommelte mit den perfekt gefeilten Fingernägeln gegen den Türrahmen.

»Hör bitte auf, mich Eastcoast zu nennen. Ich nenne dich schließlich auch nicht Winter oder Westcoast.«

»Du kannst mich nennen, wie du willst. Ich bleibe in jedem Fall deine großartige Mitbewohnerin.« Summer lachte wieder ihr ansteckendes Lachen. »Aber gut, Herzchen. Dann nenne ich dich jetzt eben nur noch East. Das geht auch viel schneller.«

Ich schnaubte, doch folgte meiner neuen Freundin kopfschüttelnd nach draußen.

***

Wir schlossen uns den parfümierten Scharen von aufgeregt quasselnden Menschen auf ihrem Weg zur großen Sporthalle des Campus an, die zur Partylocation umgewandelt worden war. Als wir eintraten, waberte uns ein Gemisch aus Schweiß, verschiedensten Düften, After Shaves und jeder Menge Angst entgegen. Man erkannte die Neulinge sofort. Ihre Blicke huschten unsicher über die Menschenmassen auf der Suche nach bekannten Gesichtern. Die älteren Semester hingegen checkten die Frischlinge seelenruhig ab und suchten ganz offensichtlich ihren Spaß.

Summer und ich organisierten uns erst einmal einen Drink an der Bar. Erstaunlicherweise gelang uns das recht schnell. Summers Strahlen hatte den Barkeeper wie einen Magneten angezogen, weshalb er uns im Handumdrehen zwei Gin Tonics gemixt hatte.

Jetzt hielten wir uns am Rand der Tanzfläche auf. Meine Finger krampften sich um mein Glas. Es war das erste Mal, dass ich auf einer Party keine vertrauten Gesichter sah. Zu Hause hatte ich immer jemanden gekannt, sogar wenn ich allein gekommen war. Hier war ich jedoch auf mich gestellt. Sicher, Summer war bei mir, aber ich wusste beinahe nichts von ihr.

»Hi.«

Neben mir hatte sich ein großer Kerl mit schwarzen Haaren an die Wand gelehnt. Seine dunklen Augen leuchteten freundlich auf, als ich mich ihm zuwandte.

»Hallo«, erwiderte ich.

»Du hast heute in der Mensa vor mir in der Reihe gestanden und mir ein Tablett gereicht, oder? Entschuldige, dass ich dich einfach so anquatsche, aber ich bin gerade ein bisschen überfordert von den vielen Menschen hier.« Schulterzuckend sah er mich an. »Ich bin froh, hier jemanden zu treffen, den ich zumindest schon einmal gesehen habe.«

Meine Erinnerungen durchforstend, sah ich in sein Gesicht. Hatte ich ihn tatsächlich in der Mensa getroffen? Ich war mir nicht sicher. Aber so unbeholfen, wie er wirkte, konnte ich mir kaum vorstellen, dass er eine Masche zum Anmachen der Frischlinge hatte.

»Kein Problem«, erwiderte ich und schenkte ihm ein Lächeln. »Ich verstehe das. Ohne Summer wäre ich total aufgeschmissen.« Ich deutete auf meine Mitbewohnerin, die dem Typen neben mir kurz zu nickte.

»Oh, East!«, rief sie. »Da drüben ist jemand, den ich aus Santa Barbara kenne. Ich bin gleich wieder da.« Und schon war Summer in der Menge verschwunden.

»Bist du auch neu in San Diego?« Der dunkelhaarige Junge lehnte sich näher an mein Ohr.

»Ja, ich bin vor einer Woche hier angekommen.«

»Ich vor drei Tagen. Wohnst du auf dem Campus?«

Einen Moment lang überlegte ich, ob ich einem völlig Fremden so viele Details über mein Leben verraten sollte. Aber er wirkte überhaupt nicht gefährlich, im Gegenteil. Er war sogar sehr süß mit seinen dunklen, freundlichen Augen, die mich irgendwie an einen Teddybären erinnerten.

»Ja. Im Maya-Wohnheim. Summer und ich teilen uns ein Zimmer. Und du? Wohnst du auch auf dem Campus?«

Er schüttelte den Kopf. »Ich bin noch auf der Suche nach einem WG-Zimmer. Die Wohnheime sind alle voll. Noch wohne … na ja, wohnen ist übertrieben. Ich hause in einem Hostel. Es ist abartig schäbig. Ich schlafe in einem Etagenbett mit einem schnarchenden Franzosen und dazu ist es auch noch furchtbar teuer. Jeder Morgen, an dem ich keine Kakerlake sehe, ist ein guter Morgen!« Er seufzte. »Drück mir die Daumen, dass ich bald etwas anderes finde, sonst schlafe ich bald am Strand oder unter einer Brücke. Das wäre allemal besser.«

»Hast du dich so spät für San Diego entschieden, dass nichts anderes mehr frei war?«

»Ja, leider. Ich war mir lange nicht sicher, ob Kalifornien das Richtige für mich wäre. Diese Unentschlossenheit bezahle ich jetzt.«

»Woher kommst du denn?«

»Anchorage.«

Ich legte meine Stirn in Falten. »*Anchorage*? Wie in Anchorage, Alaska?«

»Exakt.«

»Wow, da kann ich verstehen, dass du dir nicht sicher warst, ob Kalifornien der richtige Ort für dich ist.«

Er legte den Kopf schief und sah mir in die Augen. »Wie heißt du überhaupt?«

»Ich bin Maple.« Ich streckte ihm die Hand entgegen.

Er ergriff sie. Seine Haut war angenehm kühl in der aufgeheizten Halle. »Ich bin Aziz.«

»Hallo, Aziz aus Anchorage.«

»Hallo, Maple aus … woher?«

»Delaware.«

»Da bist du ja auch nicht unbedingt nah an zu Hause«, stellte er fest.

Ich schüttelte den Kopf. »Nein, bin ich nicht. Kalifornien ist für mich ebenfalls ein Kulturschock.«

»Glaube ich sofort. Ich meine, gefühlt rennt jeder hier in Badeklamotten rum, hat von der ganzen Sonne blonde Strähnen im Haar und ist so braun, als würde er nur am Strand abhängen.«

Ich lachte. »Genau! Und was ist das mit dieser Aversion gegen Kohlenhydrate? Scheiße! Ich mag Brot, Pasta und Kartoffeln.«

»Oder? Ich verstehe es auch nicht. Die meisten hier sehen aus, als könnten sie direkt aufs Cover von *Sports Illustrated* kommen.« Er schüttelte amüsiert den Kopf und fuhr sich mit der Hand durch das schimmernde schwarze Haar.

»Kein Wunder, dass man hier Komplexe bekommt. Vielleicht hätte ich mir ein College irgendwo im Hinterland von Kansas suchen sollen«, scherzte ich.

Aziz' Blick huschte über mein Gesicht. »Oh, komm, du brauchst nun wirklich keine Komplexe zu haben, Maple aus Delaware.«

Ich spürte die Hitze in meinen Wangen. »Du auch nicht, Aziz aus Anchorage.«

***

»Wer war der süße Typ, mit dem du dich die ganze Zeit unterhalten hast?« Summer musterte mich auf dem Heimweg ins Wohnheim mit unverhohlener Neugier.

»Aziz.«

»Aziz … und weiter?«

»Aziz aus Anchorage.«

»Okay.« Sie blieb stehen und hob abwehrend die Hände. »Es gibt etwas, das du ganz dringend über mich wissen musst.«

»Du bist neugierig? Das ist mir schon aufgefallen.«

Summer schnaubte empört. »Neugierig? Nun werd mal nicht frech, East.« Sie lachte ihr lautes, ansteckendes Lachen. »Ich bin … Na gut, du hast recht. Ich bin neugierig. Also bitte, lass dir nicht alles aus der Nase ziehen.« Sie schob ihre Unterlippe zu einer Flunsch nach vorne.

Ich hakte mich bei meiner Mitbewohnerin unter und zog sie weiter. »Er ist nett. Und witzig. Und ziemlich süß.«

»Süß? Ich weiß nicht, ob das das Attribut wäre, das mir für ihn einfallen würde. *Heiß* trifft die Sache wohl eher.«

Ich verdrehte die Augen. »Gut, ja. Er ist schon ziemlich heiß.«

»Und das auf diese tapsige, schüchterne Art, so als wüsste er gar nicht, wie gut er aussieht.« Sie seufzte. »Oh, ich mag sowas! Wirst du ihn wiedersehen?«

»Wir gehen aufs gleiche College, also … ich denke schon.«

»Ich meine doch nicht so.«

»Weiß ich.« Ich lachte.

»East … du machst mich wahnsinnig.« Theatralisch legte Summer sich den Handrücken an die Stirn. »Also, dann formuliere ich meine Frage eben um. Werdet ihr euch verabreden?«

Wieder wurden meine Wangen heiß. »Ich denke schon.«

# 23. Ethan

Eine Woche später machte ich mich mit dem Bus auf den Weg zur University of Delaware in Newark. Die Busfahrt würde mich täglich vier Stunden meiner Zeit kosten, aber das würde schon funktionieren. Zwar hatte ich ein Teilstipendium erhalten, aber die Kosten für ein Wohnheim-, geschweige denn ein WG-Zimmer waren damit leider nicht abgedeckt. Die Fahrt war zwar nicht kostenlos, aber bei weitem günstiger als ein Zimmer in Campusnähe. Mom und Dad hatten zwar wiederholt angeboten, mir Geld zu geben, aber ich wusste, dass sie es selbst dringend benötigten. Also würde ich die lange Busfahrt auf mich nehmen. Immerhin könnte ich sie zum Lernen nutzen.

Ich machte mir nichts vor; das Studium würde hart werden. Jura zu studieren war eine ganz andere Nummer als der Unterricht an einer High School. Auch wenn ich zunächst nur vorbereitende Kurse belegte, würde es mir einiges an Arbeit abverlangen.

Hinter den dreckigen Scheiben des Busses zogen die Wälder Delawares an mir vorbei. Je mehr wir uns Newark näherten, desto lichter wurden sie. Die mächtigen Bäume wichen Häusern, Parks und breiten Straßen.

Ein Band aus Unsicherheit legte sich schwer um mein Herz, als der Bus an der Endstation vor der Townhall hielt. Von hier aus war es nur ein Steinwurf zur Universität. Ich hatte lediglich einen kleinen Spaziergang von etwa zehn Minuten vor mir, aber ich hatte das Gefühl, vor einer unüberwindbaren Mauer zu stehen. Ich wünschte, ich wäre in San Diego. Ich wünschte, ich wäre bei Maple.

Mit einem Schmatzen öffneten sich die Türen des Busses an der

Townhall in Newark. Ich reihte mich in den Strom der aussteigenden Fahrgäste ein. Einige von ihnen waren in billige Anzüge oder Kostüme gehüllt. Offensichtlich waren sie auf dem Weg zu ihren schlecht bezahlten Jobs. Andernfalls konnte ich mir nicht vorstellen, warum sie den Bus und nicht das eigene Auto nahmen. Andere waren – genau wie ich – auf dem Weg zum Campus.

In den ersten Tagen des Semesters hatten wir uns alle regelmäßig im Bus gesehen und uns in stummer Übereinkunft schweigend zur UD begleitet. Es war seltsam und ich konnte es nicht erklären, aber ich fühlte mich dieser kleinen, schweigenden Gruppe zugehörig. Sie alle stiegen an unterschiedlichen Haltestellen zwischen Woodside und Newark ein. Sie alle konnten oder wollten nicht in der Nähe der Uni wohnen. Das machte sie mir sympathisch. Sie waren wie ich. Gemeinsam waren wir eine stumme Gruppe aus Versagern. Zumindest redete ich mir das ein.

Ich zuckte zusammen, als ich eine Hand auf meiner Schulter spürte. Chris' hämisch grinsendes Gesicht drängte sich in meine Gedanken. Langsam wandte ich den Blick zu der Hand hinüber und atmete erleichtert aus. Sie gehörte nicht Chris. Wie sollte sie auch? Er studierte nicht hier in Newark.

»Sorry, Mann, ich wollte dich nicht erschrecken.«

Ein großer, schlanker Typ berührte mich, den ich in den letzten Tagen regelmäßig im Bus gesehen hatte. Er musste noch weiter weg von Newark wohnen, denn er saß bereits jeden Morgen im Bus, wenn ich zustieg.

Er wirkte freundlich. Seine grünen Augen strahlten mich neugierig an. Seine braunen Haare waren von helleren Strähnen durchzogen, die von der Sonne herrühren durften, oder er war extra für den Look beim Friseur gewesen. Das glaubte ich jedoch nicht, denn auch seine Haut hatte die Art von Bräune, die man bekam, wenn man bei Wind und Wetter draußen war.

»Ich bin Paul«, sagte er und streckte mir seine Hand entgegen, die eben noch auf meiner Schulter gelegen hatte.

Anstatt sie zu ergreifen, starrte ich ihn an.

Ein Anflug von Irritation huschte über Pauls Gesicht. »Okay, du bist nicht von der gesprächigen Sorte. Verstehe.« Er vergrub die Hände in den Taschen seiner beigen Chino und lief einige Schritte schweigend neben mir her. »Du hast auch eine ziemlich lange Busfahrt jeden Tag.« Er startete einen neuen Versuch, um mit mir ins Gespräch zu kommen.

»Hmm«, brummte ich. Verdammt noch mal, warum war ich so unhöflich? Paul schien nett zu sein. Vermutlich war er, ebenso wie ich, neu am College und suchte nach Anschluss. Nur weil er wie der Prototyp eines beliebten Mannes aussah, bedeutete das ja nicht automatisch, dass er gleichzeitig ein Arschloch sein musste. Der Einzige, der sich hier in diesem Moment arschig aufführte, war zurzeit ich.

»Was verschlägt dich denn nach Delaware?«, führte Paul die einseitige Unterhaltung unbeirrt fort.

»Nichts.«

Paul lachte auf. »Nichts? Okay.«

Seufzend gab ich nach. »Nichts, weil … ich bin aus Delaware.«

»Oh, echt? Cool. Dann hast du schon immer in diesem Zwergendorf gewohnt, in dem du jeden Morgen in den Bus einsteigst?«

»Woodside, ja.«

»Verstehe. Warum bist du nicht nach Newark gezogen? Ich meine, wie lange dauert deine Busfahrt? Zwei Stunden pro Tour?«

Ich nickte. »Ich hab mich kurzfristig entschieden, in Delaware zu bleiben.«

»Ahhh«, machte Paul. »Du hast ein Mädchen in deiner kleinen Stadt.«

Wie ein heißes Messer stach der Schmerz in mein Herz und brachte es für einige Schläge zum Aussetzen. Nein, ich hatte kein Mädchen in Woodside. Nicht mehr. Sie war fort. Maple war nicht mehr bei mir. Außerdem war sie nie mein Mädchen gewesen. Dafür hatte ich mich zu feige verhalten.

Ich schüttelte den Kopf. »Nein … Das hat … andere Gründe.« Es ging diesen Fremden überhaupt nichts an, dass meine Eltern es sich nicht leisten konnten, mir ein Zimmer im Wohnheim zu bezahlen.

Paul musterte mich von der Seite. »Ich komme übrigens aus Kansas«, sagte er dann.

»Das erklärt einiges«, murmelte ich. Ich konnte mir Paul sehr gut mit einem Cowboyhut auf einem Pferd vorstellen. Kein Wunder, dass er so braun aussah.

»Was soll das denn heißen?«

»Oh, nichts. Ich denke nur, dass diese ganze Cowboy-Masche zu dir passt.«

»Nicht jeder in Kansas ist automatisch ein Cowboy, okay? Wir werden nicht mit dem Arsch auf den Pferden geboren. Ob du es nun glaubst oder nicht, aber es gibt auch Städte in unserem Staat.« Paul vergrub die Hände noch tiefer in seinen Hosentaschen. Seine Kiefermuskeln waren angespannt. Das freundliche Lächeln, das bis eben noch seine Lippen umspielt hatte, war einer abweisenden Maske gewichen.

Offensichtlich hatte ich einen Nerv getroffen. »Tut mir … Entschuldige. Ich wollte nicht … Ich hatte nicht gedacht, dass dich das so beleidigt.«

Paul blieb stehen und funkelte mich böse an. »Würde es dich nicht stören, wenn ich dir sage, dass du wie ein Loser aussiehst? Wie der Typ, den die anderen Kids nach dem Mittagessen als Zahnstocher benutzen?« Er sprach durch zusammengepresste Zähne und tippte mir bei jedem Wort auf die Brust.

Mir wurde eiskalt bei seinem Anblick. Der nette Kerl von eben war verschwunden. Er war einem jener Typen gewichen, die nicht lange fackelten, sondern mit jemandem wie mir kurzen Prozess machten. Ich konnte nicht verhindern, dass meine Unterlippe bebte. Zu sehr erinnerte mich diese Situation an Chris' oder Jamies Verhalten.

Mein Blick huschte zu der kleinen Busfahrertruppe. Sie alle hatten ihren Weg unbeirrt fortgesetzt.

Ich schluckte hart, um den immer größer werdenden Kloß in meiner Kehle loszuwerden, und presste die Augen fest zusammen. Ich hasste den Wurm, der ich in dieser Sekunde wieder war. Der Wurm, zu dem die unzähligen Attacken der letzten Jahre mich gemacht hatten. Wie hatte ich glauben können, es würde am College anders werden? Nichts hatte sich geändert, mit Ausnahme des Settings.

Was würde jetzt passieren? Würde Paul mich schlagen? Mir auf die Schuhe pissen? Oder mir lediglich drohen? Möglicherweise hatte er auch ein erweitertes Repertoire. Wer wusste schon, wie die Typen aus Kansas drauf waren …

Zu meiner Überraschung passierte nichts dergleichen. Stattdessen drang Pauls Stimme durch das Rauschen des Blutes in meinen Ohren. »Scheiße, Mann!«

Ich öffnete zaghaft die Augen und blickte zu meiner Irritation in Pauls zerknirschtes Gesicht. »Ich hab dir Angst gemacht, das tut mir leid. Echt. Das … Scheiße.« Er fuhr sich mit beiden Händen durch die dichten Haare. »Das bin ich nicht, okay. Ich …« Sein Blick heftete sich auf die Spitzen seiner Schuhe. In diesem Moment sah er überhaupt nicht mehr aus wie ein brutaler Schläger. Er wirkte eher wie ein Welpe, der auf den Wohnzimmerteppich gepinkelt hatte – schuldbewusst und voller Reue. Vielleicht hatte ich mich in Paul geirrt.

»… hab manchmal Probleme mit meinem Temperament.«

»Ich bin Ethan«, sagte ich und streckte ihm meine noch immer zitternde Hand entgegen. Paul ergriff sie. Langsam kehrte das Lächeln auf seine Lippen zurück. Auch an meine Mundwinkel wanderten leicht nach oben.

***

Ich zuckte zusammen, als das Tablett neben mir auf den Tisch knallte. »Alter, warum bist du so schreckhaft?« Paul ließ sich neben mir nieder und streckte seine langen Beine von sich.

»Lange Geschichte.«

»Also, pass auf.« Mein Kommilitone stocherte mit der Gabel in dem Fragment eines Gemüseauflaufs auf seinem Teller herum und verzog das Gesicht. »Ich hab mir was überlegt. Du und ich«, mit der Gabel deutete er zunächst auf mich, dann auf sich, »wir werden uns eine Wohnung in Newark suchen.«

»Was?«

»Das Busfahren geht mir derart auf den Sack. Dir nicht?«

»Doch, das schon … aber …«

»Bestens. Ich hab schon am Schwarzen Brett geschaut.« Er griff in die Hosentasche und fischte einen zerknitterten Zettel raus. Mit triumphierendem Blick schob er ihn zu mir rüber. »Das ist unsere Wohnung.«

Als mein Blick von dem Blatt Papier zu ihm wanderte, wackelte er mit den Augenbrauen.

»Du weißt schon, dass man sich da eigentlich nur einen der unteren Schnipsel mit der Telefonnummer abreißen sollte?«, fragte ich.

Paul zuckte mit den Schultern. »Die hätten sich eh für uns entschieden. Wir erleichtern ihnen nur die Wahl, oder?« Erwartungsvoll sah er mich an. »Was sagst du?«

»Ich weiß nicht.« Mein Magen zog sich zusammen. Paul hatte recht, es war ätzend, jeden Tag stundenlang im Bus zu sitzen. Aber ich wollte ihm auch nicht direkt auf die Nase binden, dass ich nicht nur aussah wie ein Loser, sondern auch einer war – jemand, der nicht genug Kohle hatte, um in einer WG zu leben.

»Wieso hast du dir eigentlich nicht direkt eine Wohnung in Newark gesucht? Ich meine, du musstest doch sowieso umziehen.«

»Jaaaa.« Paul drehte sich etwas auf seinem Stuhl. »Das war ‚ne blöde Idee.« Wieder malträtierte er seinen Auflauf mit der Gabel. »Ich wollte am Meer wohnen.«

»Du wolltest am … Warte mal, du fährst jeden Tag mit dem Bus, weil du am Meer wohnen willst?«

»Ja«, gab er kleinlaut zu.

»Du weißt schon, dass der Delaware River ab Newark ziemlich breit wird, bevor er in den Atlantik mündet, und man hier auch ziemlich viel Wasser hat?«

»Ich wollte nicht an einem bescheuerten Fluss leben, sondern am Meer, klar?« Er schob sich etwas in den Mund, das wohl mal ein Brokkoli gewesen war, und verzog augenblicklich das Gesicht.

»Das heißt, du hast eine Wohnung am Strand?«

»Jup, Rehoboth Beach. Ich wache jeden Morgen vom Rauschen der Wellen und dem Kreischen der Möwen auf, Baby.«

»Sind die Wohnungen da nicht wahnsinnig teuer?«

Er zuckte mit den Schultern. »Keine Ahnung. Bezahlen meine Eltern.«

»Und ein Auto finanzieren sie dir nicht?«

Wieder verzog er das Gesicht. »Ja. Ne. Würden sie wohl. Aber das Autofahren ist nicht so mein Ding.« Mit einem Seufzen schob er den Teller von sich und nahm den Apfel, der neben seinem Teller lag.

»Du kannst nicht Auto fahren?«

Paul biss in das Obst. »Das hab ich nicht gesagt, sondern dass es nicht mein Ding ist.« Mit dem Apfel deutete er auf den Zettel vom Schwarzen Brett. »Was ist nun, hast du Bock auf ‚ne WG?«

Ja, das hatte ich, aber die Kohle für die Miete besaß ich nicht. Und wenn Pauls Eltern ihm ohne mit der Wimper zu zucken eine Wohnung am Strand finanzierten, würde er sich sicher nicht mit der Art von Absteigen begnügen, die ich mir leisten konnte. Gab es überhaupt solch billige Wohnungen?

»Was soll die WG denn kosten?«, fragte ich leise und starrte auf meinen eigenen Teller, auf dem sich die Nudeln zusehends gräulich färbten und noch unappetitlicher aussahen als vorher. Ich hatte nicht erwartet, dass das möglich wäre.

Im Augenwinkel sah ich Paul mit den Schultern zucken. Er zerknüllte den Flyer und warf ihn mir rüber. »Sieh selbst nach. Aber es ist auch egal. Darüber musst du dir keine Gedanken machen; meine Eltern können die Miete zahlen.«

»Auf keinen Fall!«

»Warum?« Mit hinter dem Kopf verschränkten Armen lehnte Paul sich auf seinem Stuhl zurück. Er lächelte, aber seine Augen wurden von einem traurigen Schimmer getrübt. »Ihnen ist es egal, ob sie 100, 300 oder 5.000 Dollar im Monat für meine Wohnung blechen. Obwohl … eigentlich stimmt das nicht. Je mehr sie zahlen, desto besser fühlen sie sich. Es wird sie kaum kümmern, ob du dann auch da wohnst oder nicht.«

»Nein, das kann ich nicht annehmen.«

Verdammt, ja, ich wollte nach Newark ziehen. Raus aus Woodside, raus aus meinem Leben als Loser. Weg von den Erinnerungen an meine beschissene High School-Zeit. Aber das würde auch bedeuten, dass ich nicht mehr jeden Abend zu Maples und meiner Lichtung gehen könnte. Dem einzigen Ort, an dem ich mich ihr noch nahe fühlen konnte.

»Wie auch immer, Ethan. Du steuerst so viel zur Miete bei, wie du dir erlauben kannst. Oder du übernimmst mal einen Einkauf, wenn dir das möglich ist. Mir ist es egal. Aber ich hab keinen Bock, mir einen anderen Mitbewohner zu suchen. Und während der College-Zeit alleine zu wohnen … das geht mal gar nicht. Also, bist du dabei?«

Ich strich den zerknitterten Flyer glatt. Die Wohnung – oder besser gesagt, das kleine Stadthaus – klang gut. Drei Zimmer, Wohnküche, zwei Bäder. Altbau. Nur ungefähr fünfzehn Minuten Fußweg zum

Campus. Die Miete befand sich auch noch im erschwinglichen Rahmen. Eigentlich zu schön, um wahr zu sein.

»Okay, wir können sie uns ja mal ansehen.«

Paul griff nach seinem Handy. Er wackelte mit den Augenbrauen, während ein verschmitztes Lächeln seine Lippen umspielte. »Alles klar, Mann. In einer halben Stunde haben wir einen Besichtigungstermin.«

***

Erschöpft ließ ich mich auf den Baumstamm fallen. Mein Körper fühlte sich an, als wäre er hundert Jahre alt. Den ganzen Tag hatte ich meine Habseligkeiten in Kartons gestopft, um diese dann in unser Auto zu wuchten.

Ich strich mir über das müde Gesicht und schloss einen Moment die Augen. Vor mir flimmerten all die Erinnerungen an diesen Ort wie ein Film. Wie viele Stunden hatte ich auf dieser Lichtung verbracht? Wie viele Steine in den Fluss geworfen? Wie oft hatte ich hier Maples Hand gehalten, ihre Haut gespürt und mir gewünscht, uns würde mehr verbinden als eine Freundschaft? Wie oft wollte ich sie hier küssen?

Ich fischte mein Smartphone aus der Jackentasche. Schon beinahe eine Woche war vergangen, seit ich das letzte Mal eine Nachricht von Maple bekommen hatte. Ihre Sprachnachrichten, die sie mir während der Fahrt nach San Diego geschickt hatte, hatte ich schon mindestens tausend Mal angehört. Jede einzelne Sekunde, in der ich ihre Stimme hörte, umhüllte mich wie ein warmer Mantel aus Geborgenheit.

Wie gern hätte ich ihr einfach geantwortet. Aber jedes Mal, wenn meine Finger einen Text für sie eingetippt hatten, hatte ich die Wörter wieder gelöscht, bevor ich sie abschicken konnte. Was, wenn sie Chris davon erzählte? Ich konnte nicht riskieren, dass er meine Familie zu seiner persönlichen Zielscheibe machte.

Ich öffnete den Messenger-Dienst. Das Erste, was ich sah, war Maples neues Profilbild. Es war ein Selfie mit ihr in der Mitte. Im Hintergrund erkannte ich Strand und Palmen. Kalifornien … Maple sah großartig aus, sie hatte mehr Sommersprossen auf der Nase als sonst. Ihre grünen Augen sprühten vor Energie und Freude. Sie wirkte fröhlich und gelassen.

Ein merkwürdiges Gefühl machte sich in mir breit und trieb mir einen schalen Geschmack auf die Zunge. Maple war glücklich … ohne mich. Ich hatte mir vorgestellt, sie würde mich vermissen, aber anscheinend hatte sie mit ihren neuen Freunden schnell einen Ersatz gefunden.

Neben ihr auf dem Bild war ein blondes Mädchen mit strahlendem Lächeln zu sehen. Oberhalb von Maples Gesicht erkannte ich einen sympathischen, dunkelhaarigen Typen, der seine Arme über ihre Schultern gelegt hatte. Er wirkte genauso unbeschwert wie Maple selbst und strahlte mit seinen weißen Zahnpasta-Zähnen in die Kamera. Er sah nicht nur glücklich aus, sondern sogar verliebt. Womöglich in Maple …?

Sie hatte nicht nur neue Freunde gefunden – sie hatte einen Freund. Und das war nicht ich.

Ohne ihr eine Nachricht zu schreiben, steckte ich das Telefon zurück in meine Jackentasche.

Maple war fort. Weg aus Woodside, weg von mir. Und ich war fort aus ihren Gedanken.

# 23. Maple

Ein aufgeregtes Kribbeln huschte durch meinen Bauch, als ich den Vibrationsalarm meines Handys in meiner Tasche spürte. Ich angelte es hervor. Eine Nachricht von Hazel. Wieder nicht von E.T. …

Unser Chat lag seit über einer Woche brach. Er hatte auf keine einzige meiner Nachrichten geantwortet. Seit das Semester so richtig begonnen hatte, war ich nicht mehr oft dazu gekommen, ihm zu schreiben oder eine Sprachnachricht zu schicken.

Kurz zögerte ich, bevor meine Finger blitzschnell tippten.

Maple, 10:28 Uhr

*E.T., hier ist es der Wahnsinn! San Diego ist toll. Kalifornien ist fantastisch! Alle sind so nett und haben irgendwie immer gute Laune. Ganz anders als zu Hause. :D Wie geht's dir? Melde dich!*

Bevor ich es mir anders überlegen konnte, schickte ich die Mitteilung ab. Wenn er nichts mehr mit mir zu tun haben wollte, konnte er sie ja löschen. Dann wechselte ich zum Chat mit Hazel.

Hazel, 10:26 Uhr

*HILFE! Ich bin so nervös. Morgen geht es endlich zurück nach Chicago.*

Maple, 10:29 Uhr

*Wie, zurück? Ich dachte, du wärst längst da?*

Hazel, 10:30 Uhr

*Mom hat sich das Bein gebrochen. Geht gut los, oder? Ich musste wieder nach Hause.*

Maple, 10:30 Uhr
*Scheiße. Geht's ihr gut?*

Hazel, 10:31 Uhr
*Ja, wird schon wieder. Wer ist der Typ auf deinem Profilbild?*

Maple, 10:32 Uhr
*Aziz.*

Hazel, 10:32 Uhr
*Er ist süß.*

Maple, 10:33 Uhr
*Ich weiß. ;) Hast du Ethan gesehen?*

Hazel, 10:34 Uhr
*Nein. Und was geht mit Aziz?*

Maple, 10:35 Uhr
*Nichts. Er ist nett.*

Hazel, 10:36 Uhr
*Nur nett …?*

Maple, 10:36 Uhr
*Im Moment nur nett. ;)*

Hazel, 10:37 Uhr
*Lass ihn dir nicht entgehen. Ich muss los, Mom ist beim Arzt fertig.*

Maple, 10:38 Uhr
*Okay. Melde dich, wenn du morgen angekommen bist! Kiss*
Hazel, 10:38 Uhr

*Klar. Kiss*

Bevor ich mein Telefon zurück in die Tasche befördern konnte, fiel mein Blick auf meine Nachricht an Ethan. Zwei blaue Häkchen leuchteten mir entgegen. Er hatte den Text gelesen, aber seine Antwort blieb wieder einmal aus …

***

»Hier, für dich.«

Ich blinzelte verwirrt gegen die Sonne und erkannte Aziz, der mir einen Iced Latte entgegenstreckte. »Störe ich dich?«

»Nein, überhaupt nicht. Setz dich. Also, wenn dir die Ameisen nichts ausmachen, meine ich.« Ich schloss die Schutzhülle meines Tablets und legte es neben mir ins Gras.

Den Rasen vor unserem Wohnheim hatte ich zu meinem liebsten Leseplatz auserkoren. Ganz klischeehaft, aber das war mir egal. Gerne lehnte ich mich an einen der Bäume und erledigte dort im Schatten meine Aufgaben. Die Rinde des Baums in meinem Rücken und das kribbelige Piksen der Grashalme an meiner Haut erinnerte mich an Woodside. An die Lichtung, an E.T., an zu Hause.

Aziz reichte mir den Becher mit dem kalten Kaffee und ließ sich neben mir nieder. Mit einem Kopfnicken deutete er auf mein Tablet. »Viel zu tun?«

»Na ja, nicht wirklich. Im Moment sind die Aufgaben noch harmlos«, gab ich schulterzuckend zu. Vielleicht hatte ich mich zufällig auch einfach nur gut auf das Literaturstudium vorbereitet. Dass ich in Nan Nans Buchladen praktisch mit all den Klassikern der englischen Literatur um mich herum aufgewachsen war, hatte sicher nicht geschadet.

»Ich wünschte, ich könnte das auch behaupten.« Seufzend ließ Aziz sich der Länge nach ins Gras fallen. Er verschränkte die Arme hinter seinem Kopf. Sein Shirt rutschte dabei etwas nach oben und offenbarte ein Stück seiner Haut. Sie hatte einen sanften Olivton, etwas heller als der an seinen Armen.

Mein Blick heftete sich automatisch auf den schmalen Streifen dunkler Haare, die von seinem Bauchnabel abwärtsführten und im

Bund seiner Hose verschwanden. Wie von selbst spulte sich in meinen Gedanken ein Film ab. Aziz' Hände auf meinem Körper, seine Lippen auf meinen … Mein Mund wurde trocken. Um nicht beim Starren erwischt zu werden, nahm ich schnell einen großen Schluck meines gekühlten Kaffees. Mit dem Becher deutete ich auf Aziz.

»Gibt's was zu feiern?«

»Ich hab endlich ein Zimmer gefunden.«

»Ehrlich? Das ist toll! Wo denn?«

»Im Zura.«

Das Zura war neben dem Maya und dem Olmeca House eines der begehrtesten Wohnheime, da sie alle auf der Pazifikseite des Campus lagen. So viel hatte ich bereits über San Diego gelernt.

»Und das Beste daran ist«, ergänzte Aziz, »ich hab ein Einzelzimmer.« Er schloss genießerisch die Augen. »Endlich kein schnarchender Bettnachbar mehr, der mich um den Schlaf bringt.«

»Du solltest diese Woche unbedingt Lotto spielen. Das Glück scheint auf deiner Seite zu sein.«

Er drehte sich auf die Seite und stützte den Kopf mit einer Hand ab. Seine dunklen Augen suchten meinen Blick. »Ja, vielleicht sollte ich das«, murmelte er.

Es lag ein Brummen in seiner Stimme, das dazu führte, dass sich die Härchen auf meinen Armen aufstellten und ein heißer Schauer über meinen Rücken jagte.

***

»Ich hab euch übrigens gesehen!« Summer flötete die Worte, als wäre sie ein aufgeschreckter Kanarienvogel.

»Wen hast du gesehen?«

»Na, Aziz und dich.« Sie hakte sich bei mir unter und wir schlenderten gemeinsam über den gepflasterten Weg, der von unserem Haus zum Parkplatz führte.

»Da gibt es nichts zu sehen.«

»Ich finde schon. Ihr zwei seid wirklich süß zusammen. Er steht definitiv sowas von auf dich.«

Hitze schoss in meine Wangen, was Summer natürlich nicht entging.

Frech grinste sie mich an. »Und du stehst auch auf ihn«, flötete sie. Da war wieder der Kanarienvogel.

»Tu ich nicht.« Ich winkte ab. »Ich weiß auch nicht. Er ist nett und alles, aber …«

»Aber was? Dein Alien hat sich nicht gemeldet, oder? Warum hängst du dann noch so an ihm?«

»Nenn ihn nicht so.«

»Warum nicht? Du hast ihm den Spitznamen E.T. gegeben. Das ist nun mal ein Alien, oder nicht? Auch wenn ich wirklich für dich hoffe, dass deiner besser aussieht.« Lachend warf sie den Kopf in den Nacken.

Ich hatte Summer von Ethan erzählt, als wir eines Abends bei einem Glas Wein, den wir sicherheitshalber als Apfelsaft getarnt hatten, auf dem Rasen vor unserem Wohnheim saßen.

Ich hatte immer wieder auf mein Handy geschaut, bis Summer es mir irgendwann aus der Hand genommen und den geöffneten Chat mit Ethan gesehen hatte.

»E.T. und ich sind nur Freunde.«

»Friendzone also. Hast du ihn dahin geschoben? Ist auch egal. Dann verstehe ich jedenfalls nicht, warum du dir Aziz nicht schnappst. Wieso hältst du ihn auf Abstand? Meine Güte, wir sind doch auch hier, um Spaß zu haben.« Summer löste sich von mir. Mit ausgebreiteten Armen ging sie rückwärts vor mir her. »Na los, Eastcoast! Entspann dich mal ein bisschen. Du bist auf dem College im verfluchten Kalifornien.« Ihre Stimme wurde immer lauter. »Hab Spaß, verdammt!«

Ein Lächeln bog meine Mundwinkel nach oben. Summer hatte recht, die Vibes in San Diego machten es einem verflucht schwer, grüblerisch und schlecht gelaunt zu sein. Trotzdem legte sich eine Schlinge aus Sehnsucht fest um mein Herz, wann immer ich an Ethan dachte. Er fehlte mir, unsere Freundschaft fehlte mir, wir fehlten mir. San Diego war toll. Summer und Aziz kamen mir näher, aber niemals würde uns ein solch starkes Band verbinden wie E.T. und mich. Daran ließ sich nichts ändern. Ethan war der Mensch, der mich am allerbesten kannte. Umso schmerzhafter war es nun, ihn zu verlieren.

Ich schloss meinen Truck auf, damit Summer hineinklettern konnte. Als ich es mir hinter dem Steuer bequem gemacht hatte, startete ich den Motor, der dröhnend zum Leben erwachte.

»Freust du dich auf zu Hause?«, fragte ich meine Kommilitonin. Sie hatte mich für das Wochenende eingeladen, sie zu ihrer Mutter zu begleiten.

»Ja, schon. Ich hoffe nur, Mom hat es nicht wieder übertrieben. Sie ist manchmal ein bisschen … extravagant. Wundere dich also nicht, wenn sie irgendwelche abgedrehten Speisen serviert. Sie macht das immer, wenn Gäste kommen. Wahrscheinlich hat sie auch noch ein paar ihrer Geschäftspartner eingeladen.«

»Summer! Hättest du mir das nicht vorher sagen können? Dann hätte ich mir andere Klamotten eingepackt.« Ich blickte an mir runter. Meine Jeans-Shorts war an einigen Stellen zerrissen, auf meiner Brust prangte der *Friends*-Schriftzug. Ich hatte Summers Mom aus irgendeinem Grund als etwas ältere Ausgabe ihrer Tochter erwartet – von Kopf bis Fuß entspannt und in den Tag hineinlebend.

»Mach dir keinen Kopf, du siehst toll aus.«

»Aber nicht für ein Dinner mit den Geschäftspartnern deiner Mom.«

Summer zuckte die Schultern. »Mach dir keinen Kopf«, wiederholte sie eindringlich. »Du wirst wie eine Königin behandelt werden. Ihren Ärger wird sie an mir auslassen. Da sie dafür aber immer einen Grund findet, brauchen wir uns auch nicht zu verbiegen, oder?« Ein ungewohnt trauriger Ausdruck lag auf Summers Gesicht, den ich noch nie an ihr gesehen hatte.

»Alles in Ordnung mit dir, Summer?«

Sie wandte den Kopf ab, so dass ich ihr Gesicht nicht mehr sehen konnte. »Klar. Alles gut«, murmelte sie mehr zur Fensterscheibe als zu mir.

# 24. Ethan

Mit einem lauten Scheppern ließ Paul den braunen Umzugskarton in der Küche fallen. »Oh …«, machte er. »Da war wohl das Geschirr drin.« Er zuckte mit den Schultern. »Wir brauchen sowieso nicht mehr als zwei Becher und zwei Teller.«

Bei seinen Worten konnte ich den missbilligenden Blick meiner Mutter direkt vor mir sehen. Hätte ich so etwas zu Hause von mir gegeben, hätte sie mir direkt einen Vortrag über Tischmanieren und Essenskultur gehalten.

»Ich bin zufrieden, wenn ich einen Becher für meinen Kaffee habe.«

»Sage ich doch.« Ein triumphierendes Lächeln stahl sich auf Pauls Lippen. »Ich wusste, es war eine gute Entscheidung, mit dir zusammenzuziehen.«

Er kam zu mir und legte seinen kräftigen Arm um meine Schultern. Sofort verspannte ich mich unter dem Gewicht, das mich zu erdrücken drohte. »Scheiße, Mann.« Paul ließ mich los. »Du hast echt ein Problem damit, berührt zu werden.«

»Nein, habe ich nicht«, stritt ich seine Aussage ab.

»Und warum hast du dich dann eben direkt so verspannt, als wärst du so starr wie ein Brett?«

»Hab ich nicht.« Verdammt, wie konnte dieser Kerl bloß so aufmerksam sein? Auf der einen Seite wirkte er, als würde er nur Spaß haben wollen; als wäre er ausschließlich auf dem College, um Partys zu feiern und jede Menge Mädels abzuschleppen. Andererseits hatte Paul ein extrem gutes Gespür für Menschen, so als könnte er seinem Gegenüber direkt in die Seele schauen.

»Wie du meinst, Bogart.« Er wuchtete seinen trainierten Körper auf die Arbeitsplatte und angelte sich eine Flasche Wasser aus der Einkaufstüte, die neben ihm stand. Wieder sah ich meine Mutter mit in die Hüften gestemmten Händen vor mir, die darüber wütend den Kopf schüttelte, dass Pauls Arsch auf der Küchenarbeitsplatte saß.

»Bist du mit deinem Zimmer fertig?«, wollte er wissen.

»Ja. Mein Dad hat mir geholfen.«

Zu zweit war es eine Sache von einer guten Stunde gewesen, meine Habseligkeiten in mein Zimmer zu schaffen und das Bett aufzubauen. Als Dad und ich damit fertig waren, hatte ich ihn nach Woodside gefahren, um dann Paul aus seinem Appartement abzuholen. Ich kannte die Gebäude zwar, die direkt am Strand von Rehoboth Beach errichtet worden waren, aber ich hatte sie noch nie von innen gesehen.

Als ich die Lobby von Pauls Wohnhaus betreten hatte, war mir der Mund offen stehen geblieben. An seiner Stelle wäre ich niemals aus dem Haus ausgezogen. Unsere jetzige Wohnung wirkte wie eine Bruchbude dagegen. Mit dem Blick aus seinem Schlafzimmer würde sie außerdem niemals mithalten können.

Während wir mein Zeug ohne Probleme in Dads Truck verstauen konnten, brachten Pauls Sachen den Pick-up an die Grenze seiner Kapazitäten. Jede noch so kleine Stelle war mit Kisten, Möbeln und Reisetaschen vollgestopft gewesen. Aber nun hatten wir alles in die Wohnung geschleppt und konnten einen fetten Haken an das Thema Umzug machen.

»Alles klar, Bogart. Du bist mit deinem Zimmer fertig. Ich hab keinen Bock, meine Möbel jetzt aufzubauen.« Er nahm einen Schluck Wasser aus der Flasche. Ich wappnete mich für seinen Vorschlag, ich könnte ja seine Möbel aufbauen, immerhin übernahm er den größten Teil der Miete. »Lass uns eine anständige Bar oder einen Pub oder sowas suchen. Ich hab einen Scheißhunger. Und irgendwo da draußen steht ein Bier und ein Burger mit meinem Namen drauf.« Er machte einen Satz von der Arbeitsplatte und griff sich seine Jacke.

Als hätte ich seine Worte nicht verstanden, starrte ich ihn regungslos an.

»Alter, was ist nun? Ich mag dich, aber dieses Baby hier«, er klopfte sich mit der flachen Hand auf den Bauch, »ist weit davon entfernt, sich nur von Luft und Liebe ernähren zu können. Also los!« Paul verließ die Wohnung und ich schlich wie ein Straßenköter hinter ihm her. Ich wollte, dass mein Kommilitone mich mochte. Ich genoss es, dass er nett zu mir war. Aber innerlich erwartete ich dank Chris und Jamie immer einen Schlag, sobald er sich an mich wandte.

***

Nur zwei Querstraßen von unserem neuen Zuhause entfernt fanden wir das *Little Fox,* einen Pub mit dunklen Holzmöbeln, Folk-Musik und klebrigem Fußboden. Die Luft roch nach Bier, fettigem Essen und Schweiß. Es war laut und voll und ein Ort, an dem ich mich normalerweise niemals aufhalten würde. Hierher kamen beliebte Menschen, die sich mit Freunden trafen. Cliquen, die zusammen lachten, tranken und aßen. Am liebsten hätte ich den Laden fluchtartig verlassen, hätte mich mit meinen Büchern oder einem Film in meinem Zimmer verkrochen und mir eine Pizza bestellt.

Paul pflügte durch die Menge aus fröhlichen Leuten wie ein Eisbrecher durch einen gefrorenen Fluss. Zielsicher steuerte er auf einen Tisch zu, der eben frei geworden war, und ließ sich auf der dunkelrot gepolsterten Bank nieder.

Ich setzte mich Paul gegenüber und wollte mich am liebsten unsichtbar machen. Jeden Moment würde er mich vor dem vollen Pub verarschen oder mir einfach grundlos ins Gesicht schlagen, nur so aus Spaß, und alle anderen würden ihm dafür auf die Schulter klopfen und über mich lachen. Mich dafür verspotten, dass ich auch nur eine Sekunde daran glauben konnte, Paul wäre nett zu mir, weil er mich mochte. Aber mein Kommilitone tat nichts dergleichen. Stattdessen schnappte er sich die laminierte Speisekarte.

»Hey, ihr zwei. Was darf ich euch bringen?«

Eine Frau stand an unserem Tisch, einen Notizblock in der einen, einen Stift in der anderen Hand. Um die schmale Taille hatte sie eine dunkelrote Schürze mit dem Logo des *Little-Fox*-Pubs gebunden. Sie war jung. Ihre dunklen Haare hatte sie auf ihrem Kopf zu einem lockeren Knoten zusammengefasst. Nur einige Strähnen hatten sich gelöst und umrahmten nun ihr hübsches Gesicht.

»Burger. Oder, Bogart? Und Ale.« Paul strahlte die Kellnerin an. »Hi, übrigens!« Er streckte ihr seine Hand entgegen. »Ich bin Paul. Wenn deine Schicht vorbei ist, würde ich dich gern auf einen Drink einladen.« Unsere Bedienung ergriff seine Hand nicht. Stattdessen umspielte ein spöttischer Ausdruck ihre Züge und ein freches Funkeln trat in ihre dunklen Augen. »Tja, Paul, das ist Pech. Ich habe keine Lust, mit dir etwas zu trinken.« Sie wandte sich an mich. »Also, zwei Burger? Oder möchtest du etwas anderes?«

Ich schüttelte den Kopf. »Ein Burger ist okay, aber ich möchte lieber ein Wasser und kein Ale.«

Sie nickte und verschwand hinter einer hölzernen Schwingtür.

»Heilige Scheiße, ist die süß! Und sie steht auf dich, Bogart.« Paul warf grinsend einen Bierdeckel nach mir.

»Quatsch. Auf mich ganz sicher nicht, niemand steht auf mich. Schon gar nicht jemand wie sie. Die Kellnerin hat nur ihren Job gemacht.« Hitze sammelte sich in meinen Wangen. Ich hoffte nur, dass die schummerige Beleuchtung und meine dunklere Haut mir genug Schutz gewähren würden. Ich durfte keine Angriffsfläche bieten.

»Wie meinst du das?« Paul beugte sich vor. »Auf dich steht niemand?«

Ich zuckte die Schultern. »So, wie ich es sage.«

»Ach, komm. Dieser Nerd-Look ist doch angesagt. Die Mädels stehen inzwischen mehr auf die intellektuellen Typen als auf Sportler.« Er deutete mit dem Kopf in die Richtung, in der die Kellnerin verschwunden war. »Mich hat sie eiskalt abblitzen lassen.« Er zog eine Schnute. »Aber dich wollte sie am liebsten direkt hier auf der Bank vernaschen.« Er lachte. »Du bist ein Weiberheld, Bogart.«

Laut und tief dröhnte sein Lachen in meinen Ohren. Ich hatte es gewusst: Paul wollte mich verarschen. Nichts hatte sich verändert …

»Wieso tust du das?«, fragte ich, ohne den Blick von der Tischplatte zu heben.

»Wieso tue ich was?« Paul gluckste noch ein paar Mal, bis er sich beruhigt hatte. »Wieso tue ich was, Bogart? Was meinst du? Lachen?«

Ich sollte einfach aufstehen und gehen, ihn hier sitzen lassen, meine Sachen packen und zurück nach Woodside gehen. Zumindest hatte ich dort meine Eltern, die mich liebten, wie ich war, von denen ich keine Boshaftigkeiten zu erwarten hatte. Ich gehörte nicht hierher.

»Hey, was ist los mit dir?« Pauls Stimme klang nicht mehr belustigt.

Etwas anderes schwang darin mit. Etwas, das ich nicht recht zuordnen konnte.

Diesen Tonfall hatte ich sonst nur bei meinen Eltern und bei Maple gehört. War das … Sorge in seiner Stimme?

Ich zwang mich, den Blick zu heben. Pauls Augen fixierten mich. Er legte den Kopf schief und sah in diesem Moment aus wie ein kleiner Hund, der zu seinem Menschen aufschaute. Dieser Typ war mir ein Rätsel. In der einen Sekunde war er der toughe Cowboy, der typische Sportler mit breiten Schultern und noch breiterem Lächeln; und in der nächsten hatte er diesen sensiblen Blick drauf.

»Ich meine … na ja … ach, ist egal.«

»Nein, es ist nicht egal. Ich will jetzt wissen, was mit dir los ist. Schon klar, wir sind Mitbewohner und müssen nicht befreundet sein, doch ich würde es toll finden, okay? Und ich weiß, dass wir uns noch nicht lange kennen, aber ich mag dich, Bogart. Und … weißt du …« Er strich sich mit beiden Händen durch die Haare. »Ich finde nämlich nicht so leicht Freunde.« Wieder bedachte er mich mit seinem Welpenblick.

»Was soll das?« Meine Stimme war lauter als beabsichtigt. Paul zuckte zusammen. »Warum verarschst du mich? Hör auf, dich über mich lustig zu machen, okay?« Ich ließ mich tief in die dunkelroten Polster sinken. »Ich finde das nicht komisch.«

Zwischen Pauls Augenbrauen hatte sich eine steile Furche gebildet. In seinem Blick flackerte Unverständnis. Er setzte zu einer Antwort an, als die Kellnerin unsere Getränke auf den Tisch stellte.

»Hier, Kleiner.« Mit einem Grinsen schob sie Paul ein Glas mit bernsteinfarbener Flüssigkeit hin. »Root Beer für dich.«

»Ich wollte ein Ale«, grummelte er.

»Und ich wollte nicht angemacht werden. Ale gibt's erst mit 21.« Kopfschüttelnd zog sie wieder ab.

Paul verzog enttäuscht das Gesicht und trank einen Schluck. »Also, Bogart. Ich verarsche dich? Keine Ahnung, wie du darauf kommst.«

»Du …« Mir brach der Schweiß aus und die Musik dröhnte plötzlich überlaut in meinen Ohren. »Du bist nett zu mir.«

Paul lachte auf. »Scheiße, Bogart. Ich glaube, wir haben beide einen ganz schönen Schaden.«

***

Die ersten Wochen am College vergingen wie im Flug. Paul und ich gewöhnten uns in unserer Wohnung ein. Es war merkwürdig für mich, einen Freund zu haben; fremdartig, aber auf die gute Art. Mit der Zeit verschwanden meine Bedenken, dass er mich für irgendeinen hinterhältigen Plan benutzen könnte oder mich einfach aus Spaß zusammenschlagen wollte. Wir verstanden uns immer besser und verbrachten viel Zeit miteinander.

Trotz der Ablenkungen, die das College-Leben, mein neuer Job in der Bibliothek und die Freundschaft zu Paul mir boten, drängten meine Gedanken in jeder freien Sekunde zu Maple. Meine Erinnerungen an sie drehten sich in meinem Kopf, wann immer ich versuchte einzuschlafen. Sie vermischten sich mit der Frage, wie es ihr ging, wie San Diego für sie war.

Jeden Abend nahm ich mein Smartphone und sah mir ihr Profilbild auf Whatsapp an. Ihr strahlendes Lächeln, ihre vor Leben sprühenden Augen. Ihre warme Seele, die ich sogar durch die einzelnen Pixel spüren konnte. Täglich war ich versucht, ihr zu schreiben, sie anzurufen, ihr ein Lebenszeichen von mir zu senden. Aber ich konnte nicht.

Auch nicht, wenn Chris meilenweit fort in Chicago war. Sein eiskalter Blick bohrte sich in meine Gedanken, wann immer ich kurz davor war, Maple eine Nachricht zu senden.

Doch auch von ihr erreichten mich immer seltener Mitteilungen. Schrieb sie mir anfangs noch täglich, erhielt ich irgendwann nur noch alle paar Tage einen Text. Inzwischen bekam ich nur noch hin und wieder eine kurze Nachricht von ihr. Meistens war es dann nur ein GIF oder ein Link zu einem Video, das ihr gefallen hatte.

Sie fehlte mir unfassbar. Jedes Mal, wenn ich an sie dachte, hatte ich das Gefühl, ein Bulldozer würde meinen Brustkorb zerquetschen, so sehr schmerzte meine Sehnsucht nach Maple. Nach meiner besten Freundin, nach meiner einzigen Liebe.

Ich lag auf meinem Bett und versuchte zu schlafen, doch jedes Mal, wenn ich im Begriff war, in die dunklen Tiefen der Nacht zu gleiten, rissen mich Gedanken zurück ins grelle Licht. Erbarmungslos. Nacht für Nacht.

Dieses Mal war es aber kein Gedanke, keine Erinnerung gewesen, welche mich daran gehindert hatten, einzuschlafen; mein Handy trug die Verantwortung dafür. Ein leises *Pling* hatte mich aus dem Halbschlaf gerissen.

Ich strich mir mit der Hand über das müde Gesicht und angelte mein Telefon vom Nachttisch.

***

Maple, 0:43 Uhr
*Hi, E.T. – bist du wach? Entschuldige, wenn ich dich wecke. Bei euch ist es ja mitten in der Nacht. Ach, vergiss es. Ich schreib dir morgen.*

Mein Herz machte einen Satz. Endlich wieder eine Nachricht von Maple! Ich wusste nicht, ob es der Mut der Nacht war, aber meine Finger flogen über das Tastenfeld. Ehe ich noch einmal darüber nachdenken konnte, hatte ich die Mitteilung gesendet.

Ethan, 0:44 Uhr
*Ich bin wach. Was ist los?*

Maple, 0:44 Uhr
*Du antwortest?!*

Maple, 0:44 Uhr
*Du Arsch! Warum hast du dich nie gemeldet?*

Sie war sauer auf mich, und das mit Recht. Trotzdem hatte ich mir ausgemalt, dass wir genau dort weitermachen würden, wo wir aufgehört hatten, bevor dieser ganze Scheiß mit Chris begonnen hatte.

Seufzend tippte ich eine Antwort.

Ethan, 0:46 Uhr
*Ich schreibe dir ja jetzt, oder?*

Maple, 0:46 Uhr
*Du bist ganz schön arschig geworden, Bogart.*

Ethan, 0:46 Uhr
*Eigentlich bin ich noch genau so wie immer. Was gibt's?*

Maple, 0:47 Uhr
*Bist du an Weihnachten zu Hause?*

*Bist du an Weihnachten zu Hause?*

Immer und immer wieder las ich die wenigen Worte auf dem kleinen Bildschirm meines Telefons. Was sollte ich darauf antworten? Ich wünschte mir nichts mehr, als Maple wiederzusehen, aber zweifellos würde auch Chris über die Feiertage nach Woodside kommen, und ich wollte es um jeden Preis vermeiden, ihm in die Arme zu laufen. Zwar trieb ich nun mit Paul zusammen Sport. Ich ging seit einigen Wochen jeden Tag laufen und in unserem Wohnzimmer hatten wir inzwischen ein beachtliches Arsenal aus verschiedenen Hanteln angesammelt. Aber bei dem Gedanken an Maples Bruder fühlte ich mich augenblicklich wieder wie ein Schwächling. Wie das feige Stück Dreck, das ich war.

Ethan, 0:50 Uhr
*Nein.*

Meine Augen brannten, als ich mein Telefon ausschaltete und in die Schublade des kleinen Tischchens stopfte, der neben meinem Bett stand.

Maple hatte recht gehabt, ich war arschig geworden.

# 25. Maple

Es war unfassbar voll am Flughafen in Los Angeles. Summer hatte mich am Terminal abgesetzt und war mit meinem Wagen weiter nach Santa Babara gefahren. Meine Motivation, noch einmal mit dem Truck quer durch die ganze Nation zu reisen, zumal im tiefsten Winter, hielt sich in Grenzen. Deshalb hatte ich das Angebot meiner Eltern dankend angenommen, mir ein Flugticket zu kaufen.

Ich freute mich auf zu Hause, das weihnachtliche Woodside, Nan Nan, Chris und Jarred. Auf meine Eltern natürlich auch. Hazel hatte sich ebenso entschlossen, für die Feiertage nach Woodside zu kommen. Ich freute mich auch darauf, Zeit mit ihr zu verbringen.

Bevor ich an Bord der Maschine ging, die mich nach Philadelphia fliegen würde, checkte ich noch einmal mein Handy. Ich hatte eine Nachricht von Chris, der mir seine Flugdaten geschickt hatte. Unser Dad würde uns beide am Flughafen einsammeln und nach Hause fahren. Von E.T. hatte ich keine Nachricht mehr bekommen, seit wir uns vor ein paar Tagen geschrieben hatten.

*Nein*. Immer und immer wieder hatte ich dieses eine kleine Wort von ihm angesehen. Meine darauffolgende Antwort hatte er zwar empfangen, aber bis heute nicht mehr gelesen.

Enttäuscht stellte ich den Flugmodus meines Telefons ein und stopfte es in die Seitentasche des Rucksacks.

Als ich zum Gate kam, das auf meinem Ticket ausgewiesen war, verdrehte ich die Augen. Die Schlange war unfassbar lang, so als hätte Costco eine Gratisaktion. Zahlreiche Menschen hatten sich brav in Reih und Glied aufgestellt, um an Bord der Maschine zu gehen. Junge

Familien mit quengelnden Kindern, Anzugträger, Touristen und Studenten. Die nächsten sechs Stunden würden wohl die Hölle werden.

Ich hätte es wie Aziz machen und nicht erst am 23. Dezember einen Flug nehmen sollen. Wir hatten uns vor ein paar Tagen bereits voneinander verabschiedet, als er nach Alaska aufgebrochen war. Als ich jetzt an ihn dachte, flatterte ein kleiner Schmetterling in meinem Inneren umher.

***

Ich strich mir über den schmerzenden Nacken. Vor mir drehten die Koffer, Taschen und andere Gepäckstücke meiner Mitreisenden unermüdlich ihre Runden. Was für eine bescheuerte Schnapsidee, am anderen Ende des Landes zu studieren.

Chris würde nach seinem knapp zweistündigen Flug sicher wie das strahlende Leben aussehen, während ich einer älteren Frau als Kopfkissen gedient hatte und mir der typische Geruch von älteren Damen noch immer in der Nase hing.

Endlich entdeckte ich meinen Koffer und hievte ihn vom Förderband. Mürrisch zog ich ihn hinter mir her und versuchte, wenigstens nur mit einer kleinen Anzahl Fremder zusammenzustoßen. Als jemand eine Hand an meine Taille legte und ich mit einem Schwung herumgerissen wurde, schrie ich vor Schreck auf.

»Was, zum Teufel, erlauben Sie sich?!«, fauchte ich, bereit, zum Schlag auszuholen.

»Überraschung!« Chris strahlte mich an. Seine Augen sprühten vor Energie und Freude. »Merry Christmas, Mapes.«

»Mann, du Klappspaten! Du hast mich zu Tode erschreckt!«

»Das war mein Plan.« Er zog mich in eine feste Umarmung und seine starken Arme um meinen Körper fühlten sich nach Heimat an. Als er mich einige Zentimeter von sich wegschob, runzelte er die Stirn. »Mapes, warum riechst du wie eine alte Frau?«

Chris wich meinem Versuch, ihm mit meinem Rucksack eins überzubraten, lachend aus. Dann griff er sich meinen Koffer und stupste mich mit dem Ellenbogen an. »Komm, Mütterchen, Dad wartet sicher schon.« Glucksend bewegten wir uns in Richtung der Ausgänge.

»Du bist unfassbar! Ganz ehrlich, du hast mir überhaupt nicht gefehlt«, grummelte ich.

»Doch, Schwesterherz. Das habe ich.«

***

Es war ein merkwürdiges Gefühl, nach Hause zu kommen. Ganz Woodside leuchtete mit den Sternen um die Wette und unser Haus strahlte wohl am hellsten.

Als Dad seinen Wagen auf die Auffahrt lenkte, spürte ich einen festen Kloß in meiner Kehle. Mit brennenden Augen blickte ich zur Fassade meines Elternhauses. Nichts hatte sich verändert und doch passte etwas nicht, als würde ich versuchen, eine Jeans überzuziehen, die frisch aus dem Trockner kam. Es fühlte sich vertraut an, aber auch einengend.

Als ich die Autotür zuschlug, öffnete sich die Haustür. Jarred schlenderte mit vor der Brust verschränkten Armen auf die Veranda und grinste schelmisch. Als Chris ihn erblickte, ließ er sein Gepäck fallen und rannte auf unseren kleinen Bruder zu. In bester Football-Manier rammte er ihm seine Schulter gegen den Brustkorb. Jarred sackte überrascht ein Stückchen zusammen, so dass Chris ihn sich über seine kräftige Schulter hieven konnte. Unser jüngerer Bruder gab quiekende Laute von sich, die eher an den Jungen erinnerten, der er einmal gewesen war und weniger zu der Erscheinung eines Teenagers passte, die er neuerdings offenbar liebevoll pflegte.

»Lass mich runter, du Arsch!«, brüllte er. Mit den Fäusten trommelte er auf den breiten Rücken seines großen Bruders.

Chris drehte sich abrupt zu Dad und mir um, sein Gesicht zu einer fragenden Miene verzogen. »Habt ihr das auch gehört?«

»Chris, du Pisser! Lass mich runter!«

»Hä? Hört ihr das nicht?«

»Nein, ich weiß nicht, was du meinst«, schaltete sich unser Vater ein. Im Vorbeigehen ergänzte er grinsend: »Jarred, hör mit dem Fluchen auf. Und Chris … Ach, macht, was ihr wollt. Ich geh rein.« Dad trat zu mir und hauchte mir einen Kuss auf die Wange. »Schön, dass du wieder zu Hause bist, Kleines«, flüsterte er in mein Ohr.

Ich schenkte ihm ein Lächeln und drückte seine Hand. Es war schön, daheim zu sein. Aber so sehr ich mich auch bemühte, es wollte sich einfach nicht das Gefühl einstellen, zu Hause zu sein. Meine Familie, die funkelnden Lichter, das weihnachtlich geschmückte Haus. All das war wunderbar, aber etwas fehlte meinem Herzen.

***

»Maple? Wo willst du denn jetzt hin? Chris holt gerade eure Großmutter ab. Wir können gleich essen.« Meine Mutter deutete auf meine Sportsachen. »Du gehst doch jetzt nicht etwa laufen? Es ist eiskalt und es schneit. Kind, du wirst dir den Tod holen! Immerhin bist du die Wärme Kaliforniens gewöhnt.«

»Komm schon, Mom. Ich laufe die Wege hier schon, seit ich denken kann. Ich glaube kaum, dass sie sich in den letzten Monaten stark verändert haben.«

»Das nicht, aber ich hatte gehofft, wir könnten uns etwas unterhalten – nur wir beide. Ich mach uns eine heiße Schokolade und wir setzen uns an den Kamin.« Sie griff nach meinen Händen. In ihrem Lächeln lag ein stummes Flehen. Es war mir bei unseren Videocalls bereits aufgefallen, wie sehr Mom darunter litt, nicht mehr all ihre Kinder unter einem Dach zu haben.

»Lass mich nur schnell joggen.« Mit der flachen Hand klopfte ich auf meinen Bauch. »Ich arbeite hart gegen die Freshmen 15, Mom, und ich muss im Training bleiben. Ich lauf nur eine kleine Runde, versprochen.«

»Freshmen 15, dass ich nicht lache! Du bist dünner als ein Hering.« Meine Mutter grummelte hinter mir in der Küche, während ich meine Airpods in die Ohren steckte und meine Jogging-Playlist startete.

Die Luft war schneidend kalt. Es war verrückt, wie schnell ich mich an die Temperaturen in San Diego gewöhnt hatte. Obwohl ich das klassische Weihnachtswetter mit Kälte und Schnee liebte, schätzte ich die milde kalifornische Luft zum Laufen. Der eisige Sauerstoff flutete schmerzhaft meine Lungen. Die ausgestoßene Luft zerfaserte vor meinem Mund in mächtige Wolken. Der Schnee unter meinen Füßen knirschte und immer wieder fielen einige Bröckchen in meine Laufschuhe. Innerhalb kürzester Zeit hatte ich eiskalte und pitschnasse Füße.

»Scheiße«, fluchte ich, aber die Klänge meiner Playlist trieben mich weiter voran. Schritt für Schritt fiel es mir leichter, meine von der Kälte schmerzenden Oberschenkel zu ignorieren. Meine Füße waren sowieso schon abgestorben und fühlten sich wie zwei taube Klumpen Matsch an. Wie von selbst lief ich den Weg in Richtung Wald und fand den kleinen Pfad sofort, obgleich er nun unter einer dicken Schneeschicht verborgen lag. Kurz zögerte ich, setzte meinen Lauf dann aber in einem langsameren Tempo fort. Der Schnee pikste auf der Haut meiner Knöchel, die von meiner Thermoleggins freigegeben wurden.

Vorsichtig, um nicht umzuknicken, bewegte ich mich durch den Wald, bis die Abstände der umherstehenden Bäume größer wurden. Vor mir lag die Lichtung, auf der ich bereits etliche Stunden meines Lebens verbracht hatte.

Ich stoppte und ging langsam zum umgestürzten Baum, der sich trotz der Schneedecke deutlich vor dem Eis des Flusses abhob.

»Hallo, alter Freund«, murmelte ich, fegte mit der Hand etwas Schnee beiseite und ließ mich auf dem kalten Holz nieder. Den Kopf in den Nacken gelegt, atmete ich tief ein und aus. Der Wind trug meinen Atem fort wie Fetzen eines Traums, die der nahende Tag verwischt.

Ein Knacken an der anderen Seite der Lichtung ließ mich auffahren. Mühsam versuchte ich, in der Dunkelheit etwas zu erkennen, scheiterte aber. »E.T.?«

# 26. Ethan

Sie war gekommen. Obwohl ich ihr gesagt hatte, ich würde nicht nach Woodside fahren, war sie unserer Lichtung gekommen. Trotz eisiger Kälte und einer dicken Decke aus Schnee saß sie auf dem Baumstamm, und zwar mit für dieses Wetter vollkommen unangemessener Kleidung. Vielleicht ja, um mich zu sehen?

»E.T.?«

Der Klang ihrer Stimme war so vertraut. Er hüllte mich ein in Wärme und Geborgenheit. Sie klang gleichzeitig nach Erinnerung und Zukunft. Nach Freundschaft und Liebe. Nach Vermissen und Wiederfinden.

Ich ballte meine Hände zu Fäusten, nur um sie wieder zu lösen. Ich hatte die letzten Monate damit verbracht, mir einzureden, Maple würde nicht mehr an mich denken. Aber nun war sie hier, auf unserer Lichtung. Mitten im Schnee saß sie in viel zu dünner Kleidung und wartete auf mich.

»Ja.« Ich flüsterte und wusste dennoch sofort, dass Maple mich gehört hatte.

Ihr Kopf schnellte herum in meine Richtung.

Langsam löste ich mich vom Stamm der Platane, die mir schon so viele Male als Versteck gedient hatte. Ein brennendes Verlangen loderte in meinem Brustkorb. Ich wollte zu ihr rennen, sie in den Arm nehmen, sie so eng es irgendwie ging an mich ziehen und nie, nie wieder loslassen.

Maple erhob sich von ihrem Sitzplatz und kam mit geschmeidigen Schritten auf mich zu. Das vom Schnee reflektierte Licht des vollen Mondes erhellte ihr Gesicht. Mein Herz krampfte sich zusammen.

Konnte es sein, dass sie noch schöner geworden war? Ich hatte es nicht für möglich gehalten.

Langsam, fast schon wie magnetisch angezogen, bewegte ich mich auf sie zu. Ein Lächeln zog meine Mundwinkel weit auseinander, ohne dass ich etwas dagegen tun konnte. Verdammt, ich freute mich einfach so sehr, sie zu sehen!

Wir stoppten, als unsere Fußspitzen sich berührten.

Für einen Augenblick blieb die Welt um uns herum stehen.

Für einen Augenblick war mein Leben perfekt.

Für einen Augenblick ertrank ich in den unendlichen Tiefen ihrer Augen.

Als Maple ihre Arme um mich schlang und mich so fest an sich presste, als sei sie in Seenot und ich ihr Rettungsring, vergaß ich alles um mich herum. Ich schob meine Hände über ihren Rücken, vergrub mein Gesicht in ihrem Haar. Sog ihren unverwechselbaren Duft ein, den ich so vermisst hatte.

»Du bist ja doch hier.« Sie löste die Umarmung und griff nach meinen Händen. »Ich habe nicht gedacht, dass du kommen würdest, aber ich musste nachsehen, mich selbst davon überzeugen.« Sie strich mit den Fingerspitzen sanft über meine Wange. »Gott, es ist so schön, dich zu sehen.«

Ihr Gesicht strahlte mit dem Wintermond um die Wette und ich gab mein Bestes, diesen Anblick auf meine Netzhaut zu meißeln, um ihn nicht doch irgendwann zu vergessen.

»Wieso hast du gesagt, du würdest nicht kommen?«

»Weil ich es nicht vorhatte.«

»Warum? Wolltest du deine Eltern nicht besuchen? Oder … oh … Wollten sie zu dir nach Newark fahren? Ich hab gehört, dass du dort jetzt eine Wohnung hast. Du musst mir einfach alles erzählen. Wie ist das College? Dein Mitbewohner? Hast du einen Kommilitonen? Und überhaupt … wie geht es dir? Du siehst großartig aus.« Ihre Hände glitten über meine Schultern. »Du hast trainiert, stimmt's? Oder hast du Polster in deine Jacke genäht?« Sie lachte und es wunderte mich, dass nicht augenblicklich der Schnee ringsum schmolz.

»Ich … Es …« Herrgott noch mal, warum stammelte ich immer? Ich war doch viel souveräner geworden in den letzten Wochen. Es hatte mir gutgetan, mit Paul Zeit zu verbringen. Das Training war Balsam für mein Selbstbewusstsein, und wann immer ein Mädchen Notiz von mir nahm, war das der reinste Egoboost – selbst wenn mein Herz nur Maple gehörte und immer gehören würde.

Auffordernd sah sie mich an. Ihre dichten Wimpern schimmerten seidig im Mondlicht. Wie gern hätte ich mich nun zu ihr gebeugt, um sie zu küssen.

Stattdessen überfluteten mich die Erinnerungen an die High School. Da waren Chris und Jamie, wie sie mich höhnisch ausgelacht hatten. Ich sah die Kacke in meinem Gesicht und die Pisse auf meinen Schuhen. Mein Magen verkrampfte sich bei dem Gedanken daran. Gleichzeitig schien er ins Bodenlose zu fallen und seinen Inhalt entleeren zu wollen.

Meine Hände lösten sich von Maples Hüften. Wie von selbst ballten sie sich zu Fäusten, die derart fest waren, dass meine Fingerknöchel knackten.

*Es wäre doch schade, wenn ihr etwas zustoßen würde.*

Chris, der hinter mir im Wagen gesessen hatte, den Blick auf meine Mutter gerichtet, ein böses Funkeln in den Augen.

Plötzlich brandete ein ohrenbetäubender Lärm über die Lichtung, der über meinem Kopf zusammenschlug und mich mit sich riss. Es war das Blut, das erbarmungslos in meinen Ohren rauschte, als wollte es jedes noch so kleine Äderchen und jedes positive Gefühl in meinem Körper zum Bersten bringen.

»Ethan?«

Aus einer Entfernung von Millionen Kilometern drang Maples süße Stimme an mein Ohr.

»Was ist los mit dir?« Sie rüttelte sanft an meiner Schulter.

Ich schüttelte den Kopf, um die Dämonen meiner Vergangenheit in den Kisten zu verstauen, die ich ihnen in meinen Gedanken zugewiesen hatte. Doch sie wollten sich nicht verkriechen. Sie lachten über mich, so wie sie es immer getan hatten.

»Ich weiß selbst nicht, was ich hier will.« Ich strich mit den Händen durch meine Haare. »Vielleicht wollte ich nur sehen, ob du wirklich so bescheuert bist, hierher zu kommen. Und siehe da, du bist es!« Ich spuckte ihr die Worte vor die Füße.

Jegliches Strahlen wich aus Maples Gesicht. »Was?«

»Hängst du wirklich noch so sehr an unserer Freundschaft? Wach auf, Maple. Du bedeutest mir nichts mehr. Ich bin nicht mehr der kleine, bemitleidenswerte E.T., den du gekannt hast. Den gibt es nicht mehr.«

»Was erzählst du für'n Scheiß?«

»Ich hab mich an dich geklammert, weil ich sonst niemanden hatte, Weil ich erbärmlich, war. Aber jetzt habe ich neue Freunde, also brauche ich dich nicht mehr.« Die Worte brannten wie Säure in meiner Kehle, als ich sie hervorwürgte. Jedes von ihnen war wie eine Schaufel voll Erde, die den Sargdeckel unserer Freundschaft unter sich begrub.

Scheiße, und dabei wollte ich doch nichts mehr, als Maple Elizabeth Turner zu lieben. Aber es blieb mir keine Wahl: Ich musste das aus der Ferne tun. Es war besser für alle. Besser für sie. Besser für mich. Besser für jeden, der mir etwas bedeutete.

Und doch schmerzte es mehr, als eine Faust in meinem Gesicht es jemals vermocht hätte.

# 27. Maple

Ich zuckte so heftig zusammen, dass ein großer Teil des heißen Badewassers aus der Wanne schwappte und sich über den gefliesten Boden des Badezimmers ergoss.

»Himmel, Nan Nan! Willst du mich umbringen?!«, fluchte ich, während ich mir den nach Himbeeren duftenden Schaum aus den Augen rieb.

»Nein.« Meine Großmutter ließ sich auf dem geschlossenen Deckel der Toilette nieder. »Das machst du schon ganz allein, indem du mitten im Winter durch den Schnee im Wald rennst. Ich hatte dir immer etwas mehr Grips in deinem hübschen Köpfchen zugetraut. Solche Aktionen würde ich von unserem Christian erwarten, von dir eher weniger.«

»Können wir das besprechen, wenn ich mit dem Baden fertig bin?«

»Nein.«

»Nan Nan, ich bin nackt.«

»Das denke ich mir. Wer steigt schon im Neoprenanzug in die Badewanne? Ich glaube, das machen noch nicht mal die Puritaner.«

»Ich möchte trotzdem in Ruhe baden.«

»Oh, Kindchen. Ich will dich überhaupt nicht stören. Deine Nan Nan möchte nur wissen, was mit ihrem Mädchen los ist. Du begrüßt mich nicht, sondern rennst direkt nach oben, verbarrikadierst dich in deinem Badezimmer und kommst nicht pünktlich zum Essen runter. Man muss kein Hellseher sein, um zu erkennen, dass etwas nicht mit dir stimmt.«

Ein genervter Laut drang aus meiner Kehle. Ich umklammerte meine Nase mit zwei Fingern fest und ließ mich weiter in das warme Wasser hineingleiten, bis es angenehm über meinem Kopf zusammenschlug. Ob Nan Nan wohl gehen würde, wenn ich nur lange genug unter Wasser bliebe? Vielleicht hatte ich gute Chancen, denn sie war nie die Geduldigste gewesen. Ich hatte keine Lust, mit ihr zu reden. Nicht jetzt, nicht hier. Ich musste erst einmal meine Gedanken ordnen.

Ethan hatte mich mit seinen boshaften Worten zerstört. Ich wollte nicht glauben, was er gesagt hatte. Immer und immer wieder waren sie in meinem Kopf widergehallt, als ich nach Hause gerannt war. Die Äste des Unterholzes hatten mir schmerzhafte Striemen in die Haut geschlagen und meine Lungen hatten wegen der eiskalten Luft und meiner viel zu hektischen Atmung gebrannt wie Feuer. Ich hatte Seitenstechen gehabt, das direkt aus der Hölle entsprungen sein musste.

Doch am schlimmsten schmerzte mein Herz. Es war, als hätten Ethans Worte es vereist und dann zerschmettert. In Millionen kleinste Bruchstücke war es zerborsten, und diese winzigen Teile bohrten sich nun unbarmherzig in meine Brust.

Als meine Lungen so laut nach Sauerstoff schrien, dass ich es unter Wasser nicht mehr aushielt, tauchte ich keuchend auf. Ich blinzelte den Schaum aus meinen Augen und ließ sofort resigniert die Schultern sinken.

»Hast du wirklich gedacht, ich würde dich so schnell in Ruhe lassen?« Nan Nan verschränkte die Arme vor der Brust. Sie lehnte sich mit ihrem Rücken gegen den Spülkasten und betrachtete mich aus wachen Augen.

»Also, was ist mit deinem kleinen Freund passiert?«

Ich schnaubte verächtlich. »Kleiner Freund, dass ich nicht lache. Großes Arschloch trifft es eher.«

»Versucht er sich an einer neuen Rolle?«

»Keine Ahnung, was er versucht. Ist mir auch egal.« Nun verschränkte ich die Arme wie ein bockiges Kind vor der Brust. Das verräterische Brennen in meinen Augen ignorierte ich mit aller Kraft.

»Das glaube ich dir nicht. Deine Flunsch verrät dich.«

»Nan Nan …«, sagte ich langgezogen. Genervt legte ich den Kopf in den Nacken. Ich liebte meine Großmutter, aber in dieser Sekunde wünschte ich sie ganz weit weg von mir.

»Weißt du, bei Eisbergen sieht man ja nur einen kleinen Teil, nämlich die Spitze, die über das Wasser hinausragt. Der große Rest bleibt unter der Oberfläche versteckt.«

»Boah, Nan Nan, bitte verschone mich mit deinen Kalendersprüchen. Was willst du mir damit sagen? Dass Ethan wie ein Eisberg ist?«

Meine Oma schnalzte missbilligend mit der Zunge. »Kalendersprüche? Junges Fräulein, du bist ganz schön frech geworden da drüben in Kalifornien. Auch in einem alten Kopf ist nicht unbegrenzt Platz für Weisheiten, da muss man sich gelegentlich mit fremden Federn schmücken.« Sie lachte rau auf. »Ich möchte damit sagen, dass dein kleiner Freund vielleicht nicht alles von sich preisgibt. Du siehst nur sein Verhalten, nicht aber den Grund dafür. Wenn er dir wichtig ist, forsche danach. Finde heraus, warum er sich jetzt so abweisend verhält. Vielleicht ist er im Grunde tatsächlich ein mächtiger Eisberg, dessen größter Teil unter der Wasseroberfläche liegt, dann wirst du sicher seine Beweggründe verstehen. Oder aber er entpuppt sich als eine winzige Eisscholle ohne Tiefgang. Dann wäre er wirklich das Arschloch, als das er sich jetzt ausgibt.«

Mit einem Stöhnen erhob sie sich vom Toilettendeckel. Sie presste mit verzogenem Gesicht ihre Hände ins Kreuz, bis es knackte. »Wieso bist du eigentlich in der Wanne? Meine Knochen haben ein bisschen Wärme deutlich nötiger als deine.« Nan Nan legte ihre Hand auf den Türknauf und drehte sich anschließend noch einmal zu mir um. »Eigentlich hatte deine Mutter mich geschickt, um dich zum Essen zu holen. Das ist nun vermutlich sowieso schon kalt, also lass dir Zeit.«

***

Meine Familie saß am Esstisch, als ich die Treppe nach unten kam. Vor ihnen standen leergeputzte Dessertteller, in der Mitte des Tisches eine große Schüssel mit einem kläglichen Rest Obstsalat. Etwas verlegen steuerte ich meinen mir angestammten Platz an und ließ mich nieder. Ich wusste, wie wichtig meiner Mutter dieses Essen gewesen war. Sie hatte bei unseren Telefonaten seit Wochen davon gesprochen, wie sehr sie sich darüber freute, all ihre Kinder wieder an ihrem Tisch zu haben. Und nun hatte ich es ihr verdorben.

»Jarred, hol bitte den Teller für deine Schwester.« Meine Mutter schenkte mir ein Lächeln. »Geht es dir wieder besser?«

Ich nickte und lächelte zurück.

Als auch ich mein Dessert verspeist hatte, räumten meine Brüder und ich den Tisch ab. In der Küche legte Chris mir den Arm um die Schultern und zog mich dicht an sich heran. Er drückte mir einen Kuss auf den Scheitel.

»Was war los, Mapes? Mom sagte, du bist joggen gegangen? Bei dem Wetter? Im Dunkeln? Morgen früh wäre ich mit dir gekommen.«

»Ich weiß auch nicht. Es war eine blöde Idee, aber ich musste den Kopf freibekommen. Irgendwie ist es komisch, wieder hier zu sein.«

»Verstehe ich. Geht mir auch immer so. Man fühlt sich nicht mehr richtig zu Hause, aber auch nicht wirklich als Gast.«

»Ey, Leute. Was stimmt nicht mit euch? Wieso müsst ihr euch ständig in den Arm nehmen?« Jarred kam mit mehreren Schüsseln beladen in die Küche und musterte uns aus zusammengekniffenen Augen. »Ganz ehrlich, Chris. Dauernd musst du den Arm um Mapes legen. Das ist ekelhaft.«

»Du bist ekelhaft«, zischte ich meinen kleinen Bruder an.

»Ich? Wieso das?«

»Denkst du, wir haben deinen Furz beim Essen nicht gerochen?« Herausfordernd funkelte ich ihn an.

»Pass auf, Schwesterchen. Ich bin inzwischen größer und stärker als du.«

»Ja? In deinen Träumen!«, gab ich zurück und lachte herzhaft.

Chris warf mir einen schnellen Seitenblick zu und ich schenkte ihm ein teuflisches Grinsen. Auch Jarred bemerkte es. In Sekundenschnelle schwand die Selbstsicherheit aus seinen Zügen.

»Alter, wage es nicht.« Er deutete auf Chris und setzte sich langsam rückwärts in Bewegung. »Ich warne dich, Chris.« Seine Stimme rutschte eine Nuance höher.

Mit einem Satz war unser großer Bruder bei ihm und warf ihn sich erneut mit einer Leichtigkeit über die Schulter, als wäre Jarred noch immer zehn Jahre alt. Ich schlüpfte an den beiden vorbei und öffnete die Hintertür.

Vor uns lag die große Terrasse mit dem blau schimmernden Pool. Das warme Wasser sandte Schwaden aus Wasserdampf in den nächtlichen

Himmel. Jarred kreischte laut auf Chris' Schulter, als wäre er wieder ein kleiner Junge, und wand sich wie ein Aal auf dem Trockenen. Ein langgezogenes »Nein!« durchschnitt die Stille und wurde von einem ohrenbetäubend lauten Platschen gefolgt.

Prustend tauchte Jarred einige Sekunden später aus dem Wasser auf und funkelte uns zornig an. »Na wartet, das gibt Rache!«

Chris und ich standen am Rand des Pools und hielten uns die Bäuche vor Lachen.

# 28. Ethan

Fuck!

Ich hatte es getan, obwohl ich es nie tun wollte. Der Schmerz in ihren Augen hatte mich beinahe in die Knie gezwungen. Nichts hätte ich in der Sekunde auf der Lichtung, als ich Maples Herz brach, lieber gemacht, als sie in den Arm zu nehmen. Wo sollte es aber hinführen, unsere Freundschaft weiter bestehen zu lassen? Ihr verfluchter Bruder machte es mir unmöglich, bei ihr zu sein. Was blieb mir also anderes übrig, als Maple aus meinem Leben zu verbannen?

Das Dumme daran war nur, dass ich Maple niemals aus meinem Herzen würde verbannen können. Besser gesagt, aus den winzigen Bruchstücken, die davon noch übriggeblieben waren. Jedes Mal, wenn ich sie sah, pulverisierten die Teilchen noch ein wenig mehr.

Seufzend ließ ich mich auf das Bett in meinem alten Zimmer fallen. Das in die Jahre gekommene Metallgestell ächzte unter meinem Gewicht. Die Federn der durchgelegenen Matratze stachen in meinen Rücken. Mit beiden Händen fuhr ich mir über das Gesicht. Warum passierte diese Scheiße? Ich hätte nicht nach Woodside fahren sollen. Scheiß auf Weihnachten. Meine Eltern hatten ein Auto; sie hätten auch in meine Wohnung nach Newark kommen können. Paul war sowieso nach Kansas geflogen. Aber nein, ich Vollpfosten musste ja unbedingt in den Ort meiner größten Qualen zurückkehren, nur um dem Mädchen das Herz zu brechen, dem meines seit Anbeginn der Zeit gehörte.

»Ethan?«

Ich spreizte meine Finger vor dem Gesicht und blinzelte in die schummerige Dunkelheit meines Jugendzimmers. »Deine Mom das Essen gekocht. Kommst du?«

Mein Dad lehnte im Türrahmen. Mit den Armen vor der Brust verschränkt, musterte er mich eindringlich. »Was ist mit dir los, Junge?«

Es war klar, dass er das fragte. Manchmal hätte ich alles für einen teilnahmslosen Vater wie Paul ihn hatte gegeben. Für jemanden, der sich nichts aus Gefühlen machte. Aber mein Dad war nicht so; er war empathischer als Florence Nightingale und Mutter Teresa zusammen.

»Nichts«, knurrte ich, wohl wissend, dass ihm diese Antwort nicht ausreichen würde.

»Nichts ist also vorgefallen.« Er stieß sich vom Türrahmen ab und kam in mein Zimmer. »Für *nichts* wirkst du aber reichlich mitgenommen. Also, was ist los?«

»Sagte ich bereits, Dad.«

»Komm schon, Junge. Erzähl mir, was dich bedrückt. Du bist schon die ganze Zeit so merkwürdig, aber seitdem du von deinem Spaziergang zurück bist, grummelst du nur noch vor dich hin. Also? Was ist im Wald passiert? Hat dich ein Eichhörnchen gebissen?«

»Genau, ein Eichhörnchen.«

»Was? Mit denen ist nicht zu spaßen, wenn die Tollwut haben.«

»Machen die jetzt nicht Winterschlaf?«

»*Halten* … sie halten Winterschlaf. Nicht *machen*.«

»Wie auch immer.« Ich setzte mich auf, erhob mich vom Bett und steuerte auf die Zimmertür zu.

»Wo willst du hin?« Mein Vater stellte sich mir in den Weg.

»Ich denke, Mom wartet mit dem Essen.«

»Tut sie, aber ich würde vorher wirklich gern wissen, was mit dir los ist.«

»Boah, Dad! Geh mir doch nicht auf die Nerven.« Ich ließ ihn stehen und spürte seinen entsetzten Blick in meinem Rücken. Noch nie zuvor hatte ich so mit ihm geredet. In anderen Familien mochte ein wesentlich rauerer Ton an der Tagesordnung stehen, aber nicht bei uns.

Ein großartiger Tag für Ethan Humphrey Bogart. Wie die Axt im Walde schlug ich um mich, nur um die wenigen Menschen zu verletzen, die mir nah sein wollten.

# 29. Maple

Meine Hand zitterte leicht, als ich auf der kleinen Veranda stand. Fest ballte ich sie zur Faust und klopfte gegen die weiße Tür des bescheidenen Hauses, in dem mein bester Freund seine Kindheit verbracht hatte. An einigen Stellen blätterte die Farbe bereits ab. Überhaupt hätte alles hier einen neuen Anstrich vertragen können. Trotzdem strahlte das kleine Häuschen nach wie vor eine enorme Wärme aus.

»Maple?« Ethans Mutter Marcia musterte mich aus ihren großen, braunen Augen. Sie sah sehr hübsch aus. Ihre dunkle Haut war glatt und makellos, ihr schwarzes Haar umrahmte ihr Gesicht in wilden Locken. Insgesamt wirkte Marcia überhaupt nicht so, als könnte sie bereits einen erwachsenen Sohn haben.

»Hallo, Mrs. Bogart. Fröhliche Weihnachten. Ähm … ist Ethan vielleicht da?«

»Dir auch fröhliche Weihnachten.« Ein trauriger Schatten legte sich auf ihr Gesicht, als sie weitersprach. »Er ist heute direkt nach dem Frühstück zurück nach Newark gefahren.«

»Oh, wirklich? Ich dachte … Wie schade. Wollte er nicht länger bleiben?«

Marcia nickte. Vor ihre Augen legte sich ein Schleier aus Tränen. »Ja. Eigentlich wollte er erst morgen fahren, hatte er gestern noch gesagt, als er ankam. Aber er muss wohl arbeiten.«

»E.T. hat einen Job? Das wusste ich gar nicht.«

»Er ist in der Bibliothek der Uni angestellt und hilft wohl auch hin und wieder in einer Bar aus, wenn Not an Mann ist. So wie heute, weil ja niemand an Weihnachten arbeiten möchte und alle bei ihren

Familien sein wollen.« Sie schniefte leise, räusperte sich dann aber. »Nun ja, mein Sohn sieht das offenbar anders, aber was soll's. Also, Maple: Kann ich dir vielleicht helfen?«

Ich schüttelte den Kopf. »Nein, danke. Auf Wiedersehen, Mrs. Bogart.«

»Mach's gut, Maple.«

Die Verandastufen knarrten, als ich sie wieder hinabstieg. Das sollte nun also wirklich das Ende unserer Freundschaft sein? Wir waren uns so viele Jahre unglaublich nah gewesen, hatten unsere Träume, Ängste und Wünsche miteinander geteilt, einen Pakt für unsere Zukunft geschlossen … und nun sollte dies alles vorbei sein?

Das wunderschön verschneite Winterwunderland um mich herum verhöhnte meine Traurigkeit mit seiner unermesslichen Schönheit. In meinen Augen sammelten sich Tränen, die in heißen Bächen über meine kalten Wangen rannen. Ich weinte um eine Freundschaft, die für ein Leben hätte sein sollen, um den Jungen, der mir meinen ersten Kuss gestohlen hatte. Ich trauerte um eine Zukunft, die wir gemeinsam hätten haben können.

***

»Hast du geweint?« Chris sah mich forschend an, doch ich schüttelte den Kopf.

»Nein, der Wind ist nur verflucht kalt.« Mit dem Ärmel wischte ich mir über die brennenden Augen und ließ meinen Bruder auf dem Flur unseres großen Hauses stehen. In meinem Zimmer ging ich direkt zu meinem Schreibtisch. Bevor ich zum College gegangen war, war er immer vollgepackt mit Schulbüchern, Blöcken und Stiften gewesen. Heute stand er aufgeräumt und verwaist vor einem der Fenster.

Ich ließ mich auf meinem Rattansessel nieder, der mir immer als Schreibtischstuhl gedient hatte, und zog die Beine unter meinen Körper. Ich nahm mir einen Block und einen Stift und schrieb:

*E.T.,*
*ich weiß nicht, was mit dir los ist, warum du dich so verändert hast … Jeder von uns entwickelt sich weiter, das ist normal und gut. Es wäre komisch, wenn wir*

*heute noch so wären wie damals, als wir uns als Kinder zum ersten Mal trafen.*

*Weißt du, ich denke oft an unsere Nachmittage im Wald zurück. Wir waren Kinder und wir waren glücklich. Das warst du aber dann irgendwann nicht mehr. Nicht wahr, Ethan? Du warst mit mir als deiner besten Freundin nicht mehr glücklich.*

*Dir sind in der Schule schlimme Dinge passiert. Du hast es nie gesagt, aber ich weiß, dass du mich insgeheim dafür verantwortlich gemacht hast. Das ist mir inzwischen klar geworden. Es tut mir leid. Niemals wollte ich etwas tun, das dir schadet.*

*Du bist mein bester Freund und das wirst du immer bleiben, ganz egal, wie sehr du dich von mir distanzierst. Aber weißt du, was mich fertig macht? Dass du nicht mit mir sprichst. Du ignorierst mich inzwischen vollkommen. Als wir uns auf unserer Lichtung trafen, hast du mir all diese gemeinen Dinge gesagt, nur damit ich dich endlich ganz in Ruhe lasse, nicht wahr?*

*Du bist unmöglich, Ethan Humphrey Bogart. Wirklich, das bist du. Wir haben uns einmal geschworen, immer zusammen zu bleiben. Manche Freundschaften halten nicht ewig, das ist klar, aber unsere hätte ewig halten sollen. Das habe ich gespürt und du auch, das weiß ich tief in meinem Herzen. Wir waren für die Ewigkeit bestimmt.*

*Ich habe bis heute keine Ahnung, was ich falsch gemacht habe, womit genau ich dich von mir fortgetrieben habe. Ich werde es wohl auch nie erfahren, denn du willst nicht mehr mit mir reden. Sonst gibt es niemanden, den ich nach deinen Beweggründen fragen könnte.*

*Weißt du was, E.T.? Ich werde es nicht so machen wie Rachel in* Friends *und dir einen 18-seitigen Brief schreiben. Ich will dir deine Zeit nicht stehlen, deshalb werde ich nun zum Ende kommen …*

*In meinem Herzen werde ich an unserer Freundschaft immer festhalten. Du wirst stets einen besonderen Platz in meinem Leben haben. Ich liebe dich, E.T. – und ich vermisse dich, vermisse uns. Vielleicht kannst du mir meine Fehler irgendwann verzeihen und wir können wieder befreundet sein. Lass mich wissen, wenn du bereit dazu bist. Bis dahin wünsche ich dir nur das Beste.*

*XOXO, Maple*

Die Worte verschwammen auf dem Papier, als ich den Stift zurück in den Becher steckte, der auf meinem Schreibtisch stand und jede Menge Kugelschreiber beherbergte. Ich ließ mich in meinem Sessel zurücksinken und starrte gegen die weiße Decke meines Zimmers. Die Tränen sickerten unaufhörlich hinter meinen Lidern hervor, doch ich ließ sie fließen.

Stumm betrauerte ich das Ende einer Freundschaft, aus der eines Tages hätte mehr werden können. Aber das würde nun niemals sein. Unsere Geschichte war zu Ende erzählt. Maple und Ethan gab es nicht mehr.

# Teil 3

# 30. Ethan

Das Papier in meinen Händen fühlte sich inzwischen an wie dünnes Pergament. Maples Brief hatte ich so oft gelesen, dass ich jedes einzelne Wort auswendig kannte. In diesem Schreiben standen die letzten Worte, die Maple an mich gerichtet hatte. Fast vier Jahre Zaren seither vergangen. Vier Jahre, in denen ich die Liebe meines Lebens nicht mehr gesehen hatte.

»Hey, Mann.« Paul klopfte zur Begrüßung mit der flachen Hand auf den Tresen.

Schnell faltete ich den Zettel zusammen und stopfte ihn in die Gesäßtasche meiner Jeans. Ich nahm das Geschirrtuch von meiner Schulter und polierte eines der Gläser aus der Spüle. »Ich hab alles eingepackt.«

»Okay.«

Paul rutschte auf einen Barhocker. Seine wachen Augen richteten sich auf mich. »Du kannst die Wohnung noch bis zum Monatsende behalten. Danach musst du raus.«

»Ich weiß.«

»Alter, es tut mir echt leid, aber meine Eltern wollen die Bude nicht mehr länger bezahlen.«

»Klar. Warum sollten sie auch, wenn du nicht mehr da wohnst?« Schulterzuckend polierte ich weiter.

»Schon, aber ich hab sie gebeten, dir noch ein bisschen Zeit zu geben.«

»Ich brauch deine scheiß Almosen nicht.«

»Das weiß ich, aber du bist mein Freund, okay? Ohne dich wäre die Zeit in Newark nur halb so erträglich gewesen.«

»Du fängst jetzt aber nicht an zu flennen, oder?«

»Sei nicht so ‚n Arsch, Bogart. Ich werde nicht heulen.«

»Deine Stimme klingt aber so«, feixte ich.

»Halt die Klappe.«

Ich holte eine Flasche Bier aus dem Kühlschrank, öffnete sie und stellte sie Paul hin. Er führte sie umgehend an die Lippen und nahm einen großen Schluck vom Getränk. »Wann fährst du?«

»Morgen früh.«

»Das heißt also, wir können es heute Abend noch einmal richtig krachen lassen.« Ich nahm mir ebenfalls eine Flasche aus der Kühlung und ließ das kalte Bier meine Kehle hinabrinnen.

Paul prostete mir zu. »Ein letztes Mal.«

»Ein letztes Mal«, wiederholte ich.

***

Mein Zimmer war ein verdammtes Karussell. Die Wände drehten sich immer schneller um mich herum. Ich hatte es übertrieben. Mal wieder.

Paul und ich hatten in den letzten vier Jahren, die wir gemeinsam gewohnt hatten, beinahe jedes Wochenende gefeiert. Und wenn ich *gefeiert* sage, dann meine ich das auch so. Wir hatten es krachen lassen. Als ich dann den Job in der Bibliothek aufgegeben hatte, um mehr Schichten im *Little Fox* übernehmen zu können, wurde es noch schlimmer. Nicht selten waren wir im Pub versackt, wenn ich die Spätschicht hatte und abschließen sollte. Aber hey, wir hatten unseren Spaß gehabt und waren auf unsere Kosten gekommen.

Ein stechender Schmerz peitschte durch meinen Kopf, als ich mich umdrehte. »Fuck.« Mühsam tastete ich nach dem Röhrchen mit Aspirin, das stets auf meinem Nachttisch stand. Das leise Klirren verriet, dass noch ein paar Tabletten darin waren. Zum Glück … Ohne irgendetwas gegen diesen Mordskater hätte ich meinen Schädel auch direkt gegen die Wand schlagen können.

Ich würgte die Aspirin trocken hinunter und horchte einen Moment lang in mich hinein. Wie es aussah, würde mein Magen sie dort belassen, wo sie waren. Punkt für mich.

»Bogart!« Pauls Stimme vermischte sich mit einem lauten

Pochen an der Tür. Die Schwingungen ließen den pulsierenden Schmerz in meinem Kopf weiter anschwellen. Vielleicht war die Schädel-gegen-Wand-Idee doch nicht so schlecht.

Die Tür wurde aufgestoßen und mein Kumpel baute sich vor meinem Bett auf. Er blickte mit verschränkten Armen auf mich herab, eine Augenbraue bis zum Haaransatz hochgezogen. »Du siehst vielleicht scheiße aus, Dornröschen.«

»Halt bloß die Fresse.« Meine Stimme klang rau und heiser, als hätte ich den gesamten Alkohol-Vorrat des *Little Fox* geleert und dazu noch zehn Zigarren geraucht.

»Weißt du, Bogart, ich glaube, es ist deine herzliche Art, die mir am meisten fehlen wird.«

»Musst du schon los?« Ich angelte nach meinem Smartphone. »Wie spät ist es?«

»Gleich zehn. Eigentlich wollte ich schon längst unterwegs sein, aber ich konnte doch nicht weg, ohne dir einen Abschiedskuss zu geben.« Er zwinkerte.

»Du wirst mir keinen Kuss geben.«

»Keine Bange. Also, was ist nun? Bringst du mich noch zur Tür?«, flötete er und lachte.

Es kostete mich alle Kraft, aber schließlich gelang es mir, meinen rebellierenden Körper aus dem Bett zu hieven. Müde und mit verklebten Augen schlurfte ich hinter Paul her zur Wohnungstür.

Scheiße, mir war in der Nacht nicht aufgefallen, wie leer unser Appartement wirkte, jetzt da Pauls Sachen zusammengepackt und in einem Transporter verstaut waren. Ein trauriger Anblick. Beinahe vier Jahre hatten wir hier zusammen verbracht. Er war von einem Fremden, dem ich misstraut hatte, zu einem echten Freund geworden. Zu einem Vertrauten.

»Du hast deine Hantelbank vergessen«, bemerkte ich und deutete auf das Trainingsgerät, das am vertrauten Platz unter dem Erkerfenster stand.

»Bist du bescheuert? Die ist durchtränkt mit deinem klebrigen Schweiß!« Paul verzog theatralisch das Gesicht. »Du kannst sie behalten.« Er drehte sich zu mir. Mit einer Hand umfasste er meinen Nacken und sah mir forschend in die Augen. »Hör mal, Bogart. Jetzt mal ohne Witz: Du wirst mir fehlen, okay? Und hör auf mit dem Scheiß. Du weißt, was ich meine. Ich kann jetzt nicht mehr auf dich aufpassen.« Er zog mich in eine kurze Umarmung und klopfte mir auf den Rücken.

»Sieh zu, dass du dich verpisst«, murmelte ich. Gern hätte ich ihm gesagt, dass er mir auch fehlen würde. »Abschiede sind nicht so mein Ding, also mach's gut.« Mit gesenktem Kopf vergrub ich meine Hände in den Taschen meiner Jeans, in der ich augenscheinlich die Nacht verbracht hatte.

»Alter, Bogart. Ich bin so froh, dass ich keines von den armen Mädels bin, die du abgeschleppt und nach einer Nacht abserviert hast. Man fühlt sich echt ziemlich mies, wenn man von dir hinausbefördert wird.« Paul schmunzelte, wurde dann aber sofort wieder ernst. »Hör zu, Ethan. Reiß dich zusammen und rede mit deinen Eltern. Sie werden es verstehen.«

»Jaja.« Ich schlug ihm mit der Faust gegen die Schulter. »Hau schon ab.« Mit diesen letzten Worten schob ich meinen Mitbewohner aus unserer Wohnung und ließ die Tür hinter ihm zufallen.

Als meine Stirn daraufhin das kühle Holz der Eingangstür berührte, schloss ich die Augen. In meinem Kopf eiferte ein Presslufthammer mit einer Kreissäge darum, wer am meisten Krach machen konnte. Ich schluckte gegen den Mageninhalt an, der meine Kehle emporklettern wollte.

Scheiße, Paul hatte recht gehabt. Ich musste mein Leben wieder auf die Reihe kriegen. Ich musste mir überlegen, wie ich mir diese Wohnung ohne seine Hilfe würde leisten können. Außerdem musste ich meinen Eltern erzählen, dass ich mein Stipendium verloren hatte, weil ich durch fast alle Semesterprüfungen gerasselt war – und das bereits vor einem Jahr.

Fuck, die letzten Monate hatte ich entweder im *Little Fox*, betrunken im Bett oder schwitzend auf der Hantelbank verbracht. Ich brauchte wirklich dringend einen Plan, um wieder halbwegs in die Spur zu kommen. Aber nicht jetzt. Jetzt musste ich erst mal etwas trinken, um einen klaren Kopf zu bekommen.

Ich schlurfte zum Kühlschrank, in dem ich glücklicherweise noch eine Dose Budweiser fand. Als ich sie öffnete und ein zischendes

Geräusch ertönte, lief ein wohliger Schauer über meinen Rücken. »Hallo Bud, alter Freund«, begrüßte ich das Bier in meiner Hand. »Du wirst mich nicht verlassen, richtig?«

# 31. Maple

Die Wellen brandeten gemächlich und stetig gegen den Strand. Der Tag hatte seinen Kampf gegen die Nacht verloren und die Sonne war vollständig im Meer versunken. Nur noch das große Lagerfeuer, das wir entzündet hatten, erhellte die Dunkelheit um uns herum.

»Das wird mir am meisten fehlen.« Ich ließ meinen Blick über den nächtlichen Strand gleiten, auf dem sich viele Studierende versammelt hatten. Obwohl … das waren wir nun nicht mehr. Wir hatten unsere letzten Prüfungen abgelegt und morgen würden wir offiziell von der San Diego State University verabschiedet werden.

»Wie soll ich denn das verstehen?« Summer warf mir einen empörten Blick zu. Sie saß neben mir im Sand und stieß mir ihren Ellbogen in die Seite.

»Okay, das stimmt vielleicht nicht ganz.« Ich legte meinen Arm um ihre Schultern. Wir legten die Köpfe aneinander. »*Du* wirst mir am meisten fehlen, Summer.«

»Und du mir, Eastcoast.«

Ich lachte auf bei dem Spitznamen, den Summer mir an unserem allerersten Tag in San Diego in unserem Zimmer im Wohnheim verpasst hatte. »So hast du mich schon ewig nicht mehr genannt.«

»Na ja, du hast dich ja auch nicht mehr so ostküstig benommen. Aber jetzt ziehst du nach New York … Wie soll ich dich denn sonst nennen? Apple?«

»Untersteh dich!«

»Dann also doch lieber Eastcoast?«

»Meinetwegen.« Ich drückte ihr einen Kuss auf die Schläfe. Etwas

Kaltes berührte plötzlich meinen nackten Oberschenkel. »Aziz, du bist klitschnass!«, kreischte ich auf.

»Klar, ich war ja auch surfen. Das macht man meistens im Wasser. Außer natürlich, man surft im Internet, dann bleibt man in der Regel trocken.«

»Schon klar.« Ich schmunzelte und spielte mit den nassen Strähnen seines dunklen Haares. »Dass du mal zum Surfer werden würdest, hätte ich vor vier Jahren auch nicht erwartet.«

»Ich ebenso wenig.« Aziz zog mich zu sich und hauchte mir einen sanften Kuss auf die Lippen. Er schnappte sich ein Handtuch, das er sich um die muskulösen Schultern legte. Dann ließ er sich hinter mir in den Sand fallen. Vorsichtig zog er mich zwischen seine Beine und ich lehnte mich an seinen kühlen, noch feuchten Oberkörper.

»Das wird mir fehlen«, murmelte Aziz an meinem Ohr.

»Keine Sorge, Alaska, ihr werdet auch in New York Gelegenheit zum Rummachen finden.« Summers hübsches Gesicht schimmerte schelmisch im Feuerschein. Ihre großen Augen sprühten förmlich belustigte Funken.

Aziz gab einen frustrierten Laut von sich. »Wirst du jemals aufhören, mich *Alaska* zu nennen?«

»Warum sollte ich?« Summer feixte.

»Ich meinte eigentlich eher diese Abende am Strand, den Pazifik vor der Nase. Der Campus. Dieses Gefühl … Hier ist es so leicht und unbeschwert. Das alles wird mir echt fehlen.«

»Die Ostküste hat auch gute Seiten, du wirst sehen«, warf ich ein.

»Die beste Seite daran bist du.« Aziz zog mich näher und umschloss meinen Oberkörper mit seinen Armen. Ich schmiegte mich noch enger an seine Haut und genoss die Nähe zu ihm.

Summer machte ein würgendes Geräusch. »Wisst ihr«, sie deutete mit ihrer Cidre-Flasche auf uns, »wenn ihr beide nicht so verflucht niedlich wärt und ich euch nicht über alles lieben würde, würde ich euch sowas von hassen.« Sie stand auf und klopfte sich den Sand von den nackten Beinen. »Ich lass euch zwei mal allein.«

Meine Freundin steuerte auf eine Gruppe Studierender zu, die im gleichen Wohnheim lebten wie wir – zumindest würden sie das noch bis zum nächsten Tag tun. Denn dann würden wir alle unsere Zimmer endgültig geräumt und unsere Abschlusszeugnisse erhalten haben.

»Ich freue mich auf unsere Zeit in New York«, hörte ich Aziz sagen, während er unsere Finger miteinander verschränkte. In seiner Stimme schwangen Vorfreude und kribbelige Aufregung mit.

»Ja, ich mich auch«, antwortete ich mechanisch, aber eine Schwere erdrückte mich förmlich bei dem Gedanken, an die Ostküste zurückzukehren. Aziz und ich würden in New York leben, nur etwas mehr als zwei Stunden von Woodside entfernt.

Wo würde E.T. nach seinem Studium leben? Würde er in Delaware bleiben? Ich hatte so lange schon nichts mehr von ihm gehört, genau genommen seit unserem letzten Treffen an Weihnachten vor vier Jahren. Dennoch drifteten meine Gedanken beinahe täglich zu ihm. Aber jedes Wort, das ich damals in meinem Brief an ihn gerichtet hatte, war unbeantwortet geblieben.

# 32. Maple

Ich lenkte den Mietwagen auf unsere Einfahrt. Eine unerwartete Vorfreude packte mich, als ich sogar im Inneren des Autos hören konnte, wie der Kies unter den Reifen knirschte. Zwar hatte ich meine Familie erst vor wenigen Tagen bei der Abschlussfeier in San Diego gesehen, aber nach Woodside zu kommen, war etwas anderes. Nicht nur mein Elternhaus, nein, die ganze Stadt war mein Zuhause. Ich war mit Aziz extra eine große Runde durch den Ort gefahren, hatte ihm meine alte High School, das Kino und Freds Lebensmittelladen gezeigt. Wir waren zum Marktplatz am Chrystal Lake gefahren und hatten ein Eis gegessen, wonach wir unsere Füße im kalten Seewasser abkühlten.

»Bist du nervös?« Mein Blick fiel auf Aziz' Finger, die er in seinem Schoß knetete, als ich das Auto in der Einfahrt meines Elternhauses parkte.

»Nein.« Er räusperte sich. »Warum sollte ich nervös sein? Ich hab deine Eltern doch bereits kennengelernt.«

»Ja, schon … aber da waren wir auch noch in San Diego und nicht bei uns zu Hause, und deine Eltern waren auch dabei. Außerdem kennst du Nan Nan und meine Brüder noch nicht.«

»Willst du, dass ich unruhig werde?«

Ich lachte auf. »Nein, entschuldige. Sie werden dich lieben, da bin ich sicher.« Mit Schwung stieß ich die Fahrertür auf. »Komm, ich zeig dir alles.«

Aziz stieg ebenfalls aus. Er trat neben mich und ich hakte mich bei ihm unter. »Na los.«

»Du ahnst nicht, wie viel lieber ich jetzt auf meinem Surfbrett stünde.«

Als die Haustür mit einem kräftigen Rumps gegen die Wand des Flurs flog, zuckte Aziz an meiner Seite zusammen. Chris baute sich im Türrahmen auf und füllte diesen beinahe komplett aus. Mit finsterer Miene beäugte er uns und ich merkte, wie mein Freund an meiner Seite schrumpfte.

»Mann, Chris! Machst du in letzter Zeit noch etwas anderes, als deine Muskeln aufzupumpen?« Ich löste mich von Aziz, stürmte auf meinen großen Bruder zu und sprang in seine Arme. Fest drückte er mich an seinen muskulösen Oberkörper.

»Hi, Mapes.«

»Hi, Klappspaten.«

Chris setzte mich ab. »Du musst der Kerl sein, der meine kleine Schwester vögelt.« Er musterte Aziz mit eiskaltem Blick.

»Chris!«, entfuhr es mir.

»Ich … äh … ja. Das bin ich.« Aziz straffte die Schultern. Er ging die letzten Schritte auf Chris zu und steckte ihm die Hand entgegen. »Hi, ich bin Aziz. Freut mich.«

Mein Bruder fletschte leicht die Zähne, bevor ein breites Lächeln seine Mundwinkel auseinanderzog. Er ergriff Aziz' Hand und klopfte ihm mit der anderen auf die Schulter. »Ich mag dich, Mann. Willkommen. Ich bin Chris.«

Mit verschränkten Armen beobachtete ich die befremdliche Szene. Ich hatte angenommen, Chris würde es Aziz schwerer machen. »Du magst ihn, weil er zugibt, dass wir Sex haben?«

»Exakt, Schwesterherz.« Er schob seinen kräftigen Arm auf die Schultern meines Freundes. »Aber ich geb dir einen guten Rat: Das wird bei unserem Vater nicht funktionieren, also überleg dir was anderes.«

***

»Babe?« Aziz kam mit nachdenklichem Blick zurück auf die Terrasse, auf der wir mit meinen Eltern, Nan Nan und meinen Brüdern saßen. Er schob sein Smartphone zurück in die Gesäßtasche seiner Jeans.

»Alles in Ordnung?«

»Das war unser Vermieter. Unsere neue Wohnung hat einen

Wasserschaden, deshalb bittet er uns, hinzukommen.«

»O nein! Was ist mit unseren neuen Möbeln, die schon dorthin geliefert wurden?« Ich sprang auf. »Wir müssen sofort losfahren!«

Aziz nahm mich in den Arm und hauchte mir einen Kuss auf die Schläfe. »Nein, Babe, schon gut. Bleib hier. Ich fahre nach New York und seh mir den Schaden an. Du hast dich so auf deine Familie gefreut. Es wäre doch schade, wenn du schon wieder fahren müsstest.« Er strich mir eine Strähne hinter das Ohr.

»Bist du sicher?«

»Ja, absolut. Ich nehme den Mietwagen. In weniger als drei Stunden bin ich vor Ort und kann mir ein Bild des Rohrbruchs machen, dann sag ich dir Bescheid. Wir müssen uns nicht beide den traurigen Anblick unserer neuen Möbel in Wasserlachen antun.«

»O Gott.« Ich vergrub das Gesicht in den Händen. »Meinst du, es wird so schlimm sein?«

»Unser Vermieter hat mir wenig Hoffnung gemacht.«

»Halb so wild, Maple Schätzchen. Das bezahlt alles die Versicherung des Eigentümers«, mischte sich mein Vater ein.

»Das stimmt.« Aziz nickte. »Er zahlt auch ein Hotelzimmer. Dort werde ich heute übernachten.«

»Du kommst nicht wieder?«

»Das wird zu spät, Babe.«

»Ja, okay. Du hast recht.«

»Gut, dann hole ich meine Sachen und mach mich auf den Weg.« Aziz richtete sich an meine Familie: »Mrs. und Mr. Turner, es war schön, Sie wiederzusehen. Nan Nan, es war mir eine Freude. Chris und Jarred, ich hab mich auch sehr gefreut, euch kennenzulernen.« Mit einem freundlichen Nicken verabschiedete er sich von allen.

Kurz darauf verstauten wir seine Sachen im Kofferraum unseres Mietwagens. »Ich ruf an, wenn ich da bin.« Aziz nahm mein Gesicht in seine Hände und küsste mich. Als seine weichen Lippen meine berührten, kribbelte mein ganzer Körper.

»Und ich soll wirklich nicht mitkommen?«

»Ach was, ich mach das schon. Genieß du die Zeit bei deiner Familie wie geplant. In wenigen Wochen sind wir Neueinsteiger in unseren Jobs. Wer weiß, wann wir dann wieder freie Tage haben werden.«

»Wahrscheinlich niemals.«

»Eben, deshalb mach es dir hier schön, okay? Ich komm wieder her, sobald ich kann. Dann machen wir gemeinsam noch ein bisschen Urlaub.«

»In Ordnung.«

Nach einem weiteren intensiven Kuss ließ Aziz sich auf den Fahrersitz des Wagens gleiten und startete den Elektromotor, der kaum hörbar zum Leben erwachte. »Ich liebe dich«, sagte er durch das geöffnete Fenster.

»Ich dich auch.«

Winkend blieb ich auf der Auffahrt meines Elternhauses stehen und sah zu, wie das silberne Auto schon bald hinter der nächsten Kurve verschwand.

»Tatsächlich?«

Vor Schreck schrie ich auf. Unbemerkt hatte Nan Nan sich angeschlichen.

»Himmel, Nan Nan!« Ich versuchte, meine Atmung wieder in den Griff zu bekommen. »Wegen dir bekomme ich noch einen Herzinfarkt.«

»Bitte, Kind. Wenn hier jemand einen Herzinfarkt bekommt, dann ja wohl ich. Immerhin bin ich im besten Alter dafür, ganz im Gegensatz zu dir.«

»Granny, hör auf damit.«

»Nur, wenn du aufhörst, mich Granny zu nennen.« Sie schnalzte mit der Zunge.

»In Ordnung.« Ich schob meinen Arm unter ihren und legte meinen Kopf an ihre Schulter. »Was hast du gemeint?«

»Hmm?«

»Du fragtest mich eben: ›Tatsächlich?‹ Was hast du damit gemeint?«

»Oh, das … Ich bin mir nicht sicher, ob du Aziz wirklich liebst.«

»Natürlich. Wir sind nun schon seit drei Jahren zusammen und lieben uns.«

»Er liebt dich, das steht ganz außer Frage. Der arme, kleine Kerl.«

»Was meinst du, Nan Nan?«

»Aziz ist in dich verliebt, das würde sogar ein Maulwurf sehen. Aber du? Mein Liebes, ich zweifle daran.«

»Nein! Was soll das? Ich liebe Aziz wirklich. Von ganzem Herzen.«

»Ja, vielleicht glaubst du das sogar. Aber ich … ich glaube das nicht. Seit so vielen Jahren schon gehört dein Herz jemand anderem, und dieser Jemand ist zurück in Woodside. Der arme Junge, der gerade nach New York fährt, um euer zu Hause zu retten … er hatte nie eine Chance bei dir.«

»Ich weiß nicht, wovon du redest.«

»Doch, Maplechen, das weißt du.«

Mit ihrer Handfläche umfasste sie meine Wange. Die Kühle ihrer Haut strömte durch meinen Körper und legte sich um mein Herz.

Sie hatte recht. Natürlich wusste ich, von wem sie sprach. Dennoch täuschte Nan Nan sich. Ethan und ich waren immer nur Freunde gewesen – beste Freunde, aber nicht mehr. Daran hatten auch die beiden Küsse, die wir getauscht hatten, nichts geändert; auch wenn ich mir eine Chance für uns gewünscht hätte. Trotzdem war das alles nebensächlich geworden, denn unsere Freundschaft existierte nicht mehr. Ethan hatte sie weggeworfen. Er hatte *uns* weggeworfen.

# 33. Maple

Der Kloß in meinem Hals wurde zunehmend größer. Immer weiter breitete er sich aus, sandte seine Tentakel in meinen Bauch, meine Beine, meinen Kopf.

Das kleine Haus, in dem Ethan aufgewachsen war, lag vor mir. Es sah aus wie immer, wie all die Male zuvor, die ich durch den Wald hierhergekommen war, um mit meinem besten Freund Zeit zu verbringen. Nun waren meine Beine bleischwer, meine Füße fühlten sich an, als seien sie mit dem Boden unter mir verwachsen. Der Schweißfilm, der durch meinen Lauf auf meiner Haut glänzte, ließ mich trotz der warmen Temperaturen frösteln. Ich spürte die Gänsehaut, die über meinen gesamten Körper krabbelte, kaum.

Mein Blick klebte an der Fensterscheibe, hinter der vor Jahren Ethans Zimmer gewesen war. Wie oft hatte ich an sie geklopft? Ich wusste es nicht mehr.

Langsam setzte ich mich in Bewegung, überredete meine Füße zu jedem einzelnen Schritt, bis ich schließlich vor der Hintertür des Hauses stand und mit zitternder Hand gegen das verwitterte Holz pochte. Es dauerte keine zwei Sekunden, bis die Tür nach innen geöffnet wurde und Steve Bogart vor mir stand.

»Maple Elizabeth Turner! Wie schön, dich zu sehen. Ich hab mich schon gefragt, wie lange du wohl da hinten am Waldrand stehen würdest.« Er trat zur Seite und gab den Weg ins Haus frei. »Komm rein, komm rein.«

»Hi, Mr. Bogart. Ich will Sie gar nicht stören.«

»Tust du nicht, Maple. Wie kommst du darauf? Ich bin froh über ein wenig Gesellschaft. Marcia ist vor einer Woche zu ihrer Mutter nach

Chicago gefahren. Es geht wohl zu Ende mit der betagten Lady.«

»Das tut mir leid.«

»Muss es nicht, der alte Drache hat mich nie gemocht.« Mr. Bogart winkte ab. »Aber du hast natürlich recht, deshalb muss sie ja auch nicht sterben. Nun, egal. Was führt dich hierher?« Er deutete auf einen der Küchenstühle, die um den Tisch standen. Die Küche sah vollkommen unverändert aus. Beinahe hatte ich das Gefühl, die Zeit wäre stehengeblieben, wenn nicht Mr. Bogarts Haare deutlich dünner und seine Falten tiefer geworden wären.

»Was führt dich zu uns, Maple?«, hakte Ethans Vater noch einmal nach, als ich nichts antwortete. Er ließ sich auf einer der Sitzgelegenheiten nieder und ein Schmerzenslaut verließ seine Lippen.

»Alles in Ordnung mit Ihnen?«

»Ja, natürlich. Nur mein Rücken macht mir zu schaffen. Ich hatte vor zwei Jahren einen Arbeitsunfall. Seitdem wollen die alten Knochen nicht mehr so, wie ich es mir wünsche.« Er machte Anstalten, wieder aufzustehen. »Möchtest du etwas trinken?«

»Nein, bleiben Sie bitte sitzen. Ich kann Ihnen aber etwas holen, wenn Sie möchten.«

Er winkte ab und ließ sich zurück auf die Sitzfläche sinken. Seufzend schlug Ethans Vater die Beine übereinander. »Also, Maple, du besuchst einen alten Mann sicher nicht grundlos.«

»Ich habe mich gefragt, ob Ethan wohl zu Hause ist.«

»Mein Sohn?« Die Falten auf seiner Stirn wurden noch tiefer. »Weißt du es gar nicht?« Ein trauriger Schleier legte sich über Mr. Bogarts freundliche Augen.

Eine Faust schloss sich fest um mein Herz und presste es schmerzhaft zusammen. Für einen Moment blieb es stehen, konnte nicht mehr weiterschlagen, nur um dann umso schneller in meiner Brust zu galoppieren und das Blut rauschend durch meine Adern zu jagen.

»Was weiß ich nicht?«, flüsterte ich.

»Ethan ist … nun, er hat sich verändert.«

Wie ein Tsunami durchflutete mich Erleichterung. »Mr. Bogart, Sie haben mir einen echten Schrecken eingejagt. Ich dachte schon, ihm sei etwas passiert.« Ich atmete aus und merkte erst jetzt, dass ich die Luft angehalten hatte.

»Oh, Liebes, ihm ist etwas passiert. Den Jungen, den du einmal gekannt hast, gibt es nicht mehr.«

»Wie meinen Sie das? Was ist mit ihm geschehen?«

»Er hat es in den letzten Jahren nicht leicht gehabt, weißt du. Seit er auf dem College mit diesem Paul zusammengelebt hat, hat er sich nicht mehr ums Lernen gekümmert. Ethan hat sein Stipendium verloren und die Uni ohne Abschluss verlassen.«

»Wirklich?« Ich konnte kaum glauben, was ich da hörte. »Das passt doch überhaupt nicht zu ihm.«

»Ja, da hast du recht. Das passt nicht zu dem Ethan, den wir kannten. Dem neuen Ethan jedoch sieht es sehr ähnlich.«

»Lebt er noch in Newark?«

Traurig schüttelte Steve seinen Kopf. »Nein. Er konnte sich die Wohnung nicht mehr leisten, als Paul seinen Abschluss hatte und Delaware verließ.«

»Und wo ist er nun?«

»Er lebt in einem Trailer.«

»In einem Wohnwagen? Etwa in dem Trailerpark an der 1$^{st}$?«

Die Anlage lag etwas abseits des Highways nach Wilmington. Jedes Mal, wenn ich an ihm vorbeikam, überfiel mich ein Gemisch aus Mitleid und Dankbarkeit. Mitleid für die Menschen, die in den abgewrackten Trailern lebten und Dankbarkeit dafür, dass ich nicht zu ihnen gehörte.

»Nein, nicht in dem Park. Er hat einen alten Wohnwagen in den Wald ans Seeufer geschafft. Dort haust er.«

»Können Sie mir sagen, wo genau das ist?«

»Natürlich, aber Maple, sei gewarnt: Du wirst ihn nicht wiedererkennen. Dein E.T. ist fort, und zwar schon sehr lange.«

***

Steves Worte geisterten in meinem Kopf umher. Ständig hallten sie in meinen Ohren wider. *Dein E.T. ist fort, und zwar schon sehr lange.*

Ich rannte den Weg hinunter zum Bach, den meine Füße schon so oft gelaufen waren. Doch anstatt die Richtung einzuschlagen, die mich nach Hause gebracht hätte, folgte ich dem gurgelnden, kleinen Fluss in Richtung des Chrystal Lakes. An seinem Ufer, das Woodside gegenüberlag, führte ein schmaler Pfad entlang. Nur gelegentlich ließen sich hier besonders ambitionierte Jogger oder Wanderer sehen. Das Gelände war unwegsam und kein Vergleich zu den breiteren und gepflegteren Strecken auf der anderen Seite des Sees. Mir machte die holprige Strecke nichts aus, schließlich hatte ich in San Diego zum Trailrunning-Team gehört.

Mr. Bogart hatte mir genau beschrieben, wo ich Ethans Trailer finden würde. Ich verlangsamte meine Schritte und durchkämmte den Wald mit meinen Blicken. Hier irgendwo müsste der Wohnwagen stehen.

Ein paar Meter weiter schimmerte etwas Helles durch die eng stehenden Bäume. Ich kniff die Augen zusammen, um erkennen zu können, was ich da sah. Es war die Außenhaut eines Campers, ganz eindeutig.

Ich schluckte schwer und versuchte, die Unruhe in meinem Magen zu ignorieren. *Dein E.T. ist fort, und zwar schon sehr lange.* Erneut hallten die Worte in meinem Kopf wider und machten mich noch nervöser.

»Reiß dich verflucht noch mal zusammen, Maple. Es ist nur E.T.!«, murmelte ich und setzte mich langsam in Bewegung. Die kleinen Zweige auf dem Waldboden knackten unter meinen Füßen, als ich mich zwischen den Bäumen hindurchschlängelte. Der Wald war an dieser Stelle sehr dicht und ich fragte mich, wie man hier einen Wohnwagen hatte herbringen können.

Der Trailer stand auf einer winzigen Lichtung, deren Boden mit Moos bedeckt war. Es sah aus, als hätte jemand einen dicken, grünen Teppich ausgelegt. Die Baumstämme waren ebenfalls mit Moos und Flechten bewuchert. Obgleich die Bäume hier weiter auseinander standen, erreichten die warmen Sonnenstrahlen den Boden nicht. Sie wurden von dem Blätterdach über mir eingefangen und tauchten alles in ein grünliches Licht. Die Außenhaut des Wagens schimmerte aufgrund der Algen und des Mooses ebenfalls grünlich.

Um den Trailer herum türmten sich etliche Kartons mit sämtlichen Arten von Müll. Jeder Waschbär der Gegend dürfte diesen Platz als *All you can eat-Buffet* der Extraklasse kennen.

Ich blies meine Wangen auf, als ich die vielen Kisten sah, aus denen leere Schnaps- und Bierflaschen quollen. Ein eisiger Schauer raste über meine Wirbelsäule, jagte all meine Nervenbahnen entlang und ließ mich fröstelnd die Arme verschränken.

Das konnte nicht sein. Hier konnte E.T. nicht leben. Oder besser: *hausen.* Sein Vater musste sich geirrt haben, eine andere Möglichkeit gab es nicht. *Dein E.T. ist fort, und zwar schon sehr lange.*

»Was willst du hier?«

Eine dunkle, raue Stimme ertönte hinter mir. Doch egal wie sehr die Stimmlage sich auch verändert hatte, ich erkannte sofort. Ich wirbelte umher und erstarrte, als ich ihn erblickte. Vor mir stand nicht mehr der schmächtige, freundliche Junge, den ich früher gekannt hatte, sondern ein breitschultriger, grimmiger Mann, der mich aus finsteren Augen anstarrte.

Eine gefühlte Ewigkeit musterten wir uns gegenseitig, ohne dass ein Wort fiel. Ich konnte in Ethans Gesichtsausdruck nichts mehr lesen; ich sah nur seinen abweisenden, kalten Blick und die versteinerten Gesichtszüge.

»Ich frage dich noch einmal: Was willst du hier?«, zischte er.

»E.T.?« Meine Stimme war nur mehr ein krächzendes Flüstern. Ich musste mich räuspern, damit sie nicht von den Blättern der Bäume und vom Moos am Boden verschluckt wurde.

»Verschwinde, Maple.« Ethan ließ das klapprige Fahrrad, mit dem er augenscheinlich gefahren war, achtlos auf den Boden fallen. Aus seinem Rucksack ertönte das Geräusch leise aneinander klirrender Gläser, als er an mir vorbeistapfte.

»Was ist mit dir passiert?« Mit den Fingerspitzen berührte ich seinen Unterarm, der sich viel sehniger und fester anfühlte als früher.

Ethan hielt inne. »Nichts«, zischte er und steuerte auf die Eingangstür seines Wohnwagens zu.

»Rede mit mir, E.T. Was ist mit dir los? Warum haust du hier im Wald?«

»Das geht dich einen Scheiß an. Verpiss dich, Maple. Ich will nichts mehr mit dir zu tun haben.« Ethans Stimme war eiskalt und schnitt mir direkt ins Herz.

»Okay, dann gehe ich jetzt. Aber weißt du was? Ich werde jeden Abend auf unserer Lichtung auf dich warten, solange ich noch in Woodside bin, so wie früher. Hörst du? Ich weiß, dass mein Freund da noch irgendwo in dir steckt, und mit dem will ich reden. Nicht mit diesem abgewrackten Arschloch, das hier vor mir steht.«

»Dein Freund ist tot, Maple.« Trauer, Schmerz und Hoffnungslosigkeit lagen in seiner Stimme, als er die wenigen Schritte zur Eingangstür des Trailers zurücklegte und diese scheppernd hinter ihm ins Schloss fiel.

Ich blieb allein zurück auf der Lichtung, die sich nun genau wie mein Herz anfühlte – klein und eiskalt.

# 34. Ethan

*Sie ist wieder da. Maple ist wieder da.* Oder war sie ein Trugbild? War ich so betrunken, dass sich meine vom Alkohol vernebelten Gedanken zu ihrer Silhouette formten?

Ich kniff die Augen zusammen, doch als ich sie wieder öffnete, stand sie noch immer stocksteif vor meinem Wohnwagen.

Scheiße …

Sie sollte mich auf keinen Fall so sehen – nicht Maple, nicht so. Ich hatte mir in meinen absurden und unrealistischen Träumen so oft ausgemalt, wie es sein würde, wenn wir uns wiedersehen würden. Und niemals, nicht ein einziges Mal spielten mein verfickt abgeranzter Wohnwagen und mein verfickt abgeranzter Zustand eine Rolle. In meiner Vorstellung hatte ich mich wieder im Griff gehabt, war nüchtern und hauste nicht in dieser beschissenen, stinkenden Sardinenbüchse.

Doch so ist das eben mit dem Alkohol. Wenn du nur betrunken genug bist, verspricht er dir alles. Er lässt dich die schönsten Luftschlösser bauen und die betörendsten Gefühle empfinden. Aber wenn der Rausch nachlässt, stößt er dich erbarmungslos in einen finsteren Strudel aus Schmerz, Angst und Selbsthass, dem du nur wieder entkommen willst. Egal, was es kostet. Nur zurück. Um jeden Preis zurück in das Luftschloss.

Aber nun war mein Luftschloss hier. Maple. Mein Traum. Ungläubig schüttelte ich meinen Kopf. Das konnte doch nicht wahr sein.

»Was willst du hier?«, hörte ich mich zischen. Meine Stimme klang so fremd wie der Kerl, der ich geworden war. Mein Herz fühlte sich an wie in flüssigen Stickstoff getaucht, als sich unsere Blicke trafen. Es blieb stehen, gefror, zersprang in Millionen winzige Teile. Die

Bruchstücke pulsierten in meiner Brust, sie stachen in meine Venen. Ich wollte, dass es aufhörte.

Ich wollte Maple in den Arm nehmen, ihren Duft inhalieren, ihre Haut spüren. Die Worte waren da, sie wollten zu ihr – zu meiner besten Freundin, zu meiner Liebe. Zu der Frau, der jeder noch so kleine Brösel meines Herzens gehörte. *Maple, ich liebe dich!,* wollte ich schreien. So laut, dass sie es hörte. So laut, dass die ganze verfluchte Welt es hörte. Aber ich tat es nicht. Stattdessen wollte ich ihr wehtun. Ich wollte, dass sie meinen Schmerz spürte. Den Schmerz, den ich nicht mehr ertragen konnte.

Verflucht, ich musste in meinen Wohnwagen gelangen, um meinen Rucksack auszupacken. Nur der billige Tankstellenfusel und ich. Das war es, was ich wirklich brauchte.

Als ihre Fingerspitzen meinen nackten Unterarm streiften, erstarrte ich. Ihre zarten Fingerkuppen auf meiner Haut … Für eine Sekunde stellte ich mir vor, ihr Handgelenk zu packen, sie an mich zu ziehen, sie zu küssen. Ich malte mir aus, Maple in meinen ekelhaften Wohnwagen zu tragen und sie endlich, endlich zu haben. Aber ich tat es nicht.

»Dein Freund ist tot, Maple«, sagte ich stattdessen und verschwand in dem abgewrackten Trailer, den ich mein Zuhause nannte. Ich lehnte mich an die vergilbte Tür, die hinter mir ins Schloss gefallen war.

Mein pulverisiertes Herz schmerzte höllisch. Jedes einzelne Krümelchen wollte mich verbrennen, von innen nach außen, mir das Fleisch von den Knochen ätzen. Maple war zurück in Woodside, genau wie ich, doch sie war noch schöner als früher. Sie strahlte mit jeder Pore ihrer perfekten Haut wie die verdammte Sonne – die Sonne meines Lebens.

Und ich? Ich war gefangen im Schatten, in den Abgrund gerissen von den unnachgiebigen Tentakeln meines Schmerzes. Ich musste ihn betäuben, ihn vergessen. Alles vergessen, auch Maple. Es gab keinen Platz mehr für sie in meinem Leben. Nur in meinen Luftschlössern.

***

Ich schreckte auf, als ich ein Klirren hörte.

»Fuck.« Die schmale Sitzbank knarrte unter meinem Gewicht, als ich mich aufsetzte. Zu meinen Füßen lag eine zersplitterte Flasche, deren goldbrauner Inhalt sich in einer Lache auf dem Boden ausbreitete. Als ich eingeschlafen war, musste sie mir aus der schlaffen Hand gerutscht sein.

Mühsam schälte ich mich aus der Sitznische und angelte nach dem Rucksack. Ich hatte ihn achtlos auf die Herdplatten gepfeffert, nachdem ich den billigen Whisky herausgenommen hatte, der sich nun ungehindert auf dem Boden verteilte.

»Was? Das kann doch nicht …«

Es war nichts mehr da. Keine weitere Flasche, nicht einmal eine verfluchte Dose Bier. Hatte ich wirklich schon alles ausgetrunken?

Ich fischte mein Portemonnaie aus der Gesäßtasche, öffnete es … und feuerte es mit einem frustrierten Schrei ans andere Ende des Wohnwagens, wo es ein paar Mal auf der durchgelegenen Matratze meines Bettes umherhüpfte, bevor es auf den Boden fiel. Nichts bis auf ein paar lächerliche Pennys befand sich mehr darin.

Mein Blick heftete sich auf die braune Lache vor der ebenso braunen Sitzbank. Langsam ließ ich mich auf die Knie fallen, klaubte die Glassplitter auf. Ich dippte meinen Zeigefinger in die Flüssigkeit, die sich auf dem Boden zu einer klebrigen Masse vermischte, und leckte ihn ab. Der scharfe Geschmack des Alkohols schenkte mir Frieden. Nur für eine Sekunde, aber dieses köstliche Gefühl war so viel mehr wert als alles andere. Ich brauchte mehr davon.

# 35. Maple

Meine Glieder fühlten sich steif an, als ich die breite Auffahrt meines Elternhauses hinauflief. Mein Herz stolperte in meinem Brustkorb umher wie ein betrunkener Matrose auf Landgang.

Ethans Worte polterten durch meinen Kopf. Jede einzelne Wiederholung schnitt in mein Fleisch und sandte heißen Schmerz durch meine Venen.

»Ist dir klar, dass du älter aussiehst als Nan Nan?« Jarred lehnte mit angewinkeltem Bein an der hölzernen Umrandung der Veranda.

»Hast du nichts Besseres zu tun, als den ganzen Tag hier draußen herumzulungern?«, zischte ich.

Mein kleiner Bruder zuckte mit den Schultern. »Nope. Es sind Ferien, Schwesterherz. Da steht rein gar nichts anderes auf dem Plan als zu chillen und heute Nachmittag an den Strand zu fahren.«

»Dein Leben hätte ich auch gern.« Ich schleppte mich die wenigen Stufen nach oben und ließ mich schwer auf einem der Airondack-Stühle nieder, die wir gemeinsam mit Nan Nan meinen Eltern zu ihrem zwanzigsten Hochzeitstag geschenkt bekommen hatten.

»Hast du doch.« Jarred setzte sich auf den anderen Stuhl und legte die Füße auf der Brüstung der Veranda ab.

»Hallo? Ich bin nicht mehr in der High School!« Mit dem Zeigefinger pikste ich ihn in die Seite. Es erstaunte mich jedes Mal, wenn ich Jarred berührte, wie muskulös er geworden war. Nur seine funkelnden blauen Augen und das verschmitzte Lächeln erinnerten noch an den kleinen Jungen, der er noch vor wenigen Jahren gewesen war.

»Vielleicht bist du nicht mehr in der High School, aber trotzdem hängst du hier ab und hast keinen Job, keine eigene Wohnung …«

»Ich habe einen Job und eine Wohnung, du Klappspaten. Ich mache hier Urlaub.«

»Ja, ist klar.« Jarred lachte dieses Lachen, das irgendwo zwischen Junge und Mann stecken geblieben war und unglaublich süß klang. Unweigerlich musste ich schmunzeln. »Also, eines ist für mich klar: Wenn ich mit dem College fertig bin, komme ich nicht nach Woodside zurück. Dieses Kaff ist nichts für mich.«

»Nein? Du bist doch Chris' offizieller Nachfolger, ein Star auf dem Footballfeld. Alle Mädchen und wahrscheinlich auch ein paar Jungs schmachten dich an und sind verrückt nach dir. Du bist der König der Woodside High.«

»Ganz genau, Baby.« Er klopfte sich auf die Brust. »Der *König* der Woodside High.« In seiner Stimme klang etwas Bitteres mit. »Ich hab Chris immer nachgeeifert, weißt du. Ich wollte so sein wie er: im Trophäenschrank der Schule verewigt. Und weißt du, das bin ich jetzt. Mein Trikot der letzten Saison haben sie feierlich dort hineingehängt, zusammen mit dem Meisterschaftspokal. Es befindet sich direkt neben Chris' Shirt aus seiner letzten High School-Saison.

Aber weißt du was? Es bedeutet mir nichts – dieser Sport, diese Schule, diese Stadt. Überall höre ich nur ›genau wie Chris‹ oder ›der kleine Turner‹. Das ist scheiße, Mapes. Ich will nicht mein Leben lang in seinem Schatten stehen.« Jarred sah mich an. Tränen schwammen in seinen Augen.

Meine Brust wurde eng bei dem Anblick; das Bedürfnis, ihn wie früher in den Arm zu nehmen, wurde gewaltig, aber ich hielt mich zurück und legte nur meine Hand auf seine. Ich wollte ihm nicht das Gefühl geben, noch immer den kleinen Jungen in ihm zu sehen.

»Das habe ich noch nie jemandem erzählt.« Er lachte auf und kniff sich in Nasenwurzel. »Verrätst du mir, warum du eben wie eine Oma den Weg entlanggestolpert bist?«

Ich zögerte erst, aber Jarred hatte mir eben auch sein Herz ausgeschüttet, also berichtete ich ihm von meiner Begegnung mit Ethan – von seinen harten Worten, die mir körperliche Schmerzen zugefügt hatten.

»O ja, ich hatte gehört, dass irgendein abgewrackter Typ drüben im

Wald auf der anderen Seite des Sees haust. Das ist *dein* Ethan? Ich hatte immer gedacht, er würde ein berühmter Wissenschaftler werden oder sowas.«

»Das hatte ich auch geglaubt.«

»Wow. Warum beschäftigt dich das noch so? Ich meine, er war dein Freund, schon klar, aber ihr hattet ewig keinen Kontakt, wie du sagst. Er will ganz offensichtlich nichts mehr mit dir zu tun haben. Hak es doch einfach ab.«

»Das kann ich nicht, Jarred. Ich kann nicht einfach ›Scheiß drauf!‹ sagen. E.T. ist ein riesiger Teil meines Lebens; das wird er immer bleiben. Ganz egal, wie sehr er sich verändert hat.«

Jarred zuckte mit den Schultern. »Okay.« Er wuschelte mir durchs Haar. »Ich hab immer gewusst, dass dein Herz viel zu groß ist für diese Welt, Schwesterchen.«

***

Als ich, in ein flauschiges Handtuch gewickelt, aus dem Bad in mein Zimmer zurückkam, vibrierte mein Handy hektisch auf dem Nachttisch. Vom Display lächelte mir Aziz entgegen. Seine Haare fielen ihm feucht in die Stirn, auf seiner gebräunten Haut funkelten Wassertropfen. Das Bild hatte ich kurz vor unserer Abschlussfeier am Strand in San Diego aufgenommen, als er vom Surfen zurückgekehrt war.

»Hi, Babe«, sagte ich. »Wie geht's unserer Wohnung?«

»Nicht so schlimm wie befürchtet. Ein paar Kartons sind durchnässt, aber für den Schaden kommt der Vermieter auf. Gerade sind solche Trocknerdingens drin. Die werden ein paar Tage laufen und alles entfeuchten, danach kommen so ein Typ für den Boden und der Maler und dann können wir einziehen. Es verzögert sich nur um eine Woche.«

»Okay, das geht ja noch. Kommst du wieder her?«

»Nein, Babe, das kann ich leider nicht machen. Ich muss unsere Sachen aus der Wohnung schaffen, damit die Parkettleger den Boden abschleifen können.«

»Oh, dann fahre ich nach New York. Du kannst den ganzen Scheiß doch nicht allein machen.«

»Ich schaff das schon, Babe. Mach dir keine Sorgen. Du hast dich doch auf die Zeit mit deiner Familie gefreut.«

»Ja, aber ich hab mich auch auf Zeit mit dir gefreut, und New York ist nur zwei Stunden entfernt. Ich kann meine Familie in Zukunft so oft besuchen, wie ich will. Ich fahre morgen zu dir und wir machen das Beste aus unserer letzten freien Zeit, bevor wir arbeiten müssen.«

»Wie du meinst. Ich freue mich auf jeden Fall auf dich. Aber wenn du nicht kommst, kann ich das total verstehen.«

»Halt die Klappe, Aziz. Ich fahre morgen zu dir.«

***

Die Kühle des Waldes umfing mich, als ich ihn nach einem faulen Nachmittag am Pool betrat. Der so vertraute und leicht modrige Geruch des Unterholzes kitzelte in meiner Nase und beschwor Erinnerungen herauf. Wie viele Stunden hatte ich in diesem Wald verbracht? Jeden einzelnen Tag meiner Kindheit war ich über die Wege zwischen den Bäumen herum geflitzt. Zuerst zum Spielen, später um mich auf der Lichtung mit E.T. zu treffen. Wo war die Zeit bloß geblieben?

Jetzt war ich dreiundzwanzig Jahre alt und wieder auf dem Weg zu diesem Teil des Waldes, in dem ich so viele wundervolle Stunden verbracht hatte. Auf dem Weg zu einem Schatten aus meiner Vergangenheit, der genau dort bleiben wollte: in der Vergangenheit. Ich aber wollte ihn mit aller Gewalt ins Licht zerren. Warum? Vielleicht sollte ich es einfach gut sein lassen und einen *Erledigt*-Stempel auf die Akte der Freundschaft zwischen Ethan und mir setzen.

Aber das konnte ich nicht, nachdem ich ihn wiedergesehen hatte. Vielleicht war unsere Freundschaft nur noch ein Schatten dessen, was sie einmal gewesen war; das konnte ich akzeptieren. Ethan, mein ältester Freund, war nicht mehr, als eine Hülle. Eine ausgelaugte, traurige Version des Mannes, der er hätte werden können, werden müssen. Ich konnte nicht gehen, ohne ihm zu helfen. Ich musste meinen E.T. unter all dem Gerümpel zum Vorschein bringen – wenigstens musste ich es verdammt noch mal versuchen.

***

Einsam und verlassen lag die Lichtung vor mir. Das Sonnenlicht des frühen Abends schimmerte flirrend durch das Blätterdach und kleidete alle Bäume und Pflanzen in einen grünlich-goldenen Schimmer. Der schmale Fluss plätscherte ruhig und unaufgeregt dem Chrystal Lake und dann dem Meer entgegen. An seinem Ufer lag noch immer der umgestürzte Baum, auf dem ich schon so oft gesessen hatte. Inzwischen war er gänzlich mit Moos überwachsen. Auch die Stelle, die von E.T. und mir ganz blank gesessen worden war, war mit der Zeit von der Natur zurückerobert worden. Mit den Fingerspitzen glitt ich über das weiche, saftig grüne Polster, das auf dem Holz gewachsen war.

Gedankenverloren griff ich nach einem flachen Stein und ließ ihn über die Oberfläche des Flusses springen. Nach dem zweiten Hopser versank er kläglich im Wasser. Schmunzelnd holte ich mir den nächsten, der es sich direkt auf dem Grund des Gewässers bequem machte.

»Das konntest du noch nie.«

Ich erstarrte, als ich die Stimme hinter mir hörte. Rau, tief und männlich. Er war tatsächlich gekommen.

»Stimmt. Das Steineflitschen war immer dein Spezialgebiet.«

Er trat neben mich, griff sich einen Stein vom Flussufer und ließ ihn über das Wasser hüpfen.

»Vier Mal? Du bist schlecht geworden.«

»Eingerostet.« Ethan sah starr auf das Gewässer. Mich würdigte er keines Blickes. »Was willst du von mir, Maple?« Er straffte seine Schultern, die unter dem grauen Hoodie so viel breiter als früher wirkten. In seiner Stimme nahm ich ein leichtes Lallen wahr.

»Was ist mit dir passiert?«

Er schnaubte. »Was meinst du?« Langsam wandte er sich mir zu. Seine Augen waren rot unterlaufen, die Haut in seinem Gesicht wirkte grau und fahl. »Gefalle ich dir nicht mehr? Entspreche ich nicht mehr dem Klischee des nerdigen Freunds?«

»Du warst nie ein Klischee.«

Ethan lachte. »Ach, komm schon, Maple. Natürlich war ich das. Der dünne, kleine Nerd, nicht sportlich und nicht beliebt. Sogar meinen verfluchten Spitznamen hast du nach einem Außenseiter gewählt.« Er wankte leicht, als er einen Schritt auf mich zu machte.

»Bist du betrunken?«

Er zuckte mit den Schultern. »Das bin ich immer.«

Mein Herz zog sich zusammen. Für einen Augenblick hatte ich das Gefühl, es wollte implodieren, aber das tat es nicht. Stattdessen raste es immer schneller und schneller. »Warum?«

»Warum was? Warum ich betrunken bin?« Er zuckte die Schultern. »Was geht's dich an?«

»E.T., bitte … ich …«

»Nenn mich nicht so!«, fuhr er mich an. In seinen Augen blitzte Zorn auf. »Nenn mich nie wieder so.« Er griff in die Tasche seines Hoodies und zog eine Bierdose hervor. Das Zischen, das ertönte, als er sie öffnete, hallte in meinen Ohren wider.

»Meinst du, es ist sinnvoll, noch mehr zu trinken?«

Ethan schnaubte abfällig. »Sinnvoll? Was ist schon sinnvoll in dieser Welt?« Er nahm einen großen Schluck, dann hielt er mir die Dose auffordernd hin. »Auch mal?«

Kopfschüttelnd nahm ich noch einen Stein in die Hand und warf ihn in den Fluss. Irgendwie musste ich meine Hände beschäftigen.

»Die perfekte Maple trinkt nicht, ja?«

Ich ignorierte den fiesen Schmerz, den seine gehässigen Worte in mir verursachten. »Ich bin hier, weil ich wissen wollte, wie es dir geht. Du bist mein best… ältester Freund. Ich finde es schrecklich, dass es dir nicht gut geht, deshalb möchte ich dir helfen.«

»Himmel, Maple!« Er warf die leere Bierdose in den Fluss.

»Spinnst du? Wieso schmeißt du Müll in die Natur?«

Er zuckte die Schultern. »Mir doch egal«, nuschelte er. »Also, Maple. Du willst mir helfen, ja? Schon wieder? Du mit deinem scheiß Helfersyndrom. Ich weiß nicht, wie oft du es hören musst, aber ich schrei es dir auch gerne noch einmal ins Gesicht.« Ethan baute sich zu voller Größe vor mir auf, schwankte dabei bedenklich und musste sich mit der Hand am Baumstamm abstützen. »LASS! MICH! VERFLUCHT! NOCH MAL! ENDLICH! IN! RUHE!«

Jedes einzelne Wort spuckte er mir förmlich vor die Füße, und jedes einzelne von ihnen stach in mein Herz. Trotzdem widerstand ich dem Drang, wegzurennen. Ich wusste nicht, warum. Es wäre einfach gewesen, Ethan aus meinem Leben zu streichen. Ihn als E.T., meinen Freund aus Kindertagen, in Erinnerung zu behalten. Aber etwas, das

Nan Nan zu mir gesagt hatte, geisterte durch meinen Kopf. *Vielleicht ist er wie ein Eisberg.*

Möglicherweise war er tatsächlich wie ein Eisberg. Dann musste ich herausfinden, was unter der Wasseroberfläche verborgen lag.

»Also gut, Ethan. Ich weiß nicht, warum du so ein Arsch geworden bist. Ich würde dich hier am liebsten stehen lassen, dir sagen, dass du mir egal bist. Das bist du aber nicht. Du bist mein Freund, E.T.! Das warst du schon immer. Wir haben uns geschworen, stets zusammen zu bleiben, deshalb kann ich dich nicht alleine lassen.«

Ethan starrte mich aus zu Schlitzen verengten Augen an. »Wir waren Kinder, Maple. Dumme, nichtsahnende Kinder.« Seine Gesichtszüge waren wie aus Stein gemeißelt. »Wir wussten nicht, wie scheiße die Welt sein würde, und dass Menschen wie du und ich«, er zeigte abwechselnd auf mich und auf sich, »in dieser Welt nicht zusammengehören.«

»Das sehe ich anders.«

»Mir scheißegal, wie du das siehst. Mich interessiert es nicht mehr, was du denkst.«

Der Schmerz, den ich bei Ethans Worten gespürt hatte, wandelte sich in etwas anderes. Glühender Zorn strömte nun durch meine Adern. Zorn auf den Mann, der vor mir stand und vorgab, Ethan zu sein.

»Weißt du was? Versinke ruhig weiter in deinem bekackten Selbstmitleid, aber wenn du zur Vernunft kommst, bin ich für dich da. Ich habe außerdem noch eine Nachricht für meinen E.T., denn ich weiß, dass er noch irgendwo in dir steckt: Ich werde an unserem Schwur festhalten, das verspreche ich dir. Ich sehe doch, dass es dir nicht gut geht. Morgen fahre ich nach New York, aber du hast meine Handynummer. Ruf mich an, wenn du mich brauchst.«

»Einen Scheiß siehst du; das war schon immer so. Geh zurück in dein perfektes Leben, Maple. Geh und lass die Vergangenheit ruhen. Es gibt keine Zukunft für uns, denn die gibt es ebenso wenig für mich.«

# 36. Maple

Mein Körper fühlte sich tonnenschwer an, als ich in meinem Bett erwachte. Ethans Worte waren mir in meinen Schlaf gefolgt, hatten mich gepackt, ihre Klauen grausam in mich gebohrt und mich nicht mehr losgelassen. Er hatte recht. Unzählige Male hatte Ethan mich darum gebeten, ihn in Ruhe zu lassen, und nie hatte ich ihm diesen Gefallen getan, weil man das in einer Freundschaft nun mal so macht. Man hält aneinander fest. Man ist für den anderen da, wenn es ihm nicht gut geht. Oder hatte ich aus selbstsüchtigeren Gründen so gehandelt? War ich einfach nicht bereit gewesen, mich von unserer Freundschaft – von unserer Zukunft – zu verabschieden?

Das Vibrieren meines Smartphones riss mich aus meinen Gedanken. Ich rieb mir über die Augen, um den Schlaf aus ihnen zu vertreiben.

Aziz:

*Hey Babe, ich fahr jetzt los. Bin in zwei Stunden bei dir. Freu mich auf dich.*

Zwei Stunden … Zwei Stunden trennten mich noch von meinem neuen Leben in New York.

Ich sprang aus dem Bett, schlüpfte in ein luftiges Sommerkleid, das an einem Bügel an meiner Schranktür gehangen hatte, und flitzte die Treppe runter, nachdem ich mir schnell die Zähne geputzt und die langen Haare zu einem Knoten zusammengebunden hatte. Ich griff mir meine Jeansjacke von der Garderobe und verließ das Haus. Es war sogar für einen Hochsommermorgen schon sehr warm, als ich auf die Veranda hinaustrat.

»Guten Morgen, Maple Schatz.« Meine Mutter hatte es sich mit einem großen Becher voll Kaffee auf einem der hölzernen Stühle gemütlich gemacht. Mit ihren wachen, blauen Augen musterte sie mich aufmerksam. »Wo willst du denn schon so früh hin?«

»Kann ich mir dein Fahrrad borgen?«

»Natürlich, aber kommt Aziz nicht jeden Augenblick?«

»Erst in zwei Stunden. Ich möchte mich nur schnell von Nan Nan verabschieden.«

»Ach so. Grüß deine Grandma von mir und sag ihr, sie kann heute Abend zum Essen kommen, wenn sie möchte.«

»Mach ich, Mom.« Ich sprang die Treppe hinunter und lief zur Garage, um das Rad meiner Mutter zu holen, mit dem ich mich auf den Weg machte.

Die kurze Strecke nach Woodside führte durch unseren Wald. Nachdem ich die hölzerne Brücke über den kleinen Fluss überquert hatte, zeigte sich zu meiner Rechten der Chrystal Lake. Im Morgenlicht funkelte er wie tausend kleine Diamanten, die jemand großflächig mitten in die Natur gekippt hatte. Ich liebte diesen Anblick so sehr. Auch wenn man mit dem Auto nur eine halbe Stunde bis zum Meer brauchte, so war es doch dieser Ort mit seinen kleinen, bunten Häusern, dem Wald und dem See, dem mein Herz gehörte. Sollten die Touristen doch ans Meer pilgern. So hatte man hier wenigstens seine Ruhe.

Vor Nan Nans Buchladen lehnte ich das Fahrrad an einen der gusseisernen Laternenpfähle. Kurz zögerte ich. In New York sollte ich mir angewöhnen, mein Fahrrad anzuketten, aber hier war das nicht nötig. Also klopfte ich unbeirrt an die Glasscheibe der Eingangstür.

»Geschlossen!«, hörte ich die vertraute Stimme meiner Großmutter aus dem Inneren.

»Ich bin es, Nan Nan.«

Kurz darauf erschien sie vor mir und sperrte die Tür auf. Sie trug einen weißen Kaftan, der mit blauen Blumen übersät war. In dem sehr tiefen Ausschnitt prangte ein riesiger Kettenanhänger aus blauem Meeresglas. Die Augenlider hatte sie im gleichen Blauton auffallend betont.

»Maplechen! Was führt dich so früh hierher?« Sie trat beiseite und ließ mich hinein.

»Ich wollte mich von dir verabschieden. Aziz kommt nachher und dann fahre ich nach New York.«

»Heute schon? Ach ja, die junge Liebe. Nicht wahr?« Sie seufzte. »Genieße diese Phase, solange sie anhält. Noch wollt ihr beiden am liebsten nur beieinander sein, zumindest sagst du das. Aber schon bald werdet ihr euch in die Arbeit stürzen, nur um dem anderen nicht begegnen zu müssen.«

»Nan Nan! So wird es nicht sein.«

»Nicht? Oh, Schätzchen. Das ist bei allen Paaren so, glaub mir.«

»Bei Grandpa und dir lief es anders. Bei Mom und Dad auch.«

Nan Nan lachte. »Nun ja, die Kunst besteht darin, es nicht nach außen zu zeigen, und Sex kann auch nicht schaden. Dein Grandpa und ich hatten bis zum Ende ein erfülltes Liebesleben. Das hilft.«

»O mein Gott, Grandma! Das … igitt! Ich … Sag sowas bitte nicht.« Ich machte ein würgendes Geräusch.

»Was denn? Dass ich Sex mit meinem Ehemann hatte? Was denkst du, woher dein Vater und deine Tante kommen?« Sie goss Kaffee in einen Becher und schob mir diesen hin. »Du wirst doch wohl nicht an den Klapperstorch glauben?«

»Natürlich nicht, aber das … ich … bäh!«

»Jaja, schon gut. Glaub mir, mir fällt es auch schwer, mir dich beim Sex vorzustellen.«

»Gott, Oma! Bitte!«

Sie zuckte mit den Schultern. »Was ist, Schätzchen? Du wirst doch wohl mit deinem Aziz schlafen?«

»Natürlich. Können wir jetzt bitte das Thema wechseln?«

»Gut, aber weißt du was? Das ist der Grund, warum dieses Land so furchtbar prüde ist. Niemand will darüber reden, wie schön oder auch wie furchtbar es sein kann …«

»Nan Nan!«, fiel ich ihr ins Wort. »Du musst jetzt nicht die Samantha geben. Können wir *bitte* über etwas anderes reden?«

»Oh, wie ich diese Frau geliebt habe! Bis ich deinen Großvater kennenlernte, war ich wie Samantha Jones aus *Sex and the City*. Wobei sie ja eigentlich mir nachempfunden sein müsste.« Sie strich sich mit den flachen Händen über ihre Flanken. »Diesen Schätzen hier konnte niemand widerstehen, aber genug davon. Warum bist du hier? Nicht, um dich zu verabschieden, so viel steht fest.« Über den Rand ihrer Tasse hinweg musterte sie mich.

»Ich wollte mich tatsächlich von dir verabschieden, aber da ist noch etwas anderes … Gestern habe ich E.T. getroffen.«

»Deinen kleinen Freund?«

»Nan Nan.«

Sie schnalzte mit der Zunge und winkte ab. »Es ist eine Schande.«

»Weißt du, was mit ihm passiert ist?«

Sie schüttelte den Kopf. »Nein, er kommt nicht mehr hierher. Marcia hat mir nur erzählt, dass ihr Junge wieder da ist und in einem Wohnwagen haust. Aber ich meine keinen von diesen überkandidelten Einfamilienhäusern auf Rädern, und auch keinen hübsch zurecht gemachten Vintage-Wagen. Sowas würde mir auch gefallen. Nein, er lebt in einer rottigen, alten Büchse mitten im Wald.«

»Das weiß ich. Ich war dort.«

»Ach so? Dann erzähle ich dir ja nichts Neues.«

»Ich möchte wissen, warum Ethan so lebt. Weshalb hat er sein Studium nicht beendet? Wieso trinkt er?«

»Dazu hat Marcia nichts gesagt. Sie hat nur angedeutet, dass es ihm nicht gut geht. Hier in Woodside habe ich ihn noch nicht wiedergesehen.«

Enttäuscht strich ich mir eine Strähne hinters Ohr, die sich aus dem Knoten gelöst hatte. Ich hatte mir mehr Informationen von Nan Nan versprochen.

»Warum fragst du nicht seine Eltern?«

»Hab ich ja. Ich war bei ihnen zu Hause, weil ich E.T. besuchen wollte. Keine Ahnung, warum ich dachte, er könnte bei seinen Eltern sein. Steve hat mir dann erzählt, dass Ethan in diesem Wohnwagen lebt.«

Nan Nan schüttelte den Kopf. »Zu schade um diese sanfte Seele. Er war so ein lieber und aufgeweckter Junge.« Sie seufzte. »Aber das ist er hinter seiner Mauer wahrscheinlich noch immer.«

»Kommen jetzt wieder deine berüchtigten Weisheiten?« Ich musste grinsen, weil ich das Gefühl hatte, meine Großmutter erzählte mir jedes Mal exakt dasselbe, nur in einer anderen Metapher verpackt.

»Nein, keine Sorge, mein Liebes. Die Eisbergmetapher kann ich nicht mehr toppen. Aber …«, sie griff nach meinem Handgelenk, »wenn er dir noch immer so wichtig ist, dann gib ihn nicht auf. Er hat es verdient, dass sich jemand um ihn kümmert.«

»Aber wie soll ich das von New York aus machen?«

»Dir fällt schon etwas ein, Maplechen.« Nan Nan gab mir einen Kuss auf die Wange, dann schob sie mich aus dem Laden. »Nun geh. Mittwochs kommt Fred immer und kauft sich ein Buch. Also, geh bitte und störe mich nicht weiter.«

Ich zog die Augenbrauen hoch. »Fred vom Lebensmittelladen?«

»Ja, hast du was dagegen?« Meine Grandma stemmte ihre Fäuste in die Hüften und funkelte mich an.

»Nein.« Lachend trat ich hinaus in die Wärme des Tages. »Viel Spaß, Granny.«

»Du freches Gör! Sieh zu, dass du Land gewinnst.«

Ich wich ihrer theatralischen Geste aus und schnappte mir mein Fahrrad. Als ich die Main Street entlangradelte, kam mir Fred mit einem breiten Grinsen auf dem Gesicht entgegen.

***

Die Kofferraumklappe des Prius ächzte, als Aziz versuchte, sie zu schließen.

Schuldbewusst hob ich die Hände. »Entschuldige, ich hab noch ein paar Dinge aus meinem Zimmer eingepackt.«

»Ach, das geht schon.« Endlich fasste das Schloss des Kofferraums und der Deckel sprang nicht wieder auf. Zufrieden beäugte Aziz sein Werk, dann schob er sanft einen Arm um meine Taille und zog mich an sich. »Bist du bereit?«, fragte er und drückte die Lippen an meine Stirn.

»Ja. Ein bisschen aufgeregt, aber bereit.«

Ich löste mich von ihm, um meine Mutter fest in den Arm zu nehmen.

»Meine Kleine«, flüsterte sie an meinem Ohr. »Ich werde dich so vermissen.«

»Aber Mom, ich bin nur zwei Stunden entfernt. Die letzten vier Jahre habe ich auf der anderen Seite des Landes verbracht.«

»Schon, aber ich wollte dich noch mindestens die ganze Woche dahaben. Chris wollte am Wochenende auch wieder herkommen. Dann hätte ich meine drei Babys alle wieder unter einem Dach gehabt.«

»Wir besuchen euch ganz bestimmt bald wieder.«

»Gut. Denn wie du schon sagtest, es sind nur zwei Stunden.« Sie zwinkerte. »Deinen Vater hast du heute Morgen verabschiedet?«

»Natürlich, Mom.«

»Kann ich meiner alten Schwester jetzt auch endlich tschüss sagen?« Mein kleiner Bruder schob sich an unserer Mutter vorbei.

»*Alt?!* Ich hab mich wohl verhört!«

Jarred verzog die Lippen zu einem spitzbübischen Grinsen, als ich ihn gegen die Schulter knuffte. »Werd ja nicht frech, Kleiner.«

»Pfft. Ich bin mehr als einen Kopf größer als du und ich hab meine besten Jahre noch vor mir. Das Abschlussjahr an der High School, das College … Du hingegen hast die coolen Sachen schon erledigt. Von jetzt an geht es für dich nur noch bergab, Schwesterherz.« Hätte mein kleiner Bruder nicht dieses bezaubernde Gesicht, wäre ich sauer auf ihn gewesen, aber er hatte nun mal das Glück, in der Genlotterie abgesahnt zu haben. Das wusste er auch ganz genau.

»Kann ich dich um einen Gefallen bitten?«, flüsterte ich an seinem Ohr.

»Klar«, antwortete er schulterzuckend.

»Kannst du hin und wieder mal nach Ethan schauen?«

»Dem abgewrackten Typen?« Er blies die Wangen auf und ließ die Luft langsam entweichen. »Boah, Maple … Warum?«

»Bitte, für mich. Du hast gesagt, dass du in den Ferien sowieso nichts vorhast.« Ich schenkte ihm meinen schönsten Augenaufschlag.

Jarred strich sich mit beiden Händen durch die vollen, blonden Haare. »Na gut, okay. Aber nur, wenn du das nächste Mal nicht mit Chris gemeinsame Sache gegen mich machst.«

»Danke.« Ich drückte ihm einen dicken Kuss auf die Wange. »Du hast etwas gut bei mir.«

»Ja, das weiß ich.« Er schlang seine muskulösen Arme um mich, die er seinem harten Training zu verdanken hatte. »Ich werde dich daran erinnern.«

»Babe, wir müssen los.« Aziz, der sich bereits von meiner Mutter verabschiedet hatte, legte schüchtern seine Hand auf meine Schulter. Er war mit meiner Familie noch nicht zu hundert Prozent warm geworden und hatte immer Sorge, uns zu stören.

»Alles klar, ich komme.«

Wir gingen zum Wagen und ließen uns auf die Sitze fallen, bevor wir die Autotüren hinter uns wieder zuzogen.

»Auf in unser neues Leben!« Aziz startete den Motor. Das Auto rollte beinahe geräuschlos die Auffahrt hinunter. Ich musterte mein Elternhaus ein letztes Mal im Rückspiegel, bis wir auf die Straße bogen und es langsam hinter uns verschwand.

# 37. Ethan

Ethan, du Idiot! Es war mir unbegreiflich, wie dämlich ich war. Maples Anblick von gestern Abend hatte sich auf meiner Netzhaut eingebrannt. Ihr leuchtend rotbraunes Haar, das in weichen Wellen um ihre Schultern fiel. Die großen Augen, die im grünlichen Licht des Waldes wie Smaragde schimmerten. Die kleinen Sommersprossen, die sich auf ihrer Nase breitgemacht hatten. Ich sah sie so deutlich vor mir, dass ich nur die Hand hätte ausstrecken müssen, um sie zu berühren.

Trotzdem war sie ein Trugbild. Ein Wunsch meines Herzens, der sich nie erfüllen würde. Ich hatte sie endgültig weggestoßen, aus meinem Leben verbannt, nur um sie im nächsten Atemzug zurückzuhalten; aber diesen Atemzug behielt ich fest verschlossen in meiner Brust.

Schwerfällig erhob ich mich von den Stufen meines Wohnwagens, auf denen ich die letzten Stunden verbracht hatte. Zu meinen Füßen hatte sich währenddessen ein beachtlicher Haufen leerer Bierdosen angesammelt, dem ich es zu verdanken hatte, dass ich nun leicht schwankte. Um mein Gleichgewicht nicht zu verlieren, griff ich nach einem der Äste, die sich an der Außenwand des Trailers entlangschlängelten. Einen Moment lang drehte sich alles um mich herum; das war ein gutes Zeichen. Nur noch ein paar Biere mehr oder auch einige Whiskys und ich hätte den Zustand vollkommener Gleichgültigkeit erreicht.

Ich liebte diese warme Decke der Teilnahmslosigkeit. Es fiel mir dann unsagbar leicht, alles in kleine Schubladen zu verpacken und tief, ganz tief in meinem Inneren zu vergraben. Ein Kästchen für

Chris, eines für Paul, ein weiteres für mein beschissenes Leben, eines für Maple. Der Rausch verschaffte mir eine trügerische Form von Leichtigkeit und Sorglosigkeit, denn wenn ich wieder erwachte, waren sie alle aus ihren Kästchen gekrabbelt und hatten sich zurück in meine Gedanken gedrängt.

Ich griff nach der weißen Plastiktüte, die ich vorhin in die Spüle gepfeffert hatte, als ich von der Tankstelle zurückgekommen war. Ich vermied es, in Woodside bei Fred im Supermarkt einzukaufen. Ich wollte niemandem über den Weg laufen, den ich kannte. Mir war klar, was sonst passieren würde: mitleidige Blicke, gut gemeinte Ratschläge, Getuschel hinter meinem Rücken. Und am schlimmsten wäre es, wenn ich Nan Nan Turner treffen würde. Sie würde mich in ihren Buchladen zerren, in dem ich meine halbe Kindheit verbracht hatte, und mich erst wieder gehen lassen, wenn sie meinte, dass allein klarkam. Maples Grandma war ein penetrantes, altes Weibsbild.

Mit zitternden Händen öffnete ich die Tüte, um ein paar weitere Dosen Bier herauszuholen. Doch … *fuck!* Es war nichts mehr da; die Verpackung war leer. *Nada* … *niente* … Hatte ich schon so viel getrunken? In Gedanken zählte ich die Bierdosen, die ich gekauft hatte … oder ich versuchte es zumindest.

Na ja, was sollte ich sagen? Es kam schon hin. Vor meinem Wohnwagen lagen elf Dosen herum. Eine weitere hatte ich bereits auf dem Weg nach Hause geleert. Zwei Sixpacks hatte ich an der Tankstelle gekauft. Man musste kein Genie sein, um herauszufinden, dass ich bereits alles ausgetrunken hatte.

Mir blieb also nichts anderes übrig, als mich noch einmal auf das alte Fahrrad zu schwingen, das genauso armselig aussah, wie ich mich fühlte. Die Tankstelle war knappe zehn Meilen entfernt. Ich bräuchte also sehr viel mehr Bier, damit ich meinen geliebten benebelten Zustand erreichen würde, immerhin dürfte die lange Radtour mich wieder viel zu nüchtern werden lassen.

Was für ein Glück, dass mein Dad vorhin hier gewesen war und mir Geld dagelassen hatte. Zwar hatte ich ihm versprochen, es nicht für Alkohol auszugeben, aber andererseits … was zählten schon Versprechen von einem abgehalfterten Collegeabbrecher, der jeden einzelnen Tag seines Lebens nur im Rausch überstand?

Ich schnappte mir also das Rad und machte mich in der Dämmerung auf den Weg.

***

Jetzt konnte der Abend nur noch besser werden. Drei Sixpacks voll mit köstlichem Bier stapelten sich auf dem Gepäckträger des Fahrrads. Genau genommen waren sie nicht köstlich, aber ganz ehrlich, wem schmeckte Bier überhaupt? Es erfüllte seinen verfluchten Zweck, Punkt.

Vor mir lag nur noch ein kurzes Stück auf der geteerten Straße, die sich wie eine schwarze Python durch den Wald schlängelte. Nach der scharfen Kurve in wenigen Metern zweigte der schmale Weg ab, der zu meinem Wohnwagen führte. Bald konnte ich es mir endlich wieder gemütlich machen.

Der kühle Fahrtwind in meinem Gesicht hatte mich viel zu nüchtern werden lassen – ein Zustand, den ich überhaupt nicht mehr schätzte. Es wurde Zeit, dem entgegenzuwirken.

Das Erste, was ich hörte, war ein Dröhnen. Ein lautes, bedrohliches Brummen, das immer näher kam. Es übertönte das Knarzen der rostigen Fahrradkette und der schleifenden Schutzbleche.

Ich blickte über meine Schulter. Zwei grelle Scheinwerfer tauchten hinter mir auf, ihre gleißenden Lichtkegel hatten sie unerbittlich auf mich gerichtet. Sie folgten mir, verringerten den Abstand zwischen uns immer mehr.

Verzweifelt trat ich in die Pedale. Das alte Fahrrad quietschte und ächzte immer lauter unter mir. Die Kurve musste ich noch schaffen. Nur noch diese Biegung, dann hatte ich es hinter mir. Während ich durch die Gegend hetzte, flackerten Erinnerungsblitze erbarmungslos in meinen Gedanken auf. Ein langer Weg, keine Chance auszuweichen, ein schwarzer BMW, der immer näher kam, bis seine Frontschürze meine Kniekehlen berührte und ich strauchelte. Es passierte wieder …
*Fahr schneller, Ethan, fahr schneller!*

Ich nahm die Kurve zu zügig in dem Bestreben, meine Abzweigung rechtzeitig zu erreichen, und schlingerte viel zu weit auf die Fahrbahn hinüber. Nur mit Mühe konnte ich gerade noch verhindern, dass ich das Gleichgewicht verlor und vor dem Wagen auf den Asphalt stürzte.

Ich wagte noch einen Blick über die Schulter. Das Auto war jetzt ganz nah. Ich sah darin schemenhaft zwei Personen in der Dunkelheit sitzen. Einen von beiden erkannte ich, es war Chris. Aber konnte das sein? War er zurück?

Vier vor Schreck aufgerissene Augen starrten durch die Scheibe. Das Entsetzen war deutlich in ihren Zügen zu erkennen.

Ihr Auto schoss in dem Moment an mir vorbei, als ich den Lenker meines Fahrrads herumriss und den sandigen Weg erreichte, der zu meinem Trailer führte. Kies flog umher. Der Motor heulte auf. Einen Augenblick später hörte ich abknickende Bäume, Holz barst, Metall ächzte. Dann - ohrenbetäubende Stille.

Wie in Zeitlupe kippte das Fahrrad um, als ich absprang und es losließ. Mein Herz pumpte verzweifelt in meiner Brust, brüllte wie ein wildes Tier, das endlich aus seinem viel zu engen Käfig befreit wurde. Meine Lungen brannten von der ungewohnten Anstrengung. Jeder einzelne Muskel meines Körpers zitterte.

Das Auto hatte eine Schneise der Verwüstung in den Wald geschlagen. Unvorstellbar, dass vor wenigen Augenblicken die hageren Bäume noch unversehrt nebeneinandergestanden hatten.

Ich schluckte. Meine Kehle fühlte sich an wie Sandpapier. Es befanden sich zwei Menschen in dem Wagen, das hatte ich gesehen. Ich musste ihnen helfen – aber was, wenn einer von beiden wirklich Chris war? Was, wenn er mir die Schuld an dem Unfall geben würde?

Und wenn schon, was sollte er schon tun? Mir das Leben zur Hölle machen? Sorry, Chris. Zu spät. Das war es schon längst.

Langsam setzte ich mich in Bewegung und machte einen kleinen Schritt nach dem anderen. Das Auto lag auf der Seite mitten im Wald. Es sah aus, als hätte ein Riese achtlos sein Spielzeug fallen lassen. Unter den Geruch des Waldes, der mir so vertraut war, hatte sich bereits der Gestank nach Benzin und verbrannten Gummi gemischt. Alles an dieser Szene wirkte vollkommen surreal. Zwei Welten, die nichts miteinander zu tun hatten, waren gewaltsam aufeinandergeprallt.

Glas knirschte unter meinen Sohlen, als ich den Wagen erreichte. Die Motorhaube hatte sich in einen unförmigen Klotz verwandelt, die Windschutzscheibe hing wie ein zerfasertes Spinnennetz in ihrer

Fassung. Eine unnatürliche Kälte packte mich. Ein Hauch von Eis strich über meine Haut, als ich ein Stöhnen vernahm. Ich beugte mich zur zerstörten Scheibe hinunter. Im Inneren erkannte ich eine Person, die schlaff und leblos im Sicherheitsgurt hing.

»Hallo?« Meine Stimme war nur ein heiseres Krächzen. Ich stupste den Jungen an, der regungslos blieb.

Wieder vernahm ich das Stöhnen, doch es kam nicht aus dem Wagen. Nein, es hörte sich an, als wäre derjenige ein Stückchen weiter davon entfernt.

Ich versuchte, in der Dunkelheit des Waldes etwas auszumachen. Das Licht der Scheinwerfer, das mich eben auf der Straße noch geblendet und in Angst versetzt hatte, war erloschen. Trotzdem erkannte ich ihn sofort. Halb lag er auf dem Waldboden, teilweise war sein Rücken gegen den Baumstamm hinter ihm gepresst. Sein Gesicht war blutverschmiert. Es rann aus seiner Nase und seinem Mund. An der Stirn klaffte ein blutiger Riss.

Als das letzte Stöhnen aus seiner Kehle drang, zogen sich die Reste meines erkalteten Herzens zu einem schmerzenden Klumpen zusammen. Ich wusste, dass ab jetzt nichts wieder so sein würde wie vorher.

# 38. Ethan

Meine Lungen brannten wie Feuer, als ich meinen Wohnwagen endlich erreichte. Ich weiß nicht, wie oft ich beim Herrennen gestürzt war. Ich war fast schon um mein Leben gelaufen, wollte nur weg von dem Unfall. Fort von dem Auto, das kurz zuvor noch so bedrohlich gewirkt hatte und nun als Wrack im Wald lag. Es erinnerte mich an einen zu kleinen Fisch, den ein Angler achtlos auf dem Boden liegen gelassen hatte, verzweifelt nach Luft schnappend und zappelnd. Der Wagen zappelte zwar nicht, aber das flackernde Licht und die sich noch immer langsam drehenden Reifen wirkten ähnlich surreal und fehl am Platz.

Als ich meine schäbige Bleibe erreichte, stürzte ich hinein und presste meinen Rücken gegen die gelbliche Innenseite der Eingangstür. *Scheiße … das durfte doch nicht wahr sein!* Was sollte ich jetzt tun? Ich sollte die Polizei rufen – vielleicht konnte den beiden noch jemand helfen?

Ich riss meinen Rucksack von der Sitzbank und suchte darin nach meinem Telefon. Es war nicht dort. *Verdammt!* Es musste bei meinen Sachen liegen, die ich mit dem Fahrrad zusammen an der Unfallstelle zurückgelassen hatte. *Fuck, fuck, fuck!*

Meine Finger stießen gegen etwas Hartes, Kühles. Ich umschloss den Gegenstand und zog ihn heraus. Zum Vorschein kam eine kleine Schnapsflasche von der Art, wie man sie an manchen Supermarktkassen kaufen konnte. Ich erstarrte. Ich hatte vor ein paar Tagen eine ganze Ladung davon besorgt; diese eine musste ich übersehen haben. Ich könnte nur einen Schluck nehmen, dann zurück zur Unglücksstelle rennen und Hilfe rufen … Aber die beiden Männer brauchten jetzt Hilfe. Jetzt sofort. Sofern es nicht schon längst zu spät war.

Ich hatte in seine Augen gesehen und erkannt, als das Leben aus ihnen geschwunden war. Ich hatte nichts mehr tun können. Und der andere Junge … sein Körper hatte schlaff im Sicherheitsgurt des Beifahrersitzes gehangen, wie eine Marionette, an deren Fäden niemand zog. Also, warum sollte ich nicht erst mal einen Schluck Schnaps trinken, um meine Nerven zu beruhigen und einen klaren Kopf zu bekommen?

Ein leises Knacken ertönte, als ich den Deckel drehte und die Flasche danach an meinen Lippen ansetzte. Schrecklich köstlich rann die bernsteinfarbene Flüssigkeit brennend meine Kehle hinab und breitete sich warm in meinen Eingeweiden aus. Ihre beruhigende Wirkung strömte durch meine Adern und verdrängte das Adrenalin, das momentan durch meinen Körper gepumpt wurde. Ich fuhr mit der Zunge über meine Lippen, um auch das letzte bisschen des kostbaren Alkohols aufzunehmen.

Meine Finger griffen nach dem Türöffner. Ich musste jetzt zurücklaufen, mein Telefon suchen, 911 wählen und nachsehen, ob ich nicht doch noch einer der beiden Insassen helfen konnte. Vielleicht hatte ich mich ja getäuscht …

Ich öffnete die Tür. Mein Fuß stand bereits auf dem weichen Waldboden, als ein Gedanke durch meinen Kopf waberte. Erst war er nicht greifbar, wie eine Nebelschwade, dann aber wurde er immer deutlicher, manifestierte sich und schleuderte mir schließlich die eine entscheidende Frage entgegen: *Du hast eine Flasche übersehen … Was, wenn du noch mehr übersehen hast? Was, wenn da noch mehr ist? Schau nach! Den beiden Jungs im Wagen ist sowieso nicht mehr zu helfen. Na los, geh rein. Such nach weiterem Alkohol. Du brauchst ihn jetzt dringender.*

Ich zögerte. Nein, das war falsch, so falsch! Ich musste das Richtige tun, nur ein einziges Mal. Es ging hierbei nicht um mich – es ging um diese beiden armen Seelen dort hinten im Wald.

Aber wenn ich noch etwas mehr Alkohol fand, wäre ich sicher ruhiger. Ich könnte klarer denken. Ich könnte ihnen besser helfen.

Wie erstarrt verharrte ich mit einem Fuß auf dem Waldboden, mit dem anderen noch immer auf dem klebrigen, abgewetzten Linoleum des Wohnwagens, der so schäbig aussah, wie ich mich fühlte. Ich zog die Tür hinter mir zu, griff nach meinem Rucksack, drehte ihn um und leerte ihn aus. Auf dem Boden vor mir ergab sich ein lächerliches Bild meines Lebens: ein paar zerknüllte Papierservietten, alte Kassenzettel und ein Foto. Ich bückte mich danach und sammelte es auf.

Ein kalter Stich fuhr in mein Herz. Von dem Bild lächelten mir Maple und ich entgegen. Wir hatten uns damals bei Fred eine dieser altmodischen Einwegkameras gekauft, die er seit Jahren nicht mehr loswurde. Das war im Sommer vor unserem ersten High School-Jahr gewesen. Das Foto zeigte uns auf unserer Lichtung. Maple trug ein schlichtes, weißes Shirt, das ihre sommerlich gebräunte Haut zum Leuchten brachte. Ihr Blick war so fröhlich und unbeschwert in die Kamera gerichtet, so als würde niemals etwas Schlimmes in ihrem Leben geschehen können.

Ich sah auf dem Bild aus wie der verliebte Jugendliche, der ich damals gewesen war. Mein Blick war fest auf meine beste Freundin gerichtet, wie immer … Maple wirkte auf mich wie ein Magnet. Es war mir schlicht nicht möglich, sie nicht anzusehen. Sogar jetzt, als sie mir von diesem Foto entgegenlachte, konnte ich den Blick nicht von ihr nehmen.

Würde sie jemals wieder so fröhlich aussehen, wenn sie erfuhr, was heute Nacht passiert war? Wenn sie erfuhr, dass ich Schuld am Tod ihres Bruders hatte?

# 39. Maple

Gelächter lockte mich aus dem Wohnzimmer auf die Terrasse. Vor mir lag unser Pool, der im Sonnenlicht glitzerte. Ich versuchte auszumachen, woher das Lachen kam, doch ich konnte niemanden sonst auf der Terrasse oder der angrenzenden Rasenfläche ausfindig machen.

Wieder ertönte Gelächter. Diesmal stammte es eindeutig von zwei Personen, die ich beide erkannte. Es war Chris' tiefes Lachen vermischt mit Jarreds heller Kinderstimme. Sie flitzten über den Rasen. Chris verfolgte unseren kleinen Bruder, jagte ihn Richtung Pool. Als Jarred am Rand des Schwimmbeckens ankam, bremste er abrupt ab. Er drehte sich zu Chris um, der immer näher und näher kam.

Ich wollte ihnen zurufen, meine Brüder dazu auffordern, ihre typischen Rangeleien zu stoppen. Jedes Mal hatte ich Angst, dass sie es übertrieben. Doch kein Ton kam mir über die Lippen.

Ich sah, wie Chris nach Jarred griff, ihn sich mühelos unter den Arm klemmte und mit ihm zusammen in das Wasser sprang, wie tausende Male zuvor. Sie gingen mit einem lauten Platschen unter, wie tausende Male zuvor. Im nächsten Moment färbte sich das Wasser rot und beide Körper trieben leblos an der Oberfläche.

***

Ich schreckte auf. Ein Schrei erstickte in meiner Kehle und kam nur als verzweifeltes Gurgeln über meine Lippen.

»Babe, alles okay?«

Aziz' verschlafene Stimme hörte ich aus meilenweiter Entfernung.

Ich zuckte zusammen, als ich etwas an meiner Schulter spürte – seine Hand. Verwirrt blickte ich mich um und erfasste nur allmählich das Hotelzimmer, in dem Aziz und ich untergekommen waren.

Nur ein Traum. Es war nur ein Traum gewesen.

»Ja«, sagte ich, bemüht darum, meine Atmung wieder unter Kontrolle zu bringen. »Ich hab nur schlecht geträumt.«

Aziz schlang die Arme um mich. Er hauchte mir einen zarten Kuss auf die Stirn. »Soll ich dir ein Glas Wasser holen?«

»Nein, ist schon gut. Schlaf weiter.«

Er ließ sich zurück in die Kissen sinken. Wenige Augenblicke später hörte ich seine friedlichen, tiefen Atemzüge. Ich hingegen schälte mich aus dem Bett. Meine Beine fühlten sich schwer an, genau wie meine Gedanken. *Was für ein schrecklicher Traum.*

Ich schleppte mich in das moderne, aber unpersönliche Hotelbadezimmer und spritzte mir eiskaltes Wasser ins Gesicht. Mein Herz wummerte unruhig in meiner Brust. Als ich das Vibrieren meines Handys vernahm, setzte es für zwei Schläge aus. Einen für Chris, einen für Jarred.

Mit wenigen Schritten durchquerte ich das kleine Zimmer. Meine Hand zitterte, als ich nach meinem Smartphone griff, das auf dem Nachttisch an meiner Seite des Bettes lag. Mein Vater strahlte mich vom Display aus an. Ich liebte dieses Bild von ihm, das ich an meinem Geburtstag aufgenommen hatte, nachdem wir uns eine Wasserschlacht geliefert hatten. Sein hellblaues, nasses Poloshirt klebte an seinen breiten Schultern. Das dunkelblonde Haar wirkte dunkler als sonst und stand in alle Richtungen ab. Er war ein Mann mittleren Alters, aber das kindliche Leuchten in seinen Augen verriet, dass in ihm noch immer der unbekümmerte Junge steckte, der er nach Nan Nans Erzählungen immer gewesen war.

Ich wusste nicht mit Sicherheit, warum er mich mitten in der Nacht anrief, aber mir war klar, dass ich nicht den unbekümmerten Jungen am anderen Ende der Leitung hören würde.

»Dad?«, flüsterte ich ins Telefon, als ich abnahm.

Tränen ließen meinen Blick verschwimmen. Das Bild aus meinem Traum drängte sich vor mein inneres Auge: die fröhlichen Gesichter meiner Brüder, das viele Blut im Wasser.

Als mein Vater sprach, fiel ich. Ich fiel in ein schwarzes Loch ohne den kleinsten Lichtpunkt. Da war nichts als pure, endlose Dunkelheit um mich herum. Alles, was noch da war, war Schmerz und ein Schrei in der Finsternis.

# 40. Maple

Es war keine 48 Stunden her, dass Aziz und ich den Highway in die entgegengesetzte Richtung gefahren waren. Wir hatten laut Musik gehört, schrecklich schief mitgesungen, Pläne für die Zukunft geschmiedet.

Jetzt saßen wir in unserem Mietwagen, der nicht von Musik erfüllt war. Nur die dumpfen Geräusche der Straße und tonnenschwere Gedanken erfüllten den Innenraum.

Aziz war von meinem Schrei aufgewacht. Er war aus dem Bett gesprungen und hatte versucht, mich zum Reden zu bringen. Irgendwann hatte er bruchstückhafte Informationen aus mir herausbekommen. Er hatte erst sich, dann mich angezogen und mich hinterher zum Auto getragen, weil meine Beine mir nicht mehr gehorchen wollten. Auf dem Weg hatte er bei einer Tankstelle angehalten, um mir einen Kaffee zu besorgen. Den Pappbecher hielt ich noch immer fest mit beiden Händen umklammert. Keinen Schluck hatte ich davon getrunken. Inzwischen dürfte der Inhalt eiskalt sein.

Es dämmerte bereits, als wir am Krankenhaus ankamen. Ich wartete nicht, bis Aziz geparkt hatte, sondern sprang aus dem noch langsam rollenden Fahrzeug. Keine Ahnung, warum meine Beine in diesem Moment wieder das taten, was sie sollten, aber sie machten genau das, was sie am besten konnten: sie rannten. Über den Parkplatz, durch die Eingangstür. Vorbei an der Information und der irritierten Dame hinter der Glasscheibe. Vorbei an den geschlossenen Fahrstuhltüren. Die Treppen hinauf bis zum fünften Stock.

*Neurologie.*

Die Station hatte mein Vater mir am Telefon genannt. Ich rannte weiter über die Flure, bis ich das Zimmer 518 fand. Meine Hand verharrte auf der Türklinke. War ich wirklich bereit, sie zu öffnen? Wollte ich das, was sich dahinter befand, in mein Leben lassen, und mich dem Albtraum stellen, der auf mich wartete?

In dem Moment wurde die Tür von innen aufgezogen und eine junge Frau in Schwesternkleidung stand mir gegenüber. Sie schaute mich erst argwöhnisch, dann mitfühlend an. »Gehören Sie zur Familie?«, fragte sie in einem sanften Ton.

Ich nickte nur und sie trat zur Seite. Mit gesenktem Kopf, den Blick fest auf den Boden gerichtet, betrat ich den Raum. Erst jetzt nahm ich den typischen Krankenhausgeruch wahr – Desinfektionsmittel, zerschmetterte Hoffnung und Tod.

Ein Paar Schuhe schob sich in mein Sichtfeld und zwei starke Arme umfassten meine Schultern.

»Maple«, vernahm ich die Stimme meines Vaters dicht an meinem Ohr.

Ich vergrub mein Gesicht an seiner Brust und fühlte mich wie ein kleines Kind. Verzweifelt versuchte ich, das Gefühl von Geborgenheit heraufzubeschwören, das mir seine Berührungen sonst stets gaben, aber es wollte sich nicht einstellen. Nur eine Flut aus Tränen schwoll in mir an, bis die Dämme brachen und ich mich bebend in die schützende Umarmung meines Vaters fallen ließ.

Ein stetiges Piepen zerriss die Stille um uns, begleitet von leisen Schluchzern. Langsam und zögerlich löste ich mich aus den Armen meines Dads. Mein Blick huschte durch den Raum, blieb am verweinten Gesicht meiner Mutter hängen, die auf einem Stuhl neben dem riesig wirkenden Bett kauerte. Eine Hand umklammerte ein Taschentuch, die andere seine Finger. Sie lagen schlaff und blass auf dem weißen Laken des Krankenhausbetts.

Meine Mutter sah auf und rang sich mühsam ein Lächeln ab, als sie mich sah. »Maple«, flüsterte sie. »Wie schön, dass du da bist.« Sie ließ das zerknüllte Taschentuch in ihren Schoß fallen und streckte mir ihre Hand entgegen. Es brauchte nur wenige Schritte und ich war bei ihr. Sie schlang ihren schlanken Arm um mich. Ihr tränennasses Gesicht vergrub sie in meinem Haar.

Ich sammelte all meinen Mut, um mich aufzurichten, zwang mich dazu, zum Bett hinüber zu schauen, den wahrgewordenen Albtraum endgültig in mein Leben zu lassen, als die Zimmertür ohne vorheriges Klopfen aufgerissen wurde.

Chris' Gesicht war leichenblass. Seine Augen, sonst so lebhaft, waren weit aufgerissen und merkwürdig regungslos. Sein Blick huschte zwischen dem Bett in der Mitte des Raums und dem Fenster, hinter dem ein neuer Tag begann, hin und her. Tränen quollen über seine Lider, bahnten sich ihren Weg über das unrasierte Gesicht. Er schien uns nicht wahrzunehmen, als er sich in Bewegung setzte. Erst wagte er sich nur mit winzigen, langsamen Schritten voran. Dann plötzlich stürzte er förmlich auf das Bett zu, fiel daneben auf die Knie und griff nach der anderen Hand.

»Jarred.« Seine Stimme klang ungewohnt kindlich. »Alter, hör auf mit dem Scheiß. Wach wieder auf, hörst du?«

Unser Vater trat zu ihm und legte ihm eine Hand auf die Schulter. »Er wird nicht wieder aufwachen, Chris.« Dad sah aus, als wäre er in den letzten 48 Stunden um 48 Jahre gealtert. »Er ist hirntot.«

Mit den Worten meines Vaters zerbrach mein Herz. Nicht nur einmal oder zweimal. Nein, es zerbarst förmlich in meiner Brust und ich bezweifelte, dass es jemals aufhören würde zu schmerzen. Meine Welt hatte sich von einer Sekunde zur nächsten in eine Tragödie verwandelt. Mein kleiner Bruder war tot. Der Albtraum hatte sich in meine Realität verwandelt.

***

»Wo ist Nan Nan?« Ich blickte mich um. »Weiß sie es schon?«

Mein Vater schüttelte den Kopf. »Nein, ich fahre nachher zu ihr. Ich wollte es ihr nicht mitten in der Nacht am Telefon sagen, denn ich möchte nicht, dass sie allein ist, wenn sie es erfährt.«

»Weiß man denn überhaupt, was passiert ist?«, fragte ich. Ich hatte mich neben Chris an Jarreds Bett gestellt und strich über seine Wange.

Meine Mutter zog ein Taschentuch aus der Box, die auf dem kleinen Beistelltisch unter dem Fenster stand und wischte sich damit über die Augen. »Der Sheriff sagte nur, dass das Auto von Jarreds Freund von der Straße abgekommen sei. Es hat sich offenbar mehrfach überschlagen und Jarred … er …« Sie brach ab. Das Gesicht in den Händen vergraben, schluchzte unsere Mutter schmerzerfüllt.

»Er wurde aus dem Fahrzeug geschleudert«, fuhr Dad tonlos fort. »So wie es aussieht, war er wohl nicht angeschnallt.« Er rieb sich den Nacken. »Aber über den genauen Unfallhergang werden wir wohl in einer Weile unterrichtet. Die Untersuchungen laufen noch.«

»Das kann nicht sein. Jarred würde nie … er würde nicht ohne Sicherheitsgurt fahren.« Chris wandte sich ab. »Das habe ich ihm eingebläut: niemals ohne Sicherheitsgurt. Immer wieder habe ich ihm das gesagt, als ich mit ihm das Autofahren geübt habe. Er hätte nicht …«

»Ganz offensichtlich hat er das aber trotzdem getan, Chris!«, zischte Dad. »Wäre er angeschnallt gewesen, wäre er nicht aus dem Fahrzeug geschleudert worden, er wäre nicht gegen den verfluchten Baum gekracht. Jarred wäre … er wäre nicht …«. In einer hilflosen Geste deutete er auf das Krankenbett, auf dem sein jüngster Sohn lag. »Er wäre nicht tot.« Er schlug die Hände vor seinem Gesicht zusammen. Sämtliche Energie wich aus ihm, als er sich auf einen der beiden Besucherstühle sinken ließ. Plötzlich wirkte er wie ein alter, kraftloser Mann.

»Jacob.« Meine Mutter ließ Jarreds Hand los und erhob sich mühsam. Ihre sonst so sportliche und elegante Gestalt wirkte merkwürdig leer, als sei sie ein Luftballon, dessen Luft allmählich entwich. »Bitte sag sowas nicht.« Sie ließ sich vor ihrem Mann auf die Knie fallen. Ihre schlanken Finger legte sie auf die Hände meines Vaters. »Du weißt doch nicht, was er hören kann. Sieh dorthin.« Sie zog behutsam die Hände meines Vaters an ihr Gesicht. »Sieh dort zu unserem Sohn, Jacob. Da liegt er. Sein Herz schlägt; er ist noch hier. Bitte sag nicht, dass er tot ist.«

»Aber die Ärzte …«, setzte mein Vater an.

»Ärzte können sich irren. Sie irren sich, Jacob. Unser Baby ist noch da.«

Ich beobachtete meine Eltern und fühlte mich in diesem Krankenzimmer furchtbar fehl am Platz – an diesem Bett, in dem mein kleiner Bruder lag, dessen Körper nur noch von monströsen Apparaten am Leben gehalten wurde. Dabei sollte er in diesem Augenblick Football spielen, sich mit Freunden treffen, Spaß haben und Pläne schmieden.

Er sollte sich auf seine Zukunft freuen und nicht mit Schläuchen im Hals und einer Maschine, die für ihn das Atmen übernahm, hier liegen. Es war nicht richtig. Es war so verdammt noch mal nicht richtig!

***

»Mr. und Mrs. Turner?«

Ein Arzt betrat den Raum und beanspruchte augenblicklich sämtliche Aufmerksamkeit für sich. Er war mittleren Alters, sein schwarzes Haar war an den Schläfen von grauen Strähnen durchzogen. Er nickte mir und Chris kurz zu, als er meinen Eltern die Hand reichte.

»Ich bin Doktor Williams, der Oberarzt der neurochirurgischen Abteilung hier am Saint Francis Hospital.«

Meine Eltern nickten. Sie schauten den Mediziner mit riesigen Augen an, als würde er ihnen jeden Augenblick die erlösenden Worte zusprechen, dass ihr Sohn wieder ganz gesund werden würde.

Aber das tat er nicht. Alles, was aus seinem Mund kam, war die grausame, niederschmetternde Nachricht, dass Jarred nie wieder aufwachen würde. Er war schon längst nicht mehr hier. Mein jüngerer Bruder war dort im Wald gestorben, als sein Körper mit voller Wucht gegen einen Baum geschleudert worden war.

# 41. Maple

Die Stufen knarrten wie immer an der gleichen Stelle, als ich die Treppe nach unten ging. Wie seltsam, dass die Welt um einen herum ganz unverändert schien, obwohl doch alles anders war. Vögel zwitscherten, die Sonne schien, Kinder in der Nachbarschaft spielten und lachten, obwohl ein Leben beendet wurde. Ein Mensch existierte nicht mehr … und doch nahm alles weiter seinen Lauf, so als hätte es Jarred nie gegeben.

»Hey, da bist du ja.« Aziz legte seinen Arm um meine Taille und zog mich sanft an sich. »Geht's dir einigermaßen gut?«

Ich nickte. Aziz sah in seinem neuen Anzug, den wir gemeinsam in New York gekauft hatten, gut aus. Das war, als meine Welt noch nicht aus den Angeln gehoben worden war. Er hatte ihn an seinem ersten Arbeitstag anziehen wollen, doch nun würde er ihn auf der Beerdigung meines Bruders tragen.

Mein Blick fiel auf den bodenlangen Spiegel, der neben der Garderobe hing. Ich trug ein schlichtes, schwarzes Kleid, das meine Knie umspielte. Meine roten Haare hatte ich geflochten und mir um den Kopf herum gesteckt. *Ich sehe wie Anna aus* Frozen *aus.*

Aziz blickte auf seine Uhr. »Die Limousinen kommen gleich. Wir sollten vielleicht schon mal draußen warten.«

»Wo sind die anderen?«

» In der Küche. Ich wollte sie nicht nerven, also habe ich hier auf dich gewartet.«

Aziz tat mir leid, aber ich war ihm auch unendlich dankbar. Er hatte stundenlang auf dem Flur im Krankenhaus gewartet, weil er die Familie nicht stören wollte. Er hatte uns gefahren, für uns gekocht oder Essen bestellt. Mein Freund hatte mit dem Bestatter gesprochen, wenn es meinen Eltern zu viel geworden war. Dennoch schlich er wie auf rohen Eiern durchs Haus, penibel darauf bedacht, niemanden zu stören oder uns nicht zur Last zu fallen.

»Danke, dass du hier bist.« Ich legte meinen Kopf an seine Brust, die sich friedlich hob und senkte.

»Wo sollte ich denn sonst sein, Babe?« Er zog mich ein bisschen näher und ich wollte mich enger an ihn schmiegen … aber etwas in mir sperrte sich dagegen.

»Ah, die Limos sind da.« Chris war aus der Küche gekommen und schaute über uns hinweg durch das schmale Fenster, das neben der Haustür von der Decke bis zum Boden reichte.

Ich atmete zitternd ein. Die Zeit war gekommen. Wenn wir die Beerdigung hinter uns gebracht hätten, wäre der Albtraum endgültig real. Dann würde dieser sinnlose Tod schreckliche Gewissheit und meine neue Realität, die ich nie bestreiten wollte.

# 42. Ethan

Die Kirche war zum Bersten gefüllt. Es war erstaunlich, wie viele Einwohner Woodsides von Jarred Turner Abschied nehmen wollten.

Ich betrat das kleine Gotteshaus unseres Ortes mit dem Verklingen des letzten Glockenschlags. Vorher hatte ich mich in einen Hauseingang gedrückt und die Trauergäste beim Hereinströmen beobachtet. Viele von ihnen waren High School-Schüler. Weinende Mädchen, Jungs mit versteinerten Mienen. Sie hielten sich bei den Händen oder gegenseitig in den Armen. Ich sah auch Hazel und fragte mich unwillkürlich, ob ich sie nach unserem Abschluss überhaupt jemals wiedergesehen hatte. Ich wusste es nicht mehr.

Wie ein schwarz glänzender Zug fuhren die beiden Limousinen vor, kurz bevor das Glockengeläut einsetzte. Aus dem ersten Wagen stiegen fünf Menschen aus. Zwei von ihnen hatte ich noch nie gesehen oder konnte mich zumindest nicht mehr daran erinnern. Die übrigen drei Personen waren Nan Nan Turner und Maples Eltern. Nicole und Jacob hatten die alte Dame in ihre Mitte genommen. Sie alle wirkten viel kleiner, als ich sie in Erinnerung gehabt hatte.

Seit ich zurück in Woodside war, hatte ich penibel darauf geachtet, die Main Street zu meiden. Ich wollte um keinen Preis einem Mitglied der Turner-Familie in die Arme laufen. Nun bereute ich das. Ob Nan Nan jemals wieder unbeschwert Witze reißen würde? Oder x-beliebige Kalendersprüche als eine ultimative Weisheit verpacken und sich echauffieren würde, wenn man nicht ihrer Meinung war?

Die hintere Tür der zweiten Limousine wurde geöffnet. Ein großer, dunkelhaariger Mann stieg aus. Ich erkannte ihn sofort von Maples

Profilbild, das ich mir vor Jahren eingeprägt hatte. Er sah gut aus in seinem dunklen Anzug, der selbst auf die Entfernung teurer aussah als sämtliche Klamotten, die ich besaß zusammengenommen. Er beugte sich leicht vor, um augenscheinlich jemandem aus dem Wagen zu helfen.

Ich hielt die Luft an, mein Herz stoppte und machte einen unangemessen freudigen Hüpfer, als ich sie sah. Sie, dieses Mädchen, das ich schon geliebt hatte, als wir zehn Jahre alt gewesen waren, uns gegenseitig *Alice im Wunderland* vorgelesen und versucht hatten, mit Brausepulverbonbons in den Mund des anderen zu treffen.

Aber die Frau, die dort auf der anderen Straßenseite aus dem Wagen stieg, sah nicht mehr aus wie das Mädchen von einst. Nicht weil sie älter geworden war; das waren wir alle. Nein, ihre Aura der Unbeschwertheit, die sie stets wie ein Strahlenkranz umgeben hatte, war verschwunden. Zerschmettert durch den Verlust, den sie erlitten hatte. Durch meine Schuld.

***

Der letzte Hall der Glocke vibrierte in meinem Brustkorb nach, als ich mich in die hinterste Ecke des überfüllten Kirchenschiffs drängte. Meine Mutter hatte mir erzählt, dass die Turners keine öffentliche Trauerfeier gewünscht hatten. Der Bürgermeister hatte sie aber offenbar dazu gedrängt, da Jarred einerseits durch seine Verdienste für den High School-Football eine besondere Persönlichkeit Woodsides gewesen sei. Andererseits sollte jeder eine Gelegenheit bekommen, von ihm Abschied zu nehmen.

Ich fragte mich, wie man einer trauernden Familie diesen Wunsch nach Privatsphäre abschlagen konnte. Das war ein unbestreitbarer Nachteil, wenn man in einer Kleinstadt lebte: Jeder erhob Anspruch auf das Leben das anderen und in diesem Fall sogar auf den Tod.

Wie der Magnet, der sie nun einmal für meine Blicke war, klebten meine Augen an Maple. Jedes Mal, wenn die Menschen vor mir sich bewegten, die Köpfe senkten oder zur Seite sahen, machte ich sie in der Menge sofort aus. Zwar konnte ich nur ihren Hinterkopf sehen, aber sie fiel mir umgehend auf. Meine Maple.

Dann erhob sie sich. Der dunkelhaarige Mann an ihrer Seite drückte ihre Hand. Sie nickte schwach und ging dann nach vorne in Richtung des Altars, vor dem der hölzerne Sarg ihres Bruders aufgebahrt war. Auf dem polierten Holz lag roter Stoff, darauf ein Football. Vermutlich hatten sie sein Trikot statt eines großen Gestecks als Sargschmuck auserkoren. Maple legte eine weiße Rose darauf ab, dann wandte sich ihre zierliche Gestalt zu der Menschmenge, die sie wie gebannt anstarrte, mich eingeschlossen.

Ich konnte meinen Blick nicht von ihr nehmen; es war nicht möglich. Sie war einfach zu schön. Selbst in diesem schmerzhaften Moment, mit ihrem zerbrochenen Strahlenkranz, leuchtete sie heller als die Morgensonne.

Maple trat an das kleine Pult, an dem vorher noch der Reverend Campbell gestanden hatte. Ihr Blick huschte zu der großen, gerahmten Fotografie ihres toten Bruders, die neben dem Sarg stand. Kurz hatte ich den Eindruck, sie würde schwanken, aber dann räusperte sie sich. Ihre Finger krampften sich um das dunkle Holz und bildeten einen monochromen Kontrast, so blutleer wirkten sie.

»Hallo«, sagte sie. »Als meine Familie und ich diese Trauerfeier geplant haben, wurden wir gefragt, wer von uns ein paar Worte über den Verstorbenen sagen möchte; das sei so üblich. Ich habe mich bereit erklärt, weil … keine Ahnung, warum. Wahrscheinlich, weil ich die Letzte war, die den Kopf geschüttelt hat. Ist ja auch egal.

Seitdem gehen mir die Worte nicht mehr aus dem Kopf: *Trauerfeier*, *Verstorbener*. Ich verstehe nicht, wie diese Bezeichnungen mit meinem kleinen Bruder zusammenpassen sollen. Jarred liegt hier in diesem Sarg, doch ich weiß einfach nicht, wie ich jemals begreifen soll, dass *er* der Verstorbene ist. Wie soll das funktionieren? Es dürfte keine Trauerfeier für ihn geben, denn er müsste irgendwo mit seinen Freunden eine Party feiern. Mein jüngerer Bruder sollte nicht hier in dieser Kiste liegen.«

Maple schluckte. Ihr Blick wanderte zur schmucklosen, hohen Decke der kleinen Kirche. Zwei, drei Atemzüge lang war es mucksmäuschenstill. Nur hin und wieder vernahm ich ein paar Schluchzer in der Menge. Dann sprach Maple weiter.

»Ich habe in den letzten Tagen oft an mein letztes Gespräch mit

Jarred gedacht. Er hat mir gesagt, dass er nicht in Woodside bleiben möchte, wenn er die Schule beendet hätte. Er wollte irgendwohin, wo er nicht der ›kleine Turner‹ sein würde. Er wollte *er* sein, Jarred Turner.

Dort, wo er jetzt ist, wo auch immer das sein mag, ist er nicht ›der kleine Turner‹; er ist einfach Jarred. Derjenige, der immer ein Lächeln auf den Lippen trägt. Derjenige, der immer für einen Spaß zu haben ist. Derjenige, der immer alles gegeben hat. Für seine Familie, seine Freunde, sein Team. Derjenige, der immer mein kleiner Bruder sein wird.«

Maple ließ das hölzerne Pult los, das sie die ganze Zeit umklammert hatte. Ihr Blick ging ins Leere, über die Köpfe der versammelten Menschen hinweg. Er war auf einen Punkt irgendwo in der Ferne gerichtet. Ihre Augen wirkten hinter dem Schleier aus Tränen viel heller, als ich sie in Erinnerung hatte.

Schließlich fand ihr Blick mich … mich, der am liebsten in der Menge untergegangen wäre. Unbeachtet von allen anderen und in der Bedeutungslosigkeit ertrunken, zupfte ein mikroskopisch kleines Lächeln an ihrem Mundwinkeln, gefolgt von einem ebenso winzigen Nicken. Mein törichtes Herz machte einen riesenhaften Hüpfer.

***

Ein letztes Gebet wurde gesprochen, dann erhoben die Sargträger sich. Ich wollte am liebsten unbemerkt aus der Kirche schlüpfen, bevor mich doch noch jemand entdeckte.

»Schau mal, Ethan, der Versager.«

»Das ist der Freak aus dem Wald.«

»Ich hab immer gewusst, dass Ethan es zu nichts bringen würde.«

»Eine Schande für seine armen Eltern.«

Die Beschimpfungen der imaginären Stimmen in meinem Kopf wurden immer lauter, schwollen zu einem Konzert der Häme an, aber ich konnte nicht vor dem Trauerzug aus der Kirche entkommen. Jeder würde mich sehen und hören, weil diese verfluchte, übertrieben große Tür einfach zu laut war.

Mein Blick huschte zurück nach vorne. Der Football-Coach der High School-Mannschaft, in der Jarred offenbar eine große Nummer gewesen war, hatte sich neben den Sarg gestellt. Außerdem noch drei junge Männer, dic wohl zu scinem Team gehörten. Sie alle trugen die roten Jacken mit dem schwarzen W darauf. Die Farben der Woodside High. *Go Panthers …*

Am Kopfende des Sargs positionierte sich Jacob Turner, auf der anderen Seite Chris. Bei seinem Anblick zog ich sofort den Kopf ein und versuchte, mich so klein wie möglich zu machen, auch wenn meine Schultern nun mindestens so breit waren wie seine. Meine Bizepse standen den seinen mittlerweile in nichts mehr nach und ich wettete, dass ich inzwischen größer war als er.

Trotzdem durchstieß mich der altbekannte seelische und körperliche Schmerz wie ein Schwert. Ich fühlte mich wieder wie der kleine Hänfling, der seinem Peiniger schutzlos ausgeliefert war. Der nicht die Eier in der Hose hatte, um sich gegen Christian Turner zu behaupten.

Der Trauerzug strich an mir vorbei. Ich versteckte mein Gesicht hinter dem Blatt mit einigen Liedtexten, das mir beim Betreten der Kirche in die Hand gedrückt worden war. Unter keinen Umständen wollte ich die Aufmerksamkeit meines Folterknechts auf mich ziehen. So sehr ich auch bei Maple sein, sie trösten und ihr sagen wollte, dass Jarred nicht allein gewesen war, als er starb, so sehr wollte ich mich auch vor Chris verstecken.

Und ich hoffte inständig, dass Maple an unserer Tradition festhalten würde.

# 43. Maple

Die Eiswürfel in meinem Glas waren schon geschmolzen und hatten den Whisky verwässert. Wie lange ich bereits gegen den Kaminsims gestützt im Wohnzimmer meiner Eltern gestanden und Nan Nan beobachtet hatte, wusste ich nicht. Noch vor einer Woche war sie die resolute Frau gewesen, als die ich sie immer gekannt hatte: aufrecht, stark, mit dem Herzen auf der Zunge. Nun jedoch saß sie in dem Ohrensessel am großen Fenster und starrte stumm ins Leere. Klein, eingefallen, verstummt, anstatt bunt und laut. Es schmerzte mich, sie so zu sehen.

»Bist du okay?« Aziz stellte sich neben mich und musterte mein Gesicht mit seinen dunklen, haselnussbraunen Augen. Er strich eine Strähne meines Haares, die sich aus meiner Flechtfrisur gelöst hatte, hinter mein Ohr.

Ich schüttelte kaum merklich den Kopf. »Nein.« Meine Mundwinkel verzogen sich zu einem gequälten Lächeln.

»Ich weiß.« Er seufzte. »Bald hast du es geschafft. Nach dem Tag heute wird es sicherlich bergauf gehen.«

Abwesend nickte ich. Vielleicht hatte er recht. Womöglich ging es den meisten so, dass die Beerdigung eines geliebten Menschen der Beginn des Loslassens war. Mein Herz fühlte sich aber nicht danach an – und wenn ich mir meine Familie ansah, war überhaupt niemandem danach, Jarreds Tod zu verstehen, geschweige denn zu akzeptieren.

Meine Mutter hatte sich zurückgezogen, sobald wir nach Hause gekommen waren. Mein Vater hatte sich in die Küche verzogen, Chris war verschwunden und ich war mit dem Kaminsims verwachsen und beobachtete die um eintausend Jahre gealterte Frau, die einmal Nan Nan gewesen war.

»Ich muss mal einen Moment raus hier, Babe.« Ich stellte mein Glas ab, schenkte Aziz ein zaghaftes Lächeln und ließ ihn inmitten des Meers aus schwarzer Kleidung stehen, das sich in unserem Wohnzimmer drängte. Auf der Terrasse ebbte das Stimmengewirr schlagartig ab. Gierig füllte ich meine Lungen mit frischer Luft. Hatte ich seit Dads Anruf in jener Nacht überhaupt geatmet?

Ich löste die Riemchen meiner schwarzen Sandalen, die ich mir für die Abschlussfeier in San Diego gekauft hatte … für einen fröhlichen Anlass in einem anderen Leben. Die Absätze hatten mich schon damals zur Verzweiflung gebracht. Der Abend hatte damit geendet, dass Aziz mich huckepack genommen und mich überall dorthin getragen hatte, wo ich hinwollte.

Jetzt standen diese Schuhe für den schrecklichsten Tag meines bisherigen Lebens. Ich schob sie mit dem nackten Fuß unter eine der Gartenliegen und schlenderte weiter über die Terrakottafliesen. Der warme Stein fühlte sich angenehm vertraut unter meinen Sohlen an.

Ein leises Platschen lockte mich zum Pool. Für eine Sekunde erwartete ich Jarred und Chris tobend im Wasser. Als ich jedoch um die Ecke kam, erkannte ich nur Chris allein. Die schmerzhafte Erinnerung an die Tatsache, dass die beiden nie wieder im Schwimmbecken spielen würden, beschwerte mein Herz mit Millionen Tonnen von Steinen.

Mein Bruder saß auf der gepflasterten Umrandung des Pools. Die Anzughose bis zu den Knien hochgezogen, ließ er seine Füße im Wasser baumeln.

»Ich weiß nicht, ob ich jemals wieder Spaß haben werde«, sagte er, ohne aufzublicken.

Meine Finger griffen nach seinen Haaren und zwirbelten eine Strähne. »Wirst du. Irgendwann.«

»Wann?«

»Keine Ahnung. Im nächsten Leben vielleicht?«

»Er fehlt mir, Mapes.«

»Mir auch.« Ich ließ mich neben Chris nieder. Meine Füße glitten durch die Wasseroberfläche und ich hätte am liebsten aufgestöhnt wegen der lieblichen Kühle, die meine Beine umspülte.

»Mir will einfach nicht in den Kopf, was da passiert ist.« Chris' Blick wurde hart. »Das war kein Unfall. Da bin ich mir sicher.«

»Wie meinst du das?«

»Wie ich es sage. Irgendwas stimmt da nicht. Jarred wäre niemals ohne Gurt gefahren. Nie.«

»Warum bist du dir da so sicher?«

»Ich hab's ihm gesagt.«

»Und?«

»Was, und?«

»Du meinst, nur weil du es ihm gesagt hast, hätte er darauf gehört?«

»›Nimm den Sicherheitsgurt‹, hab ich ihm gesagt. ›Du würdest auch kein Mädchen ohne Gummi knallen.‹«

»Ist ja ein toller Rat.«

»Ja, verdammt, das ist es. Er hat verstanden, was ich meinte. ›Schlimmstenfalls gehst du in beiden Fällen drauf.‹ Das hat er nämlich geantwortet.«

»Na ja, wir wissen nicht, was passiert ist. Wenn die Ärzte recht haben und Kayne nicht aus dem Koma erwacht, kann uns niemand sagen, was in der Nacht wirklich passiert ist.«

»Er sollte beten, dass er nicht aufwacht.«

»Chris, lass den Scheiß.«

»Jarred ist zwar gefahren, aber es war Kaynes Wagen, oder? Wahrscheinlich war irgendetwas defekt. Er hat unseren Bruder auf dem Gewissen.«

Mit jedem seiner Worte schnürte Chris mein Herz weiter ein, hinderte es am Schlagen. »Keine Ahnung, in welcher von den ganzen Trauerphasen du gerade steckst, aber deine Gedanken sind toxischer Scheiß.« Ich zog meine Füße aus dem Wasser und stemmte mich vom Boden hoch. »Jarred ist gestorben und das tut verflucht scheißweh, doch deine Rachegedanken machen ihn auch nicht wieder lebendig. Nichts wird das schaffen. Er ist gestorben. Punkt. Aus. Ende der Geschichte.«

»Genau dafür wird jemand bezahlen.«

Die Stimme meines Bruders war nicht mehr als ein Zischen, das mir eine Gänsehaut über den Körper jagte. Hatte ich die Kühle des Wassers eben noch als angenehm empfunden, fühlten sich die

Wassertröpfchen an meinen Beinen, die in der Sonne funkelten, nun wie winzige Messer aus Eis an. Wortlos zog ich meine Füße aus dem Pool, erhob mich und ging an Chris vorbei, der seinen Blick bereits wieder auf die Wasseroberfläche gerichtet hatte.

Hatte ich mir seinen Ausbruch nur eingebildet? Verlor ich vielleicht den Verstand? Wollte mein Gehirn mich dezent darauf hinweisen, dass es nicht besonders gesund war, sich nächtelang vor dem Einschlafen zu wehren, aus Angst, wieder in einem Albtraum gefangen zu sein? Schlaflosigkeit gepaart mit fehlender Nahrungsaufnahme waren ein Garant für das Abhandenkommen geistiger Gesundheit. Dafür gab es in zahlreichen Büchern und Filmen exzellente Beispiele.

Ich überquerte den Rasen, dessen Gras meine nackten Füße sanft kitzelte. Meine alte Joggingstrecke fand ich auch dieses Mal auf Anhieb. Ohne mich noch einmal zum Haus umzublicken, ließ ich mich vom Wald verschlucken.

Der holzige, leicht modrige Duft umfing mich wie eine tröstende Umarmung nach einem absoluten Scheißtag. Wie von selbst ging ich über den schmalen Pfad bis hin zur Lichtung. Ich ließ mich auf dem Baumstamm nieder und ließ meine Füße im kühlen, gurgelnden Fluss baumeln.

Meine Gedanken wanderten zurück zur Beerdigung. Als wir an der Kirche angekommen waren, hatte ich Ethans Anwesenheit sofort bemerkt. Er hatte sich auf der anderen Straßenseite in einen Hauseingang gequetscht, wohl in der Hoffnung, unentdeckt zu bleiben. Dabei hätte ich mir in dem Moment nichts, aber auch überhaupt gar nichts sehnlicher gewünscht, als von ihm in den Arm genommen zu werden. Seit jener verfluchten Nacht wollte ich nichts mehr, als mit meinem besten Freund zu reden.

Als ich meine Ansprache beendet hatte und in die kuhäugigen Gesichter der Gäste geblickt hatte, war es sein Gesicht gewesen, das mich am Durchdrehen gehindert hatte. Ich hatte schreien wollen, zusammenbrechen, um meinem Schmerz ein Ventil zu geben, vor all diesen Menschen. Doch ein Blick in Ethans sturmumpeitschte, graue Augen holte mich zurück. Sie schienen mir zu sagen: »Du bist stark genug, Maple. Du wirst das aushalten.«

***

»Eins muss man dir lassen, du hältst dich an deine Vorgaben.«

Ich lächelte, auch wenn mein Herz schmerzte. Es zersplitterte mit jedem Schlag, nur um sich wieder zusammenzusetzen und erneut zu brechen. Ein Schlag – zerbrochen. Ein Schlag – zusammengeflickt. Wieder zerbrochen, zusammengeflickt. Jedes Mal, wenn es zersprang, schleuderte es seine Bruchstücke so erbarmungslos in meine Brust, dass ich schreien wollte und mich fragte, wie oft ein einzelnes Herz brechen konnte, bevor es aufgab. Trotzdem lächelte ich, als der Wind Ethans Stimme zu mir hinübertrug und mich mit Wärme einhüllte.

»Du hältst dich an meine Vorgaben. Das ist viel wichtiger.« Ich ließ den Blick auf den Fluss gerichtet. »Danke, dass du heute da warst.«

»Du hast mich gesehen?«

»Natürlich.«

»Ich war mir nicht sicher.«

»Doch, das warst du.«

Nun musterte ich ihn doch. Er sah so viel besser aus als bei unserem letzten Treffen. Seine Haut wirkte nicht mehr so fahl, sein Blick nicht mehr so leer. Die Hände hatte er tief in den Taschen seiner Jeans vergraben, die weit unten auf seinen Hüften hing. Langsam kam er zum Baumstamm und ließ sich so darauf nieder, dass wir in die jeweils entgegengesetzten Richtungen schauten.

»Kommst du klar?«

»Hmm.« Ich nickte.

Ethan lehnte sich zurück, so dass er mir ins Gesicht sehen konnte. Eine Weile musterte er mich wortlos. »Kommst du klar?«, wiederholte er seine Frage.

Ich sah auf und ertrank in seinen stahlgrauen Augen, die ich so gut kannte. In diese Augen zu blicken, war wie nach Hause kommen. Es war nicht notwendig, sich zu verstellen. Ich musste nicht vorgeben, stark zu sein, wenn ich mich doch nur zusammenrollen und schreien wollte.

Wie von selbst legte sich meine Hand auf meinen Mund, um ein Schluchzen zu unterdrücken. Ich war nicht in der Lage, ihm eine Antwort zu geben. Ich konnte nur noch weinen.

Kräftige Arme schlangen sich um meinen Körper. Ethan zog mich an sich, fest und stark. Er hielt mich, wiegte uns leicht vor und zurück. »Ich weiß«, murmelte er, die Lippen an meinen Scheitel gedrückt.

Keine Ahnung, wie lange wir so dasaßen, wie lange er uns wiegte wie der Wind ein Getreidefeld kurz vor der Ernte. Aber seine Wärme und die Geborgenheit einer ewig langen Freundschaft schenkten meinem Herzen einen Moment lang Frieden und die Illusion von Heilung.

Ich löste mich aus seiner Umarmung und hielt ihn eine Armlänge von mir entfernt. »Danke, dass du da bist.«

»Was wäre sonst meine Aufgabe, als dein bester Freund?«

»Sind wir das noch?«

»Was meinst du?«

»Freunde. Sind wir das noch? Die letzten Male, als wir uns gesehen haben, hast du mich von dir gestoßen.«

»Maple, ich … ich hab in letzter Zeit eine Reihe falscher Entscheidungen getroffen, die … Na ja, mein Leben ist anders verlaufen, als ich es erwartet habe.« Er rieb sich mit der flachen Hand über den Nacken. »Es tut mir leid, wie ich dich bei unseren letzten Treffen behandelt habe.«

Ich nickte. »Das hat weh getan.«

»Ich weiß. Das sollte es auch.«

»Du bist ein Arsch geworden.«

»Ja.« Ein trauriges Lächeln zupfte an seinen Mundwinkeln. »Es ist in den letzten Jahren einiges passiert, auf das ich nicht besonders stolz bin.« Ethan griff nach meiner Hand und verschränkte unsere Finger miteinander. »Aber die einzige Sache in meinem Leben, die immer gut und echt war, warst du, Maple Elizabeth Turner.«

Er sah zu meinen Lippen hinab, zwar nur für einen winzigen Augenblick, aber lange genug, dass ich ihn wahrnahm. Als sich unsere Blicke wieder trafen, türmte sich eine große Welle aus Zuneigung und Verbundenheit in meinen Eingeweiden auf. Die Stellen meiner Haut, an denen er mich berührte, brannten. Ich wollte zurück in seine Arme, ihn überall an meinem Körper spüren.

Langsam, ganz langsam, beugte ich mich vor, überbrückte den Abstand zwischen uns. Ethan verharrte unbeweglich, als würde er auf mich warten.

Als meine Lippen auf seine trafen, überspülte mich die Woge in meinem Inneren, trug mich in einem Ozean aus Sehnsucht, Freundschaft und Verlangen davon.

Ethan erwiderte meinen Kuss zaghaft. Beinahe schüchtern teilte er meine Lippen mit seiner Zunge und ich ließ ihn ein, hieß ihn mit meiner willkommen, genoss seinen Geschmack nach Zahnpasta und Zimtkaugummi. Er stöhnte an meinen Lippen, als seine Hände nach meinen Schultern griffen, mich mit leichtem Druck von sich schoben.

»Wir sollten das nicht tun, Maple. Nicht so, nicht jetzt. Ich glaube, du möchtest mich gar nicht wirklich küssen, oder? Außerdem … hast du nicht einen … Ich meine … bist du nicht …?«

Ich nickte nur. Unfähig, mich zu rühren, unfähig, ein Wort zu sagen. Aziz … Ich war so ein Arschloch!

Schweigend saßen E.T. und ich Schulter an Schulter auf dem Baumstamm. Keiner von uns wollte das Schweigen brechen; es war wie ein stummes Einvernehmen. Genau wie früher. Nur der gurgelnde Fluss und das Zwitschern einiger Vögel durchbrachen die Stille, die sich um uns herum ausbreitete.

»Maple?«, fragte Ethan, nachdem ewige Minuten vergangen waren.

»Hmm?«

»Weißt du, was in der Nacht passiert ist?«

»In welcher Nacht?«

»In der Unfallnacht.«

Ich versteifte mich. Hatte ich eben noch Frieden und Ruhe gespürt, überrollte mich nun wieder die mächtige Welle unbändiger Trauer. Ich kniff die Augen zusammen und biss mir auf die Wange, um nicht wieder in Tränen auszubrechen. Etwas lag in Ethans Frage – eine Nuance, die mich stocken ließ. »Wieso fragst du mich das?«

»Nur so, ich wollte nur wissen, was passiert ist.«

»Jarred hatte einen Unfall.«

»Das weiß ich, das stand in der Zeitung. Aber weißt du … weißt du mehr?« Er räusperte sich. »Mehr, als in der Zeitung stand, meine ich?«

Ich schüttelte den Kopf und zuckte mit den Schultern. »Nein, nicht viel mehr als das. Warum fragst du mich das?« Ich musterte Ethan, der nervös die Finger rang und auf den Boden starrte. »Du verheimlichst mir etwas, E.T, das sehe ich dir an. *Du* weißt etwas darüber, oder?«

Ich drehte mich über den Baumstamm und baute mich vor meinem Freund auf. »Was weißt du über den Unfall?«

»Nein, ich verheimliche dir nichts. Ich weiß überhaupt nichts drüber. Ich bin nur von den Sirenen aufgeweckt worden, das ist alles.«

»Von den Sirenen aufgeweckt? Wieso?«

Da begriff ich es. Der Unfallort hatte für mich keinen Sinn ergeben. Er lag weit abseits von Woodside, auf der anderen Seite des Sees. Dort gab es keine Zuwegungen zu den Badestellen, an denen oft Partys gefeiert wurden. Die befanden sich alle näher an Woodside. Der Unfallort lag mitten im Nirgendwo. Es gab dort nichts außer …

»O mein Gott!«, flüsterte ich. »Er … Jarred … er wollte …«

»Was wollte er?« Ethan packte meine Schultern. Sein forschender Blick ruhte auf meinem Gesicht.

»Das muss es sein. Es gibt sonst keinen Grund. Keinen einzigen Grund.« Ich sprach nicht mehr mit Ethan, nahm ihn überhaupt nicht mehr wahr, als sich die Puzzleteile zu meiner schmerzhaften Wahrheit zusammensetzten. Tränen zogen brennende Spuren über meine Wangen. »Ich habe ihn darum gebeten. Ich … ich bin schuld.«

Der weiche Boden der Lichtung schien sich aufzutun. Die Wurzeln und Äste der umherstehenden Bäume wollten nach mir greifen, mich packen und zerreißen. Alles, was ich noch tun konnte, war rennen. Es scherte mich nicht, dass meine nackten Füße schmerzten. Es kümmerte mich nicht, dass mir Zweige ins Gesicht peitschten.

Wieso hatte ich nicht vorher eins und eins zusammengezählt? Ich hatte Ethans Wohnwagen zwar nicht von der Straße aus, sondern vom See kommend gefunden, aber trotzdem hätte ich den Zusammenhang schon viel früher erkennen müssen.

Jarred hatte mir einen Gefallen tun wollen – und nun war er tot.

# 44. Ethan

*Fuck!*

Wie schnell konnte eine Person sein? Dann auch noch querfeldein, ohne Schuhe!

Ich rannte hinter Maple durch den Wald, um sie aufzuhalten, für sie da zu sein, ihr Trost zu spenden. Ich hatte erkannt, wie sie zerbrach. Direkt vor meinen Augen war sie in tausend kleine Teile zersprungen; nur ihre Haut schien sie noch zusammenzuhalten. Dann war sie davongestürmt, ohne noch ein weiteres Wort zu sagen, leichenblass und mit unbändigem Entsetzen im Gesicht.

»Maple!«, schrie ich ihr nach. Mein Versuch, den Weg zwischen den Bäumen hindurch zu finden, war kläglich gescheitert. Ich konnte schnell laufen, das wusste ich. Aber verflucht noch mal, ich rannte auf ebenen Strecken und hetzte nicht wie ein verdammter Wolf quer durch den Wald!

Die Hände wie einen Trichter um den Mund gelegt, wiederholte ich meinen Ruf: »Maple!« Ich lauschte in den Wald hinein und stieß keuchend die Luft aus den Lungen. Was hatte sie bloß so entsetzt?

Ein Rascheln dicht neben mir ließ mich zusammenfahren. »Himmel, schleich dich doch nicht so an!«, presste ich zwischen zusammengebissenen Zähnen hervor. »Ich hab mich zu …« Mir blieben meine Worte im Hals stecken.

Es war nicht Maple, die vor mir stand, sondern Chris.

»Hallo, Bogart. Lange nicht gesehen.«

Er kam einen Schritt näher. Ich spürte seinen Atem über meine Haut streichen, roch das verlockende Bier darin. Er zog die Nase hoch und baute sich vor mir auf. So sehr er sich auch bemühte, er überragte mich nicht mehr wie früher. Das beruhigte meine Nerven aber nicht. Sie erinnerten sich bei seinem Anblick blitzschnell an alle Schläge, die ich von ihm kassiert hatte. Genau wie meine Seele, die Wort für Wort an jede Gemeinheit zurückdachte, die er mir einge flüstert hatte.

»Du bist ja richtig groß geworden, Bogart.« Er schnipste mir gegen die Brust. »Ein echter Kerl, was?« Ein hämisches Lachen drang aus seiner Kehle. »Ich wette, ich mache dich trotzdem noch fertig.« Er griff in die Tasche seiner Hose und zog einen silbern glänzenden Flachmann hervor.

Ich schluckte schwer. Mein Adamsapfel hüpfte beim Anblick der kleinen Flasche in seiner Hand. Seit der Nacht des Unfalls hatte ich keinen Schluck Alkohol mehr getrunken. Das war jetzt beinahe zwei Wochen her, aber in jeder Sekunde beherrschte das Verlangen mein Innerstes. Nur der Gedanke an Maple hatte mich vom Trinken abgehalten. Ich hatte nüchtern sein wollen, wenn ich sie traf, denn sie hatte meine volle Aufmerksamkeit verdient. Ich hatte sie trösten wollen – aber das hatte ich jetzt ja erledigt, oder?

Chris bemerkte meinen Blick und lachte erneut. »Hab schon gehört, dass du dir ein Alkoholproblem zugelegt hast.« Er drehte den Deckel in langsamen und gleichmäßigen Bewegungen vom Flachmann und ließ ihn dann an der keinen Metallkette baumeln. »Ist ein teurer Bourbon.« Mit dem Kopf deutete er auf die Flasche. »Willst du einen Schluck?«

Ich konnte meinen Blick nicht von der im Licht schimmernden Flasche in Chris' Hand abwenden. Er führte sie an seine Lippen und nahm einen großen Schluck.

»Hmmm. Gutes Zeug.« Er drehte den Deckel wieder zu. »Ich schlag dir einen Deal vor, Bogart.« Er ließ den Flachmann von einer in die andere Hand gleiten. »Du erzählst mir, was du mit meiner Schwester hier im Wald getrieben hast. Dafür bekommst du einen Schluck von meinem Bourbon.« Chris tippte sich ans Kinn. »Nein, warte … du bekommst die ganze verfluchte Flasche. Ich will ja schließlich nicht so enden wie du. Aber heute musste ich meinen kleinen Bruder zu Grabe tragen, da darf ein Mann auch mal einen Schluck trinken, oder? Ach, ich weiß ja, dass du mich verstehst. Hab ich recht? Wir sind doch immer so gut miteinander ausgekommen.« Seine große, kräftige Hand landete auf meiner Schulter. »Also, lass hören. Warum brüllst du hier im Wald nach meiner kleinen Schwester? Und warum ist sie völlig aufgelöst vor dir davongerannt?«

Er musterte mich und ein dunkler Schatten legte sich auf seine blauen Augen. »Hast du dir gedacht, jetzt da du nicht mehr der erbärmliche Schwächling von früher bist, versuchst du mal dein Glück und schmeißt dich an die trauernde Maple ran? Wenn du sie angerührt hast, mach ich dich fertig, Bogart. Ich schwöre es dir. Du weißt, dass ich das kann.«

»Ich hab Maple nicht angefasst.«

Unter Chris' Berührung fühlte ich mich wieder wie der kleine Junge, der sich vor Angst zitternd in den Schatten versteckt hielt, um bloß nicht gesehen zu werden, und doch hatte er mich jedes Mal gefunden. Immer und immer wieder. Oder Chris hatte seine Lakaien vorgeschickt.

»Das will ich dir auch geraten haben, du kleiner Pisser.« Ein diabolisches Grinsen zupfte an seinen Mundwinkeln. »Oh, da fällt mir was ein!« Er tippte sich ans Kinn. »Weißt du noch? Ich hab dir auf die Schuhe gepisst!«

Ich nickte. Mein Mund fühlte sich genauso trocken an wie damals in der Schule. Bei der Erinnerung an den grauenvollen Tag wurde mir eiskalt und ich musste mir alle Mühe geben, meinen Mageninhalt dort zu lassen, wo er hingehörte.

»Ach, Bogart«, säuselte Chris und schob seinen Arm über meine Schultern, als seien wir die besten Freunde. »Was waren das noch für Zeiten, oder? Wir hatten viel Spaß zusammen.« Er seufzte theatralisch. »Vielleicht können wir das mal wiederholen?«

Ich sagte nichts.

Er öffnete seinen Hosenstall.

Ich sagte nichts.

Er beförderte seinen Schwanz ans Tageslicht.

Ich sagte nichts.

Er pisste auf meine Schuhe.

Ich sagte nichts.

Er verstaute sein Ding wieder, tätschelte meine Wange und drehte sich zum Gehen. »War mir wie immer eine Freude, dich zu treffen, Bogart.«

Ich räusperte mich und geflüsterte Worte verließen meinen Mund: »Chris? Dein Flachmann.«

Er beäugte mich mit einer Mischung aus Verachtung, Abscheu und noch etwas, das ich nicht deuten konnte. Dann lächelte er und nahm die Flasche in seine rechte Hand. Er holte zum Wurf aus und ließ den Flachmann los. Das metallene Behältnis landete irgendwo hinter mir am Flussufer.

»Hol das Stöckchen!« Chris stieß ein Schnauben aus und ließ mich stehen.

Ich hätte ihm nachrennen sollen. Ihn von hinten anspringen und zu Fall bringen müssen. Ihm mit jedem einzelnen Fausthieb das heimzahlen, was er mir mein Leben lang angetan hatte. Jede noch so kleine Wunde hätte ich ihm tausendfach zurückzahlen müssen.

Aber das tat ich nicht. Stattdessen suchte ich das Ufer nach dem Flachmann ab. Als ich ihn endlich fand, mich auf den Waldboden niederließ und die Flasche für einen großen Schluck an meine Lippen führte, war sie leer. Ich starrte auf das Gefäß in meiner Hand. Mein verzerrtes Spiegelbild blickte zu mir zurück und verhöhnte mich. *Versager! Loser! Abschaum!*

Mit einem Schrei schleuderte ich die Flasche in den Fluss, dann folgten meine Schuhe, die nach Pisse stanken. Schon wieder …

Regungslos blieb ich am Flussufer sitzen, verzehrte mich nach einem Rausch. Nur ein Schluck Bier oder Whisky, nur ein wenig von Maples Duft. Doch weder das eine noch das andere bekam ich in dieser Nacht.

***

Als die ersten Sonnenstrahlen den Wald zum Leben erweckten, rappelte ich mich auf und streckte meine müden Glieder. Ich folgte dem Flusslauf anschließend runter zum Chrystal Lake und wanderte auf dem schmalen Waldweg, bis ich an meinem Wohnwagen ankam.

Er bot ein verflucht trauriges Bild. Vergilbtes Plastik, verrostetes Metall, mit Moos und Algen überzogene Flächen. War mir der erbärmliche Zustand im Alkoholrausch nicht aufgefallen, so stach er mir nun, wo mein Verstand nicht mehr nebelverhangen war, mitten ins Herz.

Ich hatte mich mit meinem Trailer arrangiert. Es gab Schlimmeres, als in einem Wohnwagen im Wald zu hausen. Sogar McDreamy hat das ewig lange gemacht, doch ihn hielt niemand für einen Versager. Aber so, wie mein Wagen aussah, konnte man nur davon ausgehen, dass der Bewohner nichts, aber auch gar nichts auf die Reihe bekam.

Ich marschierte zur Tür und riss sie auf. Als ich meine bescheidene Bleibe betrat, wurde mir augenblicklich eiskalt, dann kochend heiß. Meine Handflächen schwitzten, auf meinen Armen stellten sich die Härchen auf. Ich schluckte trocken und mein Hals schmerzte.

Auf dem billigen Klapptisch standen vier Flaschen Bourbon. Davor lag ein Zettel. *Cheers.* Es war Christians Handschrift, wenn mich nicht alles täuschte.

Das Sonnenlicht, das durch das schmutzige Fenster in den Wagen fiel, ließ die braune Flüssigkeit wie Bernstein leuchten. Ich machte einen Schritt auf den Tisch zu. Dann trat ich wieder zurück. Ich rieb mir über den Kopf, wand mich. Mein Herz pochte viel zu schnell in meiner Brust, als wollte es meinen Körper zerreißen. *Scheiße, nein.*

Alles in mir wollte nach einer Flasche greifen, den Deckel abdrehen und den Inhalt in meine Kehle kippen. Alles in mir verzehrte sich danach. Einzig Maples Blick, als sie mich auf unserer Lichtung angeschaut hatte, hielt mich davon ab, mich augenblicklich dem Verlangen hinzugeben.

Aber was konnte eine winzige Stimme gegen das Gebrüll von zigtausenden ausrichten?

# 45. Maple

Die letzten Trauergäste nahmen kaum Notiz von mir, als ich mit zerzaustem Haar und blutigen Füßen zurück ins Haus kam. Ich huschte an ihnen vorbei die Treppe nach oben. Ich schloss die Tür meines Zimmers so leise wie möglich und lehnte mich dagegen.

Meine Füße brannten, doch ich nahm kaum Notiz von den feinen Schnitten, die ich mir beim unvorsichtigen Rennen durch den Wald eingehandelt hatte. Es scherte mich nicht, dass ich eine feine Blutspur auf dem hellen Teppich hinterließ, sobald ich das Zimmer durchquerte. Alles, woran ich denken konnte, war Jarred. Jarred, der meiner Bitte nachgekommen war, nach Ethan zu sehen. Jarred, der diesen Gefallen mit dem Leben bezahlt hatte.

Leise quietschend öffnete sich die Tür hinter mir. Nan Nan kam herein. Ihren leuchtend rot geschminkten Mund hatte sie zu einem traurigen Lächeln verzogen.

»Wie geht es dir, Maplechen?« Sie kam zu mir und deutete auf meine Füße. »Die sehen nicht gut aus. Setz dich hin, das muss desinfiziert werden.« Sie schob mich zu meinem Bett und drückte mich sanft auf die Matratze. Nan Nan tätschelte liebevoll meine Wange. »Das wird schon wieder, meine Kleine.«

Kurz darauf kam sie mit einer Schüssel, einem Waschlappen und Desinfektionsspray zurück. Ich krabbelte zur Gänze auf mein Bett, um mich gegen die Wand zu lehnen, und meine Oma nahm meine lädierten Füße in ihren Schoß.

»Was ist passiert?«, fragte sie.

»Ich war laufen.«

»Ohne Schuhe?«

»Hmmm.«

»Du warst lange weg.«

»Ich hab E.T. getroffen.«

»Ah, dein kleiner Freund. Wie schön. Ich hab ihn in der Kirche gesehen. Hat versucht, sich zu verstecken, der Junge. Warum war er nicht hier?«

»Ich weiß nicht. Er will sich von Woodside fernhalten, glaube ich.«

»Nun, dann sollte er nicht hier wohnen.«

Ich zog scharf die Luft ein, als Nan Nan Desinfektionsspray auf einen großen Kratzer unter meiner nackten Fußsohle verteilte.

»Oh, ich habe vergessen, dir Bescheid zu sagen. Das könnte jetzt brennen.«

»Hab ich gemerkt.«

»Also, du hast ihn getroffen. Und weiter?«

»Wir waren im Wald, so wie früher. Und er … na ja … mir ist etwas klargeworden.«

»Was denn?«

»Ich glaube, ich bin schuld an Jarreds Tod«, flüsterte ich.

Nan Nan hielt inne. »Wie kommst du denn auf die Idee? Dein Bruder hatte einen Unfall. Das ist furchtbar, aber sowas passiert. Meistens haben wir das Glück, dass es den anderen geschieht und nicht uns; aber dieses Mal sind *wir* diese anderen. Das ist scheiße und tut furchtbar weh, schuld ist jedoch niemand daran.«

»Aber ich habe ihn zur Unfallstelle geschickt. Ich war das.«

Sie sah mich an und forderte mich stumm auf, fortzufahren.

»Ethans Wohnwagen steht da in der Nähe. Ich hab dir erzählt, dass ich dort war, bevor ich mit Aziz nach New York gefahren bin – bei Ethan, meine ich. Er war so … ich weiß auch nicht. Ich hab mir Sorgen um ihn gemacht; ich hatte Angst um ihn. Er haust da draußen in einem schäbigen Wohnwagen und überall liegen leere Bierdosen und Schnapsflaschen herum. Er ist Alkoholiker. Als ich dort war, war er so gemein zu mir. Aber er ist E.T., mein E.T. Ich kann ihn doch nicht einfach allein lassen.«

»Natürlich kannst du das nicht.« Nan Nan setzte sich zu mir nach hinten und zog mich in eine Umarmung. In ihren Armen fühlte ich mich wieder wie das Kind, dem sie in diesem Zimmer *Alice im Wunderland* vorgelesen hatte. »Er ist dein Freund.«

»Ja.«

»Also hast du Jarred darum gebeten, ab und an nach ihm zu sehen?«

»Ja.«

»Und du meinst, deshalb ist er gestorben?«

»Ja.«

»Das ist Blödsinn, Maplechen.«

»Nein, ist es nicht.«

»Doch, natürlich. Du bist dieses verfluchte Auto nicht gefahren, hast nicht den Sicherheitsgurt gelöst, warst ja nicht mal da. Wie kann es also deine Schuld sein?«

»Ohne mich wäre er nicht dort gewesen.«

»Das weißt du doch gar nicht.«

»Was sollte er denn sonst im Wald gewollt haben?«

»Woher soll ich das wissen? Aber selbst wenn er dort war, um dir den Gefallen zu tun, ist der Unfall nicht deinetwegen passiert. Was genau in der Nacht geschehen ist, kann nur dieser … wie heißt er noch? Der Freund, der der bei ihm war?«

»Kayne.«

»Genau. Erst wenn der arme Junge aus dem Koma aufwacht, können wir wissen, was wirklich passiert ist. Also zerbrich dir nicht dein Köpfchen mit unnötigen Schuldzuweisungen. Überlege dir lieber, welcher Weg für dich der Richtige ist.«

Während Nan Nans Worten war ich in Tränen ausgebrochen. Schluchzend lag ich in den Armen meiner Großmutter wie ein verzweifeltes Häufchen Elend.

»Hier seid ihr beiden.« Aziz streckte den Kopf durch den Türspalt. »Die Gäste sind endlich alle weg.«

»Gott sei Dank!« Nan Nan warf die Arme in die Luft. »Diese mitleidigen Blicke waren ja auch nicht mehr zum Aushalten.« Sie schwang die Beine vom Bett. Mit den Händen im Kreuz erhob sie sich ächzend von der Matratze. »Gut, Kinder. Aziz, könntest du mich nach Hause fahren?«

»Natürlich.«

Meine Großmutter ging zu ihm und hakte sich unter. »Maplechen, denk darüber nach, was ich dir gesagt habe«, sagte sie über die Schulter an mich gewandt.

Ich nickte und winkte ihr matt nach, dann ließ ich mich auf mein Bett zurückfallen. Meine Lider waren schwer und meine Augen brannten. Mein gesamter Körper war schwer und brannte.

Draußen legte sich bereits Dunkelheit über die Baumwipfel, die ich durch mein Fenster sehen konnte. Mit dem Kopf gefüllt mit Worten und dem Herzen voller Schmerz gab ich endlich dem Schlaf nach, der unnachgiebig an meinen Gliedern zerrte.

***

Ich blinzelte dem grauen Licht des Morgens entgegen, das sich durch die Fenster meines Zimmers schlich, und rappelte mich müde auf. Neben mir in meinem Bett lag Aziz und atmete tief und gleichmäßig. Ich betrachtete ihn eine Weile. Sein Gesicht war im Schlaf vollkommen entspannt, sein dunkles Haar bildete einen starken Kontrast zur weißen Bettwäsche mit den kleinen blauen und roten Blüten darauf.

Mit den Fingerspitzen strich ich über die Linie seines Kiefers. Er reckte sich, seine Augen wirkten beinahe schwarz, als sie unter halb geöffneten Lidern hervorlugten. »Was ist?«, nuschelte Aziz.

»Nichts. Schlaf weiter, ich wollte dich nicht wecken.« Meine Finger strichen noch einmal durch sein Haar, dann rutschte ich vom Bett, griff mir eine Jogginghose und einen Hoodie der Woodside High School. Ich hatte ihn mir aus Jarreds Schrank genommen, als wir aus dem Krankenhaus gekommen waren und der Albtraum meine Realität geworden war.

Meine Füße brannten bei jedem Schritt. Ich hätte nicht auf die dumme Idee kommen sollen, barfuß in den Wald zu gehen. Für solche Einfälle musste man immer einen Preis zahlen. Meiner waren nur brennende Füße; andere leichtsinnige Ideen kosteten einen das Leben.

***

Mit einer dampfenden Tasse Kaffee in der Hand lehnte ich am Küchentresen. Wort für Wort hallten Ethans Äußerungen in mir nach.

Ich stellte meinen Becher auf die Arbeitsplatte, schlüpfte mit einem Schmerzenslaut in meine Laufschuhe und zog die Haustür leise hinter mir ins Schloss. Heute lief ich nicht gemächlich um den See, um meinen Kopf freizubekommen – ich rannte. Ich rannte, bis meine Beine den Dienst versagten und meine Lunge meinen Brustkorb zu sprengen drohte. Bis ich mich auf dem Waldboden zu einer kleinen Kugel, abgeschirmt von der Welt, zusammenrollen wollte. Aber ich preschte weiter voran. Immer weiter, trotz der stechenden Schmerzen in meinen Fußsohlen, bis ich zu dieser winzigen Lichtung kam, auf der ein ebenso winziger, schäbiger Wohnwagen stand.

Als ich stoppte, musste ich mich an einem der Bäume abstützen, um nicht zusammenzubrechen, derart stark zitterten meine überforderten Muskeln. Mit butterweichen Knien ging ich zum Wagen und hämmerte mit geballter Faust gegen die Tür.

Keine Reaktion.

Ich trommelte wieder dagegen. Erneut regte sich nichts im Inneren des Wohnwagens. »E.T.!«, rief ich und lauschte nach einem Geräusch. Nichts. »Ethan, ich bin's. Mach die Tür auf!«

Wieder keine Antwort.

»Ethan! Humphrey! Bogart!«

Mit zitternder Hand drückte ich die Klinke der Tür. Sie war nicht verschlossen, sondern schwang sofort auf. Im Wohnwagen empfing mich der Geruch von Putzmittel gemischt mit einem kaum wahrnehmbaren Hauch von Whisky und Bier. Alles wirkte geputzt, als hätte E.T. Besuch erwartet. Die kleine Küche blitzte, der Klapptisch wirkte frisch gewischt. *Hat er geahnt, dass ich komme?*

»E.T.?«, fragte ich zögerlich, aber wieder erhielt ich keine Antwort. Himmel noch mal, wie viele Möglichkeiten sollte es schon geben, sich in diesem kleinen Trailer zu verstecken?

An der einen Seite entdeckte ich ein Bett, das ordentlich gemacht war. Daneben war eine Kleiderstange befestigt, an der nur noch ein dunkler Blazer hing – der, den E.T. in der Kirche getragen hatte.

Ich ließ mich auf das Bett fallen. Er war fort. Ethan war gegangen. Aber wo, zum Teufel, war er hin?

Ich zog mein Handy aus der Tasche meiner Jogginghose und scrollte blitzschnell zu Ethans Nummer. Als mein Daumen das Icon mit dem grünen Hörer gedrückt hatte, hielt ich inne. Es klingelte im Wohnwagen. Mein Blick huschte zum Blazer an der Kleiderstange, auf den ich nun langsam zuging. Meine Hand glitt in die Seitentasche und zog das in die Jahre gekommene Smartphone hervor, das Ethan bereits genutzt hatte, als wir die High School beendet hatten. Vom Display lächelte mir eine Version von mir selbst entgegen, die ich schon längst vergessen hatte: jung, strahlend, unbekümmert, aus einem anderen Leben.

***

Langsam strich ich durch den Wald. Das Zwitschern der Vögel, die wärmenden Sonnenstrahlen, die durch das Blätterdach fielen; all die Schönheit der Natur um mich herum nahm ich wie durch einen Filter wahr. Wie ungerecht es war, dass die Natur so erblühte, wenn es in mir selbst nur noch fad und schwarz aussah.

Auf der Veranda meines Elternhauses hielt ich inne. Mein Blick haftete auf den beiden Gartenstühlen, auf denen ich vor so kurzer Zeit noch mit Jarred gesessen hatte. Seufzend ließ ich meine Fingerkuppen über das weiche Holz gleiten.

»Da bist du ja.« Chris lehnte mit verschränkten Armen im Türrahmen. »Ich hab dich gesucht.«

»Jetzt bin ich ja wieder da.«

»Wo warst du denn? Laufen?«

»Nein, ich hab meine Laufschuhe nur an, weil sie so hübsch sind. Natürlich war ich laufen.«

»Wohin?«

»Was?«

»Wohin bist du gelaufen?«

»Warum stellst du mir so bescheuerte Fragen? Ich war einfach im Wald joggen, das solltest du auch mal probieren. Seit du kein Football mehr spielst, hast du ganz schön zugelegt.«

»Hey!« Sein typisch jungenhaftes Grinsen huschte über die Lippen meines Bruders, verschwand aber sofort wieder. »Ich hab mir nur Sorgen gemacht, okay? Ich möchte nicht, dass dir auch noch etwas passiert. Übrigens finde ich es nicht in Ordnung von dir, Aziz die ganze Zeit allein zu lassen.«

»Ich lasse Aziz nicht die ganze Zeit allein. Erzähl nicht so ,n Scheiß.«

Aber Chris hatte recht. Seit mein Dad angerufen hatte, war Aziz nicht von meiner Seite gewichen. Er hatte mir dennoch den Freiraum gelassen, den ich brauchte, hatte darauf geachtet, dass ich esse und trinke. Das Gleiche tat er auch für meine Eltern. Mein Freund fuhr Nan Nan und ging für uns einkaufen. Aziz hatte geholfen, wo er nur konnte, und ich hatte es ihm nicht gedankt. Nicht ein einziges Mal.

»Du weißt, dass ich recht habe.« Chris verschränkte die Arme vor der Brust.

»Vielleicht.« Beschämt nickte ich.

»Ohne Jarred wird es nie wieder dasselbe sein.« Mein großer Bruder lehnte sich an das Geländer der Veranda. »Er hat das Haus zu etwas Besonderem gemacht, aber nun ist er fort. Ich halte es hier nicht mehr aus, Mapes. Es tut zu sehr weh. Ich weiß nicht, wie ich meine Wut rauslassen soll. Ich dachte, ich hätte eine Möglichkeit gefunden, aber es hat nur ganz kurz gutgetan. Danach war es noch schlimmer als vorher.«

»Du hast doch nichts Unüberlegtes getan, Chris, oder?«

Er starrte auf seine nackten Füße. »Na ja, vielleicht ein bisschen unüberlegt.«

»Du hast aber niemandem wehgetan?«

Er schwieg.

»Chris?«

»Nein. Ich hab niemanden geschlagen oder so.«

»Und du warst auch nicht bei Kayne im Krankenhaus und hast ihm den Tod gewünscht oder sowas?«

»Gott, Mapes! Nein! Was denkst du denn?!«

»Keine Ahnung. Gestern am Pool warst du so … so … ach, ich weiß auch nicht. Furchteinflößend.«

»Gestern war einfach ein beschissener Tag.«

»Ja, ich weiß.«

»Mapes?«

»Ja?«

»Ich muss dir etwas erzählen. Etwas von früher.«

»Was denn?«

Chris war blass geworden. Er strich sich nervös durch die Haare, die er nun etwas länger trug als noch vor einigen Jahren. In seinen großen, blauen Augen flackerte Bedauern. »Ich hab ganz schönen Mist gebaut.«

»Hallo, ihr beiden!« Aziz kam mit einem Kaffeebecher in der Hand auf die Veranda. »Ich hab mich schon gefragt, wo ihr seid.« Er stellte sich neben mich. »Entschuldige, dass ich so lange geschlafen habe«, sagte er und küsste mich auf die Wange.

»Kein Problem, Babe. Du machst so viel für uns, da darfst du auch mal ausschlafen.«

»Mein Boss hat vorhin angerufen und gefragt, wann ich zurück nach New York komme. Übrigens hat mir unser Vermieter auf die Mailbox gesprochen, dass die Wohnung fertig ist. Wir müssen also nicht zurück ins Hotel, sondern können direkt in unser neues Zuhause.«

»Ich glaube, ich sollte auch mal bei meinem neuen Job anrufen. Sie hatten zwar gesagt, ich könne mir so viel Zeit nehmen, wie ich brauche … aber vermutlich ist diese Pause auch nicht endlos.«

Mein Blick huschte zu Chris. Seine Miene war wieder verschlossen, wie so oft in den letzten Tagen. Keine Spur mehr von der nervösen Stimmung, die er noch zwei Minuten zuvor versprüht hatte.

»Alles klar, dann werde ich euch beide mal in Ruhe lassen«, sagte mein Bruder. Mit wenigen Schritten war er von der Veranda bei seinem Wagen. Er stieg ein und ließ den Motor aufheulen. Als er aufs Gas trat, stoben Steinchen und Sand in einer Wolke hinter seinem Auto auf.

»Hab ich euch gestört?« Aziz schaute Chris mit gerunzelter Stirn nach.

»Keine Ahnung.«

Er zuckte mit den Schultern. »Meinst du, es ist okay, wenn wir in ein paar Tagen zurück nach New York fahren? Bist du schon bereit?«

»Ich weiß es nicht, aber es muss ja irgendwie weitergehen.« Ich stellte mich auf die Zehenspitzen, um meinem Freund einen Kuss zu geben. Doch als meine Lippen seine berührten, fühlte ich nichts außer bodenloser Leere.

***

»Komm schon!«, zischte ich durch zusammengepresste Zähne. »Das kann doch nicht so schwer sein.«

Mein Nacken kribbelte unangenehm und meine Hände verkrampften sich um Ethans Smartphone. Wer hätte gedacht, dass es so schwierig war, ein Handy zu entsperren? Noch dazu ein so altes. Aber augenscheinlich lagen meine Kompetenzen nicht im Bereich Cyberkriminalität.

Glücklicherweise hatte ich bereits entdeckt, dass ich fünf Versuche hatte, die richtige Zahlenkombination zum Entsperren des Telefons zu erraten. Bei meinem wäre nach drei erfolglosen Versuchen Schluss gewesen. Außerdem hätte ich sechs Zahlen eintippen müssen, nicht nur vier.

Alle naheliegenden Zahlenkombinationen hatte ich bereits versucht. Ethans Geburtstag, das Datum unseres Schulabschlusses. 1-2-3-4, den vierten Juli (Ethans Lieblingsfeiertag). Doch all diese Daten hatten mir nicht den gewünschten Einblick in sein Handy gewährt.

Einen Versuch hatte ich noch. Fieberhaft überlegte ich, welche Zahlenkombi in Frage kommen könnte und hoffte, dass mir Ethans Telefon Aufschluss darüber geben konnte, wohin er verschwunden war. Einen Versuch – wenn es mir nicht gelang, würde ich das Handy vor Wut aus dem Fenster schmeißen und mindestens zehnmal mit dem Auto darüberfahren. Das hatte E.T. dann davon.

Ich tippte 3-0-0-5 ein, meinen Geburtstag. Und siehe da, auf dem Display erschien der Home-Bildschirm.

»Ja!«

Verglichen mit meinem Display war dieser geradezu leer. Nur ein paar wenige Apps waren auf dem Telefon installiert. Ich entdeckte das Icon eines Messengers und öffnete ihn, doch kaum Chats waren darin zu finden. Ganz oben stand ein Name, der mir vage bekannt vorkam: Paul. Sein ehemaliger Mitbewohner. Ich klickte auf die Konversation.

*Ethan: Kannst du nach Woodside kommen? Ich brauch dich.*

*Paul: Ich mach mich auf den Weg.*

»Oh, du packst ja gar nicht.«

Nan Nan hatte die Tür zu meinem Zimmer wohl lautlos aufgeschoben und beobachtete mich nun.

»Doch, ich … Das mache ich gleich.«

»Aziz wartet schon auf dich.«

Ich blies die Wangen auf und ließ mich in die weichen Kissen auf meinem Bett fallen.

»Was ist los, Maplechen?«

»Ich weiß nicht, ob ich nach New York gehen möchte.« Diese Frage hatte ich mir in den letzten Tagen immer wieder gestellt. War es wirklich mein Weg, in die Millionenstadt zu ziehen? Es fühlte sich nicht nach meiner Bestimmung an.

Nan Nan schnalzte mit der Zunge. Sie schloss die Zimmertür und legte sich neben mich. »Maplechen, du hast ein Trauma erlitten. Der Verlust deines Bruders steckt dir tief in den Knochen. Das wird er auch noch lange, lange Zeit tun.« Sie stützte den Kopf auf der Hand ab und sah mich an. »Jarred ist viel zu jung gestorben. Viel, viel, viel zu jung. So etwas zeigt, wie schnell alles vorbei sein kann. Es ist nicht sicher, dass du alt wirst und irgendwann von der Arthritis so gebeugt, dass du gar nicht mehr anders kannst, als ins Gras zu beißen.«

Ich musste lachen.

»Ja, lach du nur. Deine Knochen sind noch vital.« Sie knuffte mich in die Seite. »Aber was ich sagen möchte … du solltest nicht das tun, was man von dir erwartet. Du solltest das tun, was dein Herz dir sagt.« Liebevoll strich sie eine Haarsträhne hinter mein Ohr. »Wenn du denkst, dass es richtig ist, mit Aziz nach New York zu ziehen, dort ein Leben aufzubauen, dann mach das. Er ist ganz sicher kein schlechter Kerl, im Gegenteil. Wenn dir dein Herz aber zuschreit, dass es sich nicht richtig anfühlt, dann solltest du herausfinden, was du wirklich möchtest.«

Ich vergrub das Gesicht in meinen Händen und stöhnte laut auf.

»Kindchen, Sexgeräusche helfen dir auch nicht bei deiner Entscheidung.«

»Nan Nan!« Kopfschüttelnd warf ich ihr einen gespielt empörten Blick durch meine gespreizten Finger zu.

»Liebst du ihn?«

»Er ist so ein lieber Kerl. Als wir in San Diego waren, hätte ich deine Frage ganz klar mit einem lauten, überzeugten ›Ja!‹ beantworten können. Aber jetzt …«

»Na ja, der arme Junge hatte nie wirklich eine Chance, nicht wahr?«

»Das hast du mir schon einmal gesagt, aber ich verstehe noch immer nicht, wie du das meinst.«

»Ach, Maplechen. Nun stell dich nicht so an. Dein Herz konnte ihm nie gehören, da es nicht frei für ihn war – nicht frei für ihn ist. Jemand anderes wohnt schon sehr lang darin.«

»Du meinst E.T.?«

»Na, wen denn sonst? Du bist doch normalerweise nicht so begriffsstutzig.«

»Aber wir sind nur Freunde.«

»Natürlich. In den guten Beziehungen sind die Liebenden auch beste Freunde. So ist das nun mal.«

»Selbst wenn … E.T. ist fort. Vielleicht hatten wir mal eine Chance auf mehr, aber das ist schon lange her. Ethan und ich … das wird nichts mehr. Ich bin mir nicht mal sicher, ob wir noch Freunde sind.«

»Oh, Maplechen. Hör mir doch einfach zu. Dein Herz weiß, was richtig ist.« Nan Nan gab mir einen Kuss auf die Stirn, bevor sie sich vom Bett aufrappelte und mein Zimmer verließ. Ich schaute ihr nach und lauschte dem leisen Knarren der Treppenstufen, als meine Großmutter sich auf den Weg ins Erdgeschoss machte.

Hatte sie recht?

Ich entsperrte Ethans Handy. Eine Weile starrte ich die Nummer an, die er zuletzt gewählt hatte, bevor ich auf den grünen Hörer drückte.

# 46. Ethan

*Vor drei Jahren*

»Alter! Sei nicht so ein verklemmter Spielverderber!« Milton lachte laut.

Er gehörte zu Pauls Clique und war, ganz ehrlich, zum Kotzen.

»Paul! Dein Mitbewohner macht es schon wieder!« Erneut lachte er viel zu laut und viel zu aufdringlich. Alle anderen, die um ihn herum versammelt standen, fielen wie Hyänen mit in sein Gelächter ein.

Grundsätzlich erinnerte mich ihr Verhalten an Tiere. Das vermeidlich schwächste Exemplar wurde identifiziert, von den anderen abgeschottet, erlegt und verspeist. Zugegeben, sie fraßen niemanden tatsächlich, aber abgesehen davon passte das Verhalten. Egal, ob man es darauf bezog, welches Mädchen flachgelegt werden sollte oder auf wessen Kosten sie sich lustig machten.

Ich würde nie verstehen, warum Paul sich mit diesen Typen abgab; er war so viel besser als sie. Aber vielleicht lief das einfach so. Die gutaussehenden Leute fügten sich automatisch zu einer Gruppe zusammen. Ob sie sich nun wirklich mochten oder nicht, war dabei wohl nebensächlich. Vielleicht lag da tatsächlich ein genetischer Schlüssel zu Grunde.

»Lass Ethan in Ruhe, Milton.« Paul ließ sich neben mir aufs Sofa fallen. »Kann ich nicht mal in Ruhe pissen gehen, ohne dass du ihn ins Visier nimmst?«

»Dann soll er nicht so verklemmt sein. Er bewertet weder die Titten noch die Ärsche der Mädels.« Pauls Kumpel deutete mit seiner Bierflasche auf mich. »Du schleppst ihn jetzt schon ein Jahr mit dir rum und er gibt jedes Mal Schwiegermuttis Liebling. Das nervt.«

»Vielleicht finde ich es einfach nur ziemlich sexistisch und unreif, mich an deinen dämlichen Spielchen zu beteiligen, Milton.«

»Sexistisch? Ich? Auf keinen Fall! Ich liebe die Ladys – und rein zufällig lieben sie mich und meinen Schwanz.« Er griff sich demonstrativ in den Schritt. »Aber pass auf, Kleiner, wie wäre es, wenn wir uns besser kennenlernen? Du hältst mich für einen sexistischen Macho.« Er breitete die Arme aus. »Eine Kategorie, mit der ich leben kann.« Die Hyänen um ihn herum johlten. »Und ich halte dich für einen verklemmten Spießer.«

»Alter, Milton. Wo soll das hinführen?« Paul lehnte sich auf dem Sofa zurück. »Lass es doch einfach gut sein.«

»Nein, nein. Ich hab da eine brillante Idee. Du, Bogart, machst dir … sagen wir mal … fünf One-Night-Stands klar und ich bringe ein Mädel dazu, sich in mich zu verlieben. Innerhalb von …«, er tippte sich mit dem Flaschenhals ans Kinn, »zehn Tagen. Was sagst du?«

»Ich sage, du hast zu viele Romcoms geschaut. Was soll das sein? Eine Mischung aus ›Wie werde ich ihn los in zehn Tagen‹ und ›Crazy. Stupid. Love.‹? Echt, Milton, ich hab keine Zeit für deinen Scheiß.« Ich hasste den Typen aus tiefster Seele und war jedes Mal aufs Neue genervt, wenn er hier war, um mit Paul abzuhängen.

Ein kollektives »Uuuuuuhhhhh« ging durch die Reihen der Hyänen. Alle starrten Milton erwartungsvoll an. Er verengte die Augen und fixierte mich.

Noch vor wenigen Monaten hätte ich mich niemals getraut, einem Kerl wie ihm die Stirn zu bieten. Ich hätte mich so klein wie möglich gemacht und mich vor ihm versteckt.

Doch Paul, das viele Training und der neue Job in der Bar hatten mir Selbstvertrauen gegeben.

»Also gut, du prüder Penner. Keine Sex-Wette also, aber dafür bekomme ich etwas anderes von dir.« Milton zeigte mit seiner Flasche auf mich.

»Und das wäre?«

»Du besorgst uns ein Fass Bier aus dem *Little Fox*.«

»Und warum sollte ich das tun?«

»Na ja, weil ich sonst meinen Charme auf deine Süße anwenden werde. Die Kleine, die du ständig auf deinem Handy anhimmelst. Ist wirklich ‚ne Süße, das muss man dir lassen.«

»Und wie willst du das anstellen? Sie ist in San Diego, du Genie.«

»Echt?«

Ich schrie beim Blick in Miltons überraschtes Gesicht vor Lachen innerlich auf. »Jup.«

»Könnt ihr beiden euch jetzt wieder einkriegen? Ich hab keinen Bock mehr, hier blöd rumzusitzen und euch beim Schwanzvergleich zuzusehen. Lasst uns endlich zur Party gehen.« Paul sprang auf und gab damit das Signal zum Aufbruch.

»Dann wünsche ich euch viel Spaß.« Ich griff mir einige der leeren Bierflaschen und brachte sie in unsere Küche.

»Was heißt *viel Spaß*? Du kommst mit, Bogart.« Milton schlang seinen gebräunten Arm um meine Schultern und duldete eindeutig keine Widerrede.

Ich hasste es, wenn er oder einer der anderen mich berührten. Die Erinnerungen an die Schikanen von Chris und Jamie waren noch immer zu präsent, zu schmerzhaft.

Ich schob Miltons Arm von meiner Schulter. »Nein danke, ich bleib lieber hier. Ich muss bis Montag noch einen Aufsatz schreiben. Der ist wichtig und …«

»Hör auf, dich rauszureden, Bogart. Du kommst mit. Ich hab dich falsch eingeschätzt; du bist doch ganz witzig.«

***

»Was für eine Zeitverschwendung.«

Ich lehnte an einer backsteinernen Wand in einem riesigen Wohnzimmer. Um mich herum spielten sich die typischen Szenen einer College-Party ab. Austauschbar. Genauso dürften sämtliche Partys von College-Kids überall im Land aussehen. Die Älteren checkten die Jüngeren ab. Diese taten so, als würden sie es nicht bemerkten und versuchten, dabei cool zu wirken, aber sahen doch aus wie die verzweifelten Kinder, die sie waren.

Ich nippte an meiner Cola und verfluchte mich selbst dafür, dass ich mitgegangen war.

»Na, amüsierst du dich?« Paul stellte sich neben mich und ließ den Flaschenhals seiner Bierflasche gegen meinen Becher klirren. »Ich war überrascht, dass du mitgekommen bist.«

»Ich genieße jede Sekunde, die ich hier bin.«

Paul schnaubte. »Ich hab auch keinen Bock mehr, soll ich ein Uber rufen?«

»Gern.« Ich blickte mich suchend um. »Was ist mit Milton?«

»Ich glaub, der hat ein Mädel abgeschleppt.«

»Na dann.«

Paul zog sein Handy aus der Gesäßtasche. Er wischte auf seinem Display herum, dann verstaute er das Smartphone wieder. »Uber ist in sieben Minuten da.«

»Warten wir draußen?«

»Klar.«

Wir schoben uns durch die Menge der Partygäste und bahnten uns einen Weg an den erhitzten Körpern vorbei. Jedes Mal, wenn mich schweißnasse Haut berührte, schauderte ich. Als wir endlich draußen waren, ließen wir uns auf dem Rasen vor dem Haus nieder. Die Ruhe war himmlisch, nur hin und wieder wurde sie von schrillem Gelächter und betrunkenen Gelalle durchbrochen.

»Was macht ihr denn hier?«

Milton tauchte neben uns auf. Er wankte und seine Stimme klang mehr als verwaschen. Ich fragte mich, ob er nur betrunken war oder ob noch andere Substanzen durch seine Adern zirkulierten.

»Ihr wolltet mich hier allein lassen.« Er deutete erst auf Paul, dann auf mich. »Tolle Freunde seid ihr.« Wie ein nasser Sack ließ er sich neben uns auf den Rasen fallen.

»Wir warten auf unseren Uber. Sollen wir dich mitnehmen?«, fragte ich.

Paul riss die Augen auf und schüttelte kaum merklich den Kopf. Mein Mitbewohner kannte seinen Kumpel deutlich besser als ich und hatte augenscheinlich keine große Lust, sich mit ihm auseinanderzusetzen.

»Ohhhh, Bogart. Du bist so süß.« Milton stieß mir mit der Faust gegen die Schulter. »Siehst du, Paul? So geht man mit Freunden um, du Arsch.«

»Das wird Ethan genau einmal machen. So wie jeder, der deinen betrunkenen Arsch mal nach Hause schaffen wollte.« Paul kontrollierte die Ankunftszeit unseres Fahrers auf seinem Handy. »In drei Minuten ist der Wagen da.«

»Wisst ihr, was wir machen sollten?« Miltons Stimme klang plötzlich ganz aufgeregt. Seine Augen funkelten wie die eines Kindes am Weihnachtsmorgen. »Wir sollten runter zum Fluss fahren und schwimmen!«

»Brillante Idee.« Paul verdrehte die Augen.

»Ich bin mir nicht sicher, ob er Sarkasmus gerade verstehen kann.«

»Sag ich doch! Brillant! Wir gehen schwimmen!«

Paul seufzte. »Warum wollen Besoffene eigentlich immer schwimmen gehen?«

Ein grüner Minivan fuhr vor. »Uber für Paul?«, fragte der Fahrer durch die geöffnete Scheibe.

Milton sprang auf. »Ja! Ja! Ja! Das ist unser Wagen! Kommt schon! Los, Jungs!« Er hüpfte auf das Auto zu und wirkte dabei wie ein Schimpanse auf Speed.

Paul stieß mir in die Seite. »Das ist dein Werk, Bogart. Dir ist klar, dass wir ihn nicht einfach zu Hause abliefern können, oder?«

»Wir können Milton aber auch nicht hierlassen.«

Paul grummelte. Seine Laute deutete ich als Zustimmung.

***

Ich nannte dem Fahrer unsere Adresse. Zwar hatte ich keine große Lust, Milton morgen verkatert in unserem Wohnzimmer vorzufinden, aber ich wollte dem Chauffeur auch keine Tour kreuz und quer durch Newark zumuten. Pauls Augenrollen ignorierte ich schulterzuckend.

»Was? Nein!« Milton richtete sich auf. »Wir wollen zum Fluss schwimmen!«

»Schwimmen?«, schaltete sich der Fahrer ein. »Das Wasser hat höchstens zehn Grad. Das ist keine gute Idee.«

Pauls Kumpel schnaubte. »Mir egal.« Er schmollte.

»Hör mal, Milton. Du kannst bei uns auf der Couch pennen. Wir gehen ein anderes Mal zum Fluss, okay?« Ich tätschelte sein Knie leicht und er ließ seinen Kopf auf meine Schulter sinken.

»Du bist in Ordnung, Bogart. Du bist in Ordnung.« Kurz darauf ertönte ein lautes Schnarchen aus seiner Richtung.

***

Ich befüllte die Kaffeemaschine und stellte sie ein. Wenn ich an diesem Tag etwas dringend benötigte, dann war es Koffein. Milton war offenbar mitten in der Nacht wieder aufgewacht und hatte sich den Fernseher eingeschaltet. Laut … sehr laut. Irgendwann hatte ich mir meine Kopfhörer genommen und war wieder eingeschlafen.

Gurgelnd nahm die Maschine ihren Dienst auf, während ich die dunkle Flüssigkeit dabei beobachtete, wie sie in die Kanne tröpfelte.

»Was ist bei einem Kater besser?«, fragte Paul, der hinter mir auftauchte. »Eine arschlahme, aber dafür relativ leise Kaffeemaschine wie die da …«, er deutete auf das zierliche Gerät auf der Arbeitsplatte, »… oder ein brüllender Kaffeevollautomat, der das Gesöff dafür in einer Minute fertig hätte?«

Nachdenklich trommelte ich mit den Fingern auf die Küchenplatte und schüttelte den Kopf. »Ich habe keine Lösung für dieses Mysterium.«

»Wo ist Milton?«

Ich blickte über Pauls Schulter ins Wohnzimmer. Das Sofa war bis auf ein paar zerwühlte Decken leer. Ich zuckte mit den Schultern.

Mein Mitbewohner ging zum Badezimmer und klopfte gegen die Tür. »Milton? Bist du da?«

Keine Antwort.

Paul blieb einen Moment unschlüssig vor der Tür stehen. »Alles klar bei dir?«, fragte er noch einmal, doch erneut erhielt er keine Antwort. Zögernd öffnete er die Badezimmertür und schloss sie wieder. »Er ist nicht da.« Paul kam zurück in die Küche, nahm sich einen Becher und schenkte sich Kaffee ein, der inzwischen durchgelaufen war.

»Vielleicht ist er schon nach Hause gegangen.«

»Ja, wahrscheinlich.«

Er wirkte nachdenklich, als er einen Schluck Kaffee aus seinem Becher nahm. Ich füllte mir ebenfalls etwas von dem Wachmacher ein. Der Geruch allein belebte mein Gehirn etwas.

»Ruf ihn doch an.«

Paul winkte ab. »Ach was. Milton ist kein kleines Kind mehr, er wird schon wissen, was er tut.«

Nachdem ich durch Unmengen des Getränks einigermaßen wach geworden war, verbrachte ich den Tag damit, mich auf die kommenden Vorlesungen vorzubereiten. Das Studium war hart – viel schwieriger und umfangreicher, als ich gedacht hatte. Mir war zwar von Anfang an klar gewesen, dass ein Jurastudium kein Spaziergang werden würde, aber die Professorinnen und Professoren verlangten ihren Studierenden trotzdem unglaublich viel ab.

Am frühen Abend drehten Paul und ich unsere übliche Joggingrunde, bevor ich meine Schicht im Pub antreten musste. Unsere Route führte uns durch den Botanischen Garten, vorbei an einigen Ausläufern des weitläufigen Campusgeländes und bis runter zum Fluss, der in einigen Kilometern Entfernung in den mächtigen Delaware River mündete.

Wir trabten in einem gemütlichen Tempo unser tägliches Pensum von zehn Meilen, doch als wir an der kleinen Fluss-Promenade ankamen, stoppten wir. Ein Großaufgebot von Polizisten, Rettungssanitätern und Feuerwehrleuten wuselte am Ufer umher. Einige Schaulustige hatten sich an der Absperrung versammelt und beobachteten die Uniformierten bei ihrer Arbeit.

»Komm, lass uns zurücklaufen. Ich muss gleich zur Arbeit.« Ich stieß Paul gegen die Schulter.

»Was ist hier passiert?«, fragte mein Kommilitone eine junge Frau, die mit ihrem Baby im Kinderwagen an der Absperrung stand.

»Ich glaube, sie haben eine Leiche gefunden«, erwiderte sie, ohne ihren Blick vom Wasser zu nehmen – wohl um nichts zu verpassen.

»Oh … Scheiße«, sagte ich. »Paul, kommst du?« Ich tippte meinem Mitbewohner auf die Schulter.

Anstatt mir zu folgen, war er einige Schritte näher an die Absperrung herangegangen. Als Paul sich einen Moment später zu mir umdrehte, war er kreidebleich. In seinen Augen stand das pure Entsetzen.

»Da am Ufer«, er deutete auf etwas, das ich nicht richtig erkennen konnte, »das ist Miltons Schuh.«

***

»Wir hätten ihn nicht gehen lassen dürfen, Paul.« Ich strich mir mit beiden Händen durch die Haare. »Er war zu betrunken. Wir haben ihn allein gelassen!« Ich tigerte ohne Unterlass weiter durch unser Wohnzimmer. Der Holzboden unter meinen Füßen bekam durch meine unablässigen Schritte sicher bald Spurrillen. „Wir haben noch nicht mal die verfluchte Haustür abgeschlossen. Es ist unsere Schuld, Paul!«

Paul blies die Wangen auf. Er war blass und knibbelte an seinen Fingernägeln herum – ein sicheres Zeichen für seine Nervosität. »Nein, Das stimmt nicht. Wir haben ihn ja nicht irgendwo abgesetzt oder so, sondern ihn zu uns mitgenommen und auf unser Sofa verfrachtet. Keiner von uns konnte ahnen, dass Milton irgendwann aufstehen würde, um doch noch diese hirnrissige Idee vom Nachtbaden durchzuziehen.«

»Schon, aber … nein, er hätte nicht allein bleiben sollen. Scheiße, verfluchte!« Ich ging in die Hocke und vergrub mein Gesicht in den Händen. »Wir haben ihn auf dem Gewissen, Paul. Das waren wir.«

»Alter, jetzt komm mal wieder runter. Es war ein Unfall. Wir haben nichts falsch gemacht. Das hat auch die Polizei gesagt.«

»Mag sein.« Ich nahm meine Tasche und ging in den Flur, wo ich mir meine Schuhe anzog. »Wie auch immer, ich muss jetzt zur Arbeit. Bye.« Schon fiel die Haustür hinter mir ins Schloss.

Es war absurd. Gestern war mein Leben noch in Ordnung gewesen. Chris war nicht mehr da, dafür hatte ich aber mit Paul einen echten Freund an meiner Seite, einen, in den ich nicht verliebt war. Das erste Mal hatte ich das Gefühl gehabt, so etwas Ähnliches wie Zufriedenheit zu spüren. Ein Gefühl, das ich bisher nur gekannt hatte, wenn ich mit Maple zusammengewesen war.

Doch mit Miltons Tod war dies alles in Flammen aufgegangen und zu Staub zerfallen. Das Hoffnung auf eine bessere Zukunft wurde zerstört, als sein lebloser Körper aus dem Fluss gezogen worden war.

Ich hätte ihn von dieser hirnrissigen Idee abbringen und auf ihn aufpassen müssen. Aber wie hätte ich das anstellen sollen? Ich, der Versager, der nicht einmal dazu in der Lage war, auf sich selbst aufzupassen?

# 47. Maple

Die Häuserschluchten machten mich wahnsinnig. Ich konnte nicht richtig atmen. Es fühlte sich an, als würden die Straßen permanent im Schatten liegen. Ich fragte mich, wie die New Yorker es schafften, ohne akuten Vitamin D-Mangel durchs Leben zu kommen. Wahrscheinlich war das der Grund für die vielen Rooftop-Bars: Man konnte sich wenigstens dort dem Gefühl hingeben, nicht eingeengt zu sein.

Ich war schon so oft in New York gewesen – zum Shoppen, für Konzerte oder Wochenendtrips mit der Familie. Meine Eltern hatten damals darauf bestanden, uns nach und nach sämtliche Museen zu zeigen. »Ein Mindestmaß an Kultur« hatten sie es immer genannt. Ich hatte diese Ausflüge geliebt. Jedem einzelnem Besuch hatte ich ungeduldig entgegengefiebert.

Nun, da ich in der Stadt wohnte, fühlte es sich anders an. Zu eng, zu voll, zu laut – zu erdrückend.

»Miss Turner?«

Ich zuckte ertappt zusammen. Die gesamte Lektoratsabteilung des White-Swan-Verlags schaute mich erwartungsvoll an. »Entschuldigung. Ich war … Könnten Sie die Frage bitte wiederholen?«

Es war mein Traumjob, den ich ergattert hatte. Ich war eine angehende Lektorin in einem mittelgroßen Verlagshaus, das hauptsächlich historische Liebesromane verlegte. Doch das war vor Jarreds Unfall mein Wunsch gewesen. Nun da ich hier war, konnte ich mich nicht konzentrieren. Die Exposés und Leseproben, die ich sichten sollte, verschwammen regelmäßig vor meinen Augen.

Nach dem Meeting winkte mich Gretchen, die engagierte

Abteilungsleiterin, zu sich. Sie lehnte an ihrem Schreibtisch und musterte mich nachdenklich, als ich ihr Büro betrat. Sie trug einen marineblauen Blazer über ihrer weißen Bluse. Die langen Beine steckten in einer Marlenehose im gleichen Blauton. Das dunkle Haar, das bereits von einigen grauen Strähnen durchzogen war, hatte sie zu einer lockeren Hochsteckfrisur aufgetürmt. Ihre großen, dunklen Augen waren von einigen Lachfalten gesäumt, die sie unfassbar sympathisch wirken ließen.

»Maple.« Sie lächelte freundlich und deutete mit einer Hand auf den Sessel, der vor ihrem Schreibtisch stand. »Setzen wir uns doch.« Gretchen umrundete ihren Schreibtisch. Sie ließ sich auf den ergonomischen Stuhl dahinter sinken und seufzte. »Sie sind nun gute vier Monate bei uns, nicht wahr?«

Ich nahm auf dem Stuhl Platz und nickte. Mich überkam eine beklemmende Vorahnung, in welche Richtung das Gespräch führen würde.

»Ihr Start hier stand unter einem denkbar schlechten Stern. Sie befinden sich noch immer in einer seelischen Ausnahmesituation. Der Verlust Ihres Bruders tut mir und allen anderen hier ausgesprochen leid. Das wissen Sie.« Ihre Lippen verzogen sich zu einem aufrichtigen Lächeln. Es war eines der mitleidigen Sorte, die ich in den vergangenen Monaten so oft geerntet hatte, wann immer jemand gehört hatte, was mit Jarred geschehen war. Ich hasste es! Aber von Gretchens Lippen verschwand es ebenso schnell wieder, wie es gekommen war. »Trotzdem ist dies hier Ihr Arbeitsplatz.« Sie machte eine Geste, die wohl die gesamte Etage einschließen sollte.

»Das weiß ich, Gretchen.«

»Schön, schön. Doch Sie wirken nicht, als ob Sie das wüssten. Maple, Sie haben ausgezeichnete Zeugnisse. Wir hielten Sie für einen echten Gewinn für unseren Verlag. Nur leider habe ich nicht das Gefühl, dass wir uns hier bei White Swan auf Sie verlassen können.« Sie machte eine Pause. Mit verschränkten Fingern legte sie ihre Hände auf der gläsernen Platte ihres Schreibtisches ab. »Bei allem Verständnis für Ihre Situation, Maple, aber wir können Sie hier leider nicht mehr beschäftigen. Sie können sich gerne wieder melden, wenn es Ihnen besser geht. Vielleicht haben wir dann zufälligerweise

Kapazitäten frei und können Ihnen eine zweite Chance geben.«

Ich starrte auf einen winzigen Fleck auf dem beigen Teppich zu meinen Füßen. Vielleicht war es auch ein Fussel? Wie durch Watte waren die Worte meiner Chefin zu mir durchgedrungen.

So war das mit der Trauer. Jeder war entsetzt und sprach einem sein Mitgefühl aus. Zwei Minuten später war jedoch alles vergessen und man sollte gefälligst wieder funktionieren, doch wenn man das nicht konnte, wurde man mit einem freundlichen Lächeln rausgeworfen.

»Maple?« Gretchen hatte sich erhoben. »Ich begleite Sie zu Ihrem Schreibtisch.« Sie machte eine auffordernde Geste in Richtung Tür. Wie ferngesteuert erhob ich mich. Das war's dann also wieder mit meinem Job in New York City.

***

»Wieso bist du schon zu Hause, Babe?« Aziz kam ins Wohnzimmer unseres Appartements. Er ließ sich neben mir aufs Sofa fallen, so dass ich beinahe hochhüpfte und meinen Tee verschüttete. Er sah mich forschend an. »Ist es wieder schlimmer geworden?«

Ich nickte. Blinzelnd versuchte ich die Tränen zurückzuhalten, die in den letzten Monaten zu meinen ständigen Begleitern geworden waren. »Gretchen hat mich rausgeworfen.«

Aziz zog die Augenbrauen hoch. »Oh.«

»Das ist deine einzige Reaktion?« Ich wusste nicht, was ich erwartet hatte, aber etwas mehr als ein schlichtes »Oh« wäre schön gewesen.

Er kräuselte die Lippen. »Na ja, was erwartest du von ihr? Sie muss ein Unternehmen führen. Verlage sind in unserer Welt nun mal gewinnorientiert. Dafür muss jeder funktionieren und seinen Job machen.«

»Das hab ich doch versucht. Ich meine, es ist gerade nicht einfach für mich.« Ich hasste, wie brüchig und schwach meine Stimme klang.

»Das weiß ich ja, Babe. Ist doch klar. Dein Bruder ist gestorben. Jeder hat Verständnis für dich. Aber es ist nun auch schon über vier Monate her. Vielleicht solltest du dich …« Er brach ab. »Vergiss es. Ich habe nichts gesagt. Möchtest du etwas essen?«

»Vielleicht sollte ich was?«

»Ist nicht so wichtig.« Aziz erhob sich. Er steuerte den Kühlschrank in unserer Wohnküche an und öffnete ihn. Mit einem Seufzen schloss er ihn jedoch kurz darauf wieder. »Wolltest du nicht einkaufen fahren? Ach, auch egal. Soll ich schnell ein paar Sachen für einen Salat holen? Oder wollen wir etwas bestellen? Worauf hast du Lust?«

»Könntest du meine Frage beantworten?«

Er seufzte erneut. »Okay, aber sei nicht sauer. Ich meine nur, dass es jetzt vielleicht an der Zeit wäre, wieder ein bisschen normaler zu sein.«

»*Normaler*?«

»Ja. Ich weiß, das klingt, als wäre ich ein kaltherziges Mega-Arschloch, aber du hängst seit Monaten total durch. Kein Lächeln, keine Gespräche mehr. Alles dreht sich nur noch um Jarreds Unfall und darum, ob Kayne bald aufwacht oder nicht. Himmel, Maple. Du bist doch nicht da draußen im Wald gestorben. Ich glaube nicht, dass Jarred wollen würde, dass du dich so einigelst.«

»Glaubst du das, ja? Du hast doch keine Ahnung, Aziz! Du weißt nicht, wie weh es tut, jemanden zu verlieren. Ich meine, einen Menschen *endgültig* zu verlieren. Und du hast erst recht keinen blassen Schimmer, wie es sich anfühlt, wenn man für den Tod seines eigenen kleinen Bruders verantwortlich ist.« Tränen brannten in meinen Augen.

»Ja, das stimmt. Ich habe keine Ahnung davon, wie es ist, wenn ein geliebter Mensch stirbt. Das musste ich noch nie erleben.« Er öffnete noch einmal den Kühlschrank und nahm eine Bierdose heraus, die er mit einem Zischen öffnete. »Trotzdem weiß ich, was Verlust ist, Maple. Ich spüre ihn jeden verfluchten Tag. Seit dem Unfall habe ich kein vernünftiges Wort mehr mit dir geredet. Du lässt mich nicht mehr an dich heran. Du blockst ab, wenn ich dich berühre. Du versteifst dich, sobald ich in den Raum komme. Ich habe das Gefühl, meine Freundin auch in dieser Nacht verloren zu haben.«

»Das kannst du wohl kaum miteinander vergleichen, oder?«

»Nein, kann ich nicht. Deshalb habe ich bis jetzt auch kein Wort darüber verloren, wie ich mich fühle, denn ich habe ja kein Recht darauf, zu trauern. Schließlich bist du noch hier. Zumindest die Hülle der Frau, die ich liebe, ist hier.« Er nahm einen großen Schluck aus seiner Bierdose und stellte sie so schwungvoll auf der Arbeitsplatte ab, dass Schaum aus der Öffnung quoll. »Maple, ich liebe dich und ich will dir die Zeit geben, die du benötigst. Aber bitte gib mir auch eine Kleinigkeit. Irgendein Zeichen, dass es unsere Zukunft, so wie wir sie geplant hatten, noch gibt.« Er kam zu mir zurück, ließ sich vor mir auf den Boden sinken und umschloss meine Hände mit seinen.

Ich blickte in seine haselnussbraunen Augen, die mich so flehend ansahen. Es wäre so einfach, ihm zu sagen, was er hören wollte. *Natürlich gibt es diese Zukunft noch. Gib mir nur ein wenig Zeit.*

Aber meine Gedanken drifteten ab zu jenem Tag, an dem wir Jarred beerdigt hatten. Zu den Momenten mit Ethan auf der Lichtung. Meine Lippen auf seinen, ein Feuerwerk in meinen Eingeweiden. Ein Gefühl, das mir Aziz' Küsse nie beschert hatten. Die Bilder in meinem Kopf wurden von Nan Nans Worten begleitet. *Dein Herz ist nicht frei für ihn.*

Ich schluckte. Meine Kehle fühlte sich eng und trocken an. Wie ferngesteuert schüttelte ich meinen Kopf. »Ich glaube, diese Zukunft hat es nie für uns gegeben, Aziz.«

***

Das sanfte Bimmeln der Türglocke, das beim Öffnen der Tür ertönte, entlockte mir ein zaghaftes Lächeln.

»Ich bin gleich für Sie da.« Eine vertraute Stimme wehte zu mir rüber. Eine wohlige Wärme breitete sich in mir aus. »Maplechen!« Nan Nan erblickte mich, als sie aus dem Hinterzimmer in ihren Buchladen trat. Ohne ein weiteres Wort breitete sie die Arme aus und ich stürzte mich hinein. Ihre Wärme legte sich um mich, wodurch ich mich das erste Mal seit vielen Wochen entspannen konnte.

»Ich bin wieder zu Hause, Nan Nan«, flüsterte ich an ihrem Ohr.

»Das bist du, Herzchen. Genau da, wo du hingehörst.«

Nan Nan löste sich von mir und hob ihren silbernen Flachmann, den sie stets unter dem Kassentresen aufbewahrte, mit fragendem Blick in meine Richtung. Als ich den Kopf schüttelte, gab sie nur in ihren Becher Kaffee einen Schluck Brandy. Für mich kochte sie flink einen zweiten im Hinterzimmer und drückte ihn mir ohne Schuss in die Hand.

»Ich hab's versaut, Nan Nan. New York war grauenhaft.«

»Es war nicht der richtige Zeitpunkt, Liebes. Das ist alles. Du hast überhaupt nichts versaut.«

»Aber ich wurde gefeuert und ich hab mich von Aziz getrennt, obwohl er so lieb war. Die meiste Zeit zumindest.«

»Ach, Kindchen.« Nan Nan winkte ab. »Dein Aziz ist ein guter Kerl. Er wird jemanden mit freiem Herzen und offenen Armen finden. Du warst lediglich nie für ihn bestimmt. Und was diesen Job angeht: Wenn man dich feuert, weil du trauerst, sollte das kein großer Verlust sein.«

»Da hast du wohl recht. Aber es war eine gute Stelle.«

»Gut ist nicht immer gut genug.«

»Sie hätte aber wunderbar in meinen Lebenslauf gepasst.«

»Ach, weißt du, Maplechen … ich habe nie viel auf Lebensläufe gegeben. Sie reduzieren einen Menschen auf wenige Zeilen auf einem Stück Papier. Über den wahren Charakter sagen sie nicht das Geringste aus. Die besten Erfahrungen, die, die wirklich zählen, macht man sowieso nur in den Lücken. Außerdem brauchst du keinen Lebenslauf, um bei mir zu arbeiten, denn du kennst meinen Laden genauso gut wie ich. Wir beide hatten doch immer den Plan, dass du ihn eines Tages übernehmen wirst, warum also nicht jetzt sofort? Ich bin alt, Maplechen. Ich habe keine Lust mehr, jeden Tag so früh aufzustehen. Für mich wird es Zeit, noch ein paar Lücken in meinen Lebenslauf zu bringen.«

»Das meinst du doch nicht ernst! Dieser Laden ohne dich«, ich machte eine ausladende Geste, die den gesamten Verkaufsraum umfasste, »das ist nicht das Gleiche.«

»Nun, ich bin mir sicher, dass es einige Menschen hier in Woodside gibt, die ganz froh sein dürften, wenn ich mal für ein paar Wochen oder Monate nicht hier wäre.«

»Ach Quatsch. Du bist ein Woodside-Urgestein. Jeder hier liebt dich.«

»Einige Damen lieben mich nicht, da kannst du dir sicher sein.« Sie zwinkerte. »Also, Kindchen, haben wir einen Deal?«

Ich blickte mich in dem kleinen Geschäft um, das mir seit meiner Kindheit so vertraut war. Vielleicht war dies genau der Ort, den ich brauchte, um meine Seele zur Ruhe kommen zu lassen. Vielleicht heilte mein Herz zu Hause am besten.

Ich nickte meiner Großmutter zu. »Haben wir.«

***

»So, Maple. Das ist sie.« Mrs. Hamington, die ältere Dame, die das kleine Eiscafé in der Main Street betrieb, öffnete die lila gestrichene Tür. Zum Vorschein kam ein Raum von etwa dreißig Quadratmetern. Links neben der Wohnungstür befand sich eine kleine Küchenzeile, die bereits etwas in die Jahre gekommen war. Die Elektrogeräte entsprachen sicher nicht mehr den neuesten Standards, aber das war mir egal. Was meinen Blick gefangen nahm, war der Blick auf den See, der sich hinter der breiten Fensterfront gegenüber der Wohnungstür erhob.

»Sind Sie sicher, dass Sie die Wohnung nicht anderweitig vermieten wollen? Touristen würden für den Blick sicher ein Vermögen ausgeben.«

»Oh, nicht doch.« Mrs. Hamington winkte ab. »Ich habe keine Lust, mich mit diesen Touristen abzuärgern, und wir wissen doch beide, dass die sich lieber direkt an der Küste herumtreiben. Wenn sich doch mal jemand nach Woodside verirrt, wird an allem herumgemäkelt, und das nur, weil sie zu spät dran waren, ein Domizil am Meer zu buchen. Nein, nein, Liebes. Da vermiete ich doch lieber an eine waschechte Woodsiderin.« Sie tätschelte meine Schulter. »Wieso ziehst du denn nicht wieder bei deinen Eltern ein?«

So war Mrs. Hamington. Sie hielt sich nicht lange mit Förmlichkeiten auf oder versuchte, ihre Fragen geschickt zu verpacken. *Immer direkt raus damit* schien ihr Motto zu sein. Zusammen mit Nan Nan und Betty Douglas bildete sie ein skurriles Trio, das immer bestens über die Vorgänge in Woodside informiert war. Aber die drei waren nie bösartige Klatschmäuler gewesen; sie verstanden sich eher als eine Art Nachrichtenzentrale.

»Ich denke, ich bin alt genug, um nicht mehr bei meinen Eltern zu wohnen«, antwortete ich unbestimmt.

Mrs. Hamington zog die Nase kraus. »Das bist du mit Sicherheit, mein Liebes.« Sie griff mit ihrer faltigen Hand nach meiner. »Ich dachte nur, deine liebe Mutter würde dich vielleicht gern bei sich haben.«

Schulterzuckend ging ich zu den großen Fenstern. »Ja, vielleicht.« Mein Blick glitt über den malerischen See, der sich vor mir erstreckte. Dort drüben, genau auf der anderen Seite, hatte Ethan seinen Wohnwagen aufgestellt. Ob er wieder zurück war, von wo auch immer?

»Wollen wir dann den Mietvertrag aufsetzen?« Mrs. Hamington zog einen Zettel aus der Tasche ihrer weißen Schürze und legte ihn auf die kleine Arbeitsplatte in der Küche. Gleich daneben positionierte sie einen Kugelschreiber. Ihre Augen funkelten mich erwartungsvoll an.

»Klar.«

***

Mein Herz pochte hart gegen meine Rippen. Ich spürte meinen Herzschlag selbst in den Zehenspitzen, als ich vor dem Wohnwagen stand. Seit meinem letzten Besuch hier hatte sich nichts verändert. Nichts deutete darauf hin, dass Ethan zurückgekehrt war. Eine Mischung aus Enttäuschung und Erleichterung wallte durch meine Adern. Ich war erleichtert, dass mein E.T. vielleicht doch die Kurve gekriegt und sich von seinem Leben im Trailer verabschiedet hatte. Enttäuschung fühlte ich, weil ich keine Ahnung hatte, wie ich ihn erreichen, ihn finden sollte.

Obgleich ich mir sicher war, niemanden anzutreffen, klopfte ich zaghaft gegen die Wagentür. Nichts und niemand regte sich. Nur ein Vogel, der es sich auf dem Dach des Wohnwagens gemütlich gemacht hatte, flatterte empört zwitschernd in den Wald.

»Ethan?«, fragte ich die Stille hinein, aber wie ich erwartet hatte, erhielt ich keine Antwort.

»Er ist fort.«

Vor Schreck fuhr ich mit einem spitzen Schrei herum. »Mr. Bogart!«

»Entschuldige, Maple, ich wollte dir keinen Schrecken einjagen.« Ethans Vater kam mit einem traurigen Lächeln im Gesicht auf mich zu. »Weißt du …« Er ließ sich auf die Trittstufe vor dem Wagen nieder und bedeutete mir mit einer Handbewegung, mich zu ihm zu setzen. »Ethan kam zu uns. Am Tag nach Jarreds Beerdigung.« Seine Finger schlossen sich mit leichtem Druck um meine. »Es tut mir übrigens schrecklich leid, was da passiert ist.«

Ich schluckte gegen den Kloß in meinem Hals an, der sich immer bildete, wenn ich den Namen meines kleinen Bruders hörte.

»Danke«, flüsterte ich.

»Jedenfalls kam Ethan zu uns und sagte, er würde fortgehen, denn er müsse sein Leben ordnen und wieder zu sich finden. Na ja, er war sehr kryptisch.« Steve zuckte mit den Schultern. »Mein Sohn hatte mit Paul telefoniert, bevor er sich von uns verabschiedet hat. Kennst du ihn? Er war Ethans Mitbewohner. Wie auch immer … Ethan ist dann zum Bus gegangen und seither haben Marcia und ich ihn nicht mehr gesehen.« Tränen schwammen und Steves Augen und ließen sie heller scheinen als sonst.

»Er hat sich nicht bei euch gemeldet?«

»Nein. Bei dir auch nicht, nehme ich an. Sonst wärst du wohl kaum hier.«

Ich nickte.

Steve schenkte mir ein aufmunterndes Lächeln. »Ich würde dir gern sagen, wo sich mein Sohn befindet, Maple, aber leider kann ich das nicht. Du warst immer seine beste Freundin und ihr zwei wart immer so niedlich zusammen. Eigentlich hatte ich erwartet, ihr würdet irgendwann ein Paar werden.« Ethans Vater erhob sich mühsam von der Stufe und richtete sich mit einem schmerzverzerrten Gesicht auf. »Diese verfluchten Knochen«, murmelte er mit ins Kreuz gestemmten Händen.

»Mr. Bogart?«

»Nenn mich doch bitte endlich Steve.«

»Würden Sie mir Bescheid geben, wenn Ethan sich bei Ihnen meldet?«

»Natürlich.«

»Ich wohne jetzt in der Wohnung über Mrs. Hamingtons Eiscafé.«

»Oh, du bist zurück in Woodside? Für längere Zeit, meine ich?«

»Sieht so aus. New York war nichts für mich.«

»Und der junge Mann, der nicht von deiner Seite wich?«

»Aziz meinen Sie?«

Er nickte.

»Wie sich herausstellte, war ich nicht die Richtige für ihn.«

Ein Lächeln zupfte an Steves Mundwinkeln. »Nun, ich würde gern sagen, wie leid mir das tut, aber so kann ich mir ja doch noch Hoffnungen für meinen Sohn machen.« Er zwinkerte mir noch zu, bevor er von der kleinen Lichtung humpelte.

# 48. Maple

Ich zog den Schlüssel aus dem Schloss und stieß die Tür auf. Das vertraute Bimmeln der Türglocke zauberte mir wie jeden Morgen ein Lächeln auf die Lippen. Nachdem ich die Alarmanlage deaktiviert und das Licht angeschaltet hatte, stellte ich meinen to-go Becher aus Edelstahl auf den Kassentresen.

Mein Blick wanderte über die Regalreihen mit den zahllosen Büchern darin. Seit ich Nan Nan den größten Teil der Arbeit im Buchladen abgenommen hatte, ging es mir besser. Auch die wöchentlichen Treffen mit einer Selbsthilfegruppe für Trauernde in Wilmington hatte mir geholfen, Jarreds Tod zu akzeptieren. Mein Herz hatte langsam, ganz langsam zu heilen begonnen.

Als ich vollkommen vertieft über einer neuen Bestellung für den Laden brütete, tippte mir jemand auf die Schulter. Ich brauchte einen kleinen Moment, bis ich die junge Frau erkannte, die vor mir stand. Sie hatte ihre braunen Haare zu einem kunstvollen Gretchenzopf geflochten und ihr wunderschöner, weiblicher Körper steckte in einem weich fließenden Kleid.

»Hazel!« Ich breitete die Arme aus und schloss sie in eine feste Umarmung.

»Maple!«, quietschte sie, wobei ihre Stimmlage mindestens zwei Oktaven höher rutschte. »Es ist so schön, dich zu sehen!«

»Seit wann bist du wieder in Woodside?«, fragte ich meine langjährige Freundin und hielt sie eine Armlänge von mir entfernt. »Du siehst großartig aus. So … keine Ahnung. Einfach großartig.«

Eine leichte Röte breitete sich auf Hazels Wangen aus. »Ich bin gestern Abend angekommen.

Als ich hörte, dass du Nan Nans Buchladen übernommen hast, musste ich sofort herkommen.«

»Es ist so schön, dich zu sehen.« Ich zog meine alte Schulfreundin noch einmal in eine Umarmung. »Erzähl, wie ist es dir ergangen?«

»Tatsächlich ganz gut. Chicago war super, aber noch besser war Europa.«

»Ich hab deine Bilder auf Instagram gesehen. So schön!«

»Ja, total. Ich hab's geliebt und so viel gelernt – über mich und darüber, was ich wirklich will.«

»Und das wäre?«

»Wird noch nicht verraten.« Sie zwinkerte. »Maple, es tut mir übrigens so wahnsinnig leid, was mit Jarred passiert ist. Ich war fassungslos.«

»Ja, das war ich auch.«

»Wie geht es dir jetzt damit?«

»Es tut noch weh, aber der Schmerz wird besser.«

»Und Kayne ist noch immer nicht aufgewacht?«

»Bisher nicht.«

»Furchtbar.« Sie wand sich, als wollte sie die dunklen Gedanken abschütteln. »Ich hab dir etwas mitgebracht.« Hazel stellte eine kleine Kühltasche auf den Tresen und zog den Reißverschluss auf. Zum Vorschein kam ein kleines Törtchen.

»Was ist das?«

»Frag nicht so blöd. Das ist ein Tartelett.«

»Ein was?«

»Tartelett. Probier mal.« Sie griff wieder in die Kühltasche und förderte eine kleine Gabel zutage, die sie mir auffordernd reichte. »Na los, probier mal!«

Ich nahm einen Bissen von dem Gebäck und fühlte mich umgehend, als sei ich im Kuchenhimmel. »O mein Gott, Hazel!« Genießerisch schloss ich die Augen. »Das ist köstlich!«

»Oder? Und das Beste daran: Es ist …« Sie legte einen Zeigefinger ans Kinn. »Nein, das verrate ich nicht.« Hazel lachte. »Da musste du dich noch ein bisschen gedulden.«

»Pfft«, machte ich und dabei flogen mir ein paar Krümel aus dem Mund.

»Sehr appetitlich, Maple. Sehr appetitlich.« Lachend lehnte meine alte Freundin sich an den Kassentresen meines Buchladens. »Also, Herzi. Dann erzähl mal. Was gibt's Neues in Woodside?«

Ich zuckte mit den Schultern. »Keine Ahnung. Ist ‚ne kleine Stadt. Hier passiert nicht viel.«

»Ist schon merkwürdig.« Sie deutete auf die Bücherregale. »Ich wette, die Hälfte der Bücher hier hat eine Kleinstadt als Setting. In diesen Städtchen passiert immer etwas, entweder ein Mord oder ein geheimnisvoller Junggeselle zieht in den Ort …« Hazel wackelte mit den Augenbrauen. »Ist ein geheimnisvoller Junggeselle hergezogen? Bitte sag ja.«

»Nein, nicht dass ich wüsste.« Ich musste lachen.

Hazel presste sich in einer gespielt theatralischen Geste eine flache Hand auf die Brust und seufzte laut. »Wie bedauerlich. Wie geht's denn E.T.?«

Es war eine beiläufige Frage, aber sie stach in mein Herz wie die Klinge eines scharfen Messers.

»Das weiß ich nicht«, sagte ich betont gleichgültig.

»Was? Sag nicht, dass ihr zwei keinen Kontakt mehr habt?!«

»Doch. Unsere Freundschaft war letzten Endes wohl doch nicht so stark, wie ich immer angenommen hatte.« Ich zuckte mit den Schultern und schob die Krümel des Tarteletts auf dem Tresen hin und her.

»Schon komisch, ich hab immer geglaubt, dass ihr zwei eines Tages … na ja, du weißt schon …« Wieder wackelte sie mit den Augenbrauen.

Ich machte eine wegwerfende Handbewegung. »Ach Quatsch, wir waren immer nur Freunde.«

»Ja, natürlich. Und der Weihnachtsmann kommt auch an Ostern.« Hazel sah mich forschend an. »Wie auch immer. Was hältst du davon, wenn wir heute Abend zusammen etwas trinken und einfach ein bisschen quatschen?«

»Unbedingt!«, erwiderte ich und war froh über den Themenwechsel.

»Ich hab noch keine Wohnung hier und lebe bei meiner sonderbaren Mutter. Du kannst gern vorbeikommen, aber ich bin mir sicher, sie wird uns nicht in Ruhe lassen. Ungelogen, die Frau wird immer unkonventioneller, je älter sie wird. Sie hat sich jetzt darauf spezialisiert, Tränke und Tinkturen zu brauen, die die Stimmung während der Menopause aufhellen sollen. Wenn du mich fragst, bestehen die alle aus Weed, Weed und noch mehr Weed.«

»Vielleicht sollte ich dann doch zu dir kommen?« Ich konnte mir kein Lachen verkneifen.

»Jaja … Das klingt alles sehr witzig, wenn es nicht die eigene Mutter ist. Ich komm zu dir.«

»Alles klar. Ich hab die kleine Wohnung über dem Eiscafé gemietet.«

»Oh, wirklich? Das der alten Hamington?«

»Genau.«

»Perfekt, dann organisiere uns doch ein bisschen Eis für nachher und ich bringe Wein mit.«

»Klingt perfekt. Um acht? Dann kann ich nach Ladenschluss noch eine Runde laufen.«

»Ich werde da sein. Bis später!« Hazel zog mich in eine Umarmung und hauchte mir einen Kuss auf die Wange. »So schön, dich wieder zu sehen«, flüsterte sie. Dann rauschte sie mit einem strahlenden Lächeln auf den Lippen, das sie schon immer ausgezeichnet hatte, aus der Tür.

***

»Und seitdem ist er verschwunden?« Hazel zog nachdenklich die Augenbrauen zusammen, während sie einen Schluck von ihrem Chardonnay trank.

»Ja. Ich habe nichts mehr von ihm gehört und seine Eltern wissen auch nicht, wo er ist. Die einzigen Anhaltspunkte sind sein Handy, das er hiergelassen hat, und Paul.«

»Wer ist Paul?«

»Sein ehemaliger Mitbewohner. E.T. hat ihn angerufen, bevor er verschwand.«

»Hast du versucht, ihn zu erreichen? Ich meine, du hast Ethans Smartphone. Damit wird sich doch etwas anfangen lassen.«

»Schon, aber Paul hat nie geantwortet. Ich nehme mal an, er hat die alte Nummer blockiert oder sowas.«

»Das kann sein. Würde ich an seiner Stelle auch machen. Mit deinem Handy hast du es auch versucht?«

Ich starrte Hazel ungläubig an. Das war genau der Grund, weswegen es manchmal einfach besser war, mit einer Freundin über Probleme zu reden. Vollkommen naheliegende Dinge, die einem selbst trotzdem entgangen waren, wurden plötzlich durch eine simple Frage offensichtlich.

»Ähm …«, machte ich.

»Maple?«

»Na ja, ich … also … nein. Ich hab's nur von Ethans Gerät aus versucht.«

»O mein Gott! Wie konntest du so lange ohne mich überleben, Kind?« Hazel stellte ihr Weinglas ab, fischte nach ihrer grellbunten Beuteltasche und stellte diese auf ihrem Schoß ab. Nach einigem Wühlen kramte sie ihr Smartphone hervor.

»Die Nummer bitte.« Auffordernd blickte sie mich an. »Hopphopp, Miss Turner.«

»Ich weiß gar nicht so genau, wo es in dem Umzugschaos geblieben ist …«

»Umzugschaos? Ganz ehrlich, ich hab noch nie eine so leere Wohnung gesehen! Wie viele Kisten hast du hierher mitgenommen? Eine? Wo kann sich das Handy also schon großartig verstecken?«

Ich blies die Wangen auf und ließ die Luft geräuschvoll entweichen. »Okay, okay. Ich mach ja schon.« Schnaubend erhob ich mich vom dicken Sitzkissen, das vor dem großen Fenster auf dem Boden lag, und steuerte meine kleine Küche an. Ich tat eine Weile so, als würde ich das Gerät suchen, dabei wusste ich ganz genau, wo es sich befand. Also zog ich es aus einer der Schubladen, nachdem Hazel ebenfalls die wenigen Schritte bis zur Küche zurückgelegt hatte. Das entsperrte Handy in der einen, ihr eigenes in der anderen Hand, wählte sie Pauls Nummer. Ich starrte sie an, als sie ihr Smartphone ans Ohr nahm und dem Freizeichen lauschte. Mein Magen flatterte nervös, meine Kopfhaut kribbelte unangenehm und kalter Schweiß sammelte sich auf meinen Handflächen. Wenn Paul rangehen würde, hätte ich endlich Gewissheit darüber, wo Ethan sich befand. Wenn nicht, würde sich nichts ändern. Warum war ich also so nervös?

Hazel nahm das Telefon vom Ohr und verzog das Gesicht. »Es meldet sich niemand. Tut mir leid.«

»Macht nichts. Das habe ich mir schon gedacht.«

»Du hättest dich aber schon gefreut, wenn du erfahren hättest, wo Ethan sich befindet, oder?«

»Natürlich, aber … ist das noch von Bedeutung? Ich meine, wir sind nicht mehr die Kinder, die war mal waren. Vielleicht sind wir auch nur dazu bestimmt gewesen, Schulfreunde zu sein, aber nicht mehr. Womöglich sollte ich mich damit abfinden, dass Ethan kein Teil meines Lebens ist; das ist er ja schon länger nicht mehr, und er wird es auch nie wieder werden. Ich sollte auf den sexy Junggesellen warten, der in Woodside ansiedeln möchte.« Ich zwinkerte Hazel zu.

»Stell dich hinten an, Maple!« Sie lachte. »Der sexy, geheimnisvolle Junggeselle gehört mir.«

»Vielleicht hat er ja einen Freund«, erwiderte ich schmunzelnd.

»Denkst du wirklich, dass Ethan keinen Platz mehr in deinem Leben hat?«

»Dafür müsste ich erst mal wissen, wo er ist. Außerdem … wir waren immer nur Freunde, nie etwas anderes. Keine Ahnung, ob wir jemals mehr sein könnten.«

»Du würdest es dir aber wünschen?«

Ich zuckte mit den Schultern. »Vielleicht. Ich weiß es nicht. Ich weiß nur, was ich gefühlt habe, als ich ihn geküsst habe. Es war … wie nach Hause kommen. Als wäre es das Natürlichste auf der Welt, E.T. zu küssen. Nichts hat sich bisher so angefühlt, Hazel.«

»Dann solltest du wohl weiter versuchen, Paul zu erreichen. Er scheint ja deine beste Chance zu sein, Ethan zu finden.«

Ich schüttelte den Kopf. »Nein. Er will ganz offensichtlich nicht von mir gefunden werden, oder? Ich meine, sonst hätte er sich schon längst gemeldet. Wenn wir eine Chance auf mehr haben, dann wird er zurück nach Woodside kommen.«

»Mädchen, du hast zu viele Liebesromane gelesen.« Hazel legte einen Arm um meine Taille und zog mich eng an sich. »Ich drück dir auf jeden Fall die Daumen, dass alles so kommt, wie du es dir wünscht. Wenn du deinem Schicksal aber doch ein bisschen auf die Sprünge helfen willst, dann bin ich hier, um dich zu unterstützen.«

# 49. Maple

Die Leiter wankte bedenklich, als ich die Sprossen hinaufkletterte. Meine freie Hand klammerte sich krampfhaft an die seitlichen Holme aus Aluminium.

»O Gott, ist das hoch …«, wimmerte ich. »Kannst du das nicht machen?« Meine Beine fühlten sich an wie Gummi und wollten mir nicht mehr gehorchen.

»Du lieber Himmel, du wirst doch wohl dieses kleine Stück bis zur Regenrinne hinaufklettern können, um die Wimpelkette zu befestigen.«

»Ich bin nicht schwindelfrei, Nan Nan. Darf ich bitte runterkommen?«

Meine Großmutter, die am Fuße der Leiter stand, schnalzte mit der Zunge. »Na schön, dann komm eben runter. Ich mach das schon.«

»Hast du den Verstand verloren? Ich lass dich doch nicht hier rauf. Ich möchte nicht schuld sein, wenn du dir alle Knochen brichst.« Mit all meiner Willenskraft zwang ich meine Beine dazu, eine weitere Sprosse zu erklimmen. »Wozu brauchen wir diese blöde Wimpelkette denn überhaupt?«

»Es ist der vierte Juli, da wird die Stadt nun mal so geschmückt. Das ist Tradition in Woodside, Maple. Das solltest du wissen.«

»Seit wann machst du dir etwas aus Traditionen?«

»Das Festkomitee kann sehr überzeugend sein.« Sie seufzte.

»Du meinst, Fred kann sehr überzeugend sein.«

»Das auch.« Nan Nan lachte.

»Hör auf zu lachen, die Leiter wackelt sonst!«, zischte ich.

»Was genau soll das denn werden?« Eine sehr vertraute Stimme wehte zu mir in die Höhe. »Soll ich euch helfen?«

Über die Schulter blickte ich nach unten. »Chris!« Meine Stimme war eine Mischung aus Furcht und Freude. Furcht wegen der schwindelerregenden Höhe, Freude über das unverhoffte Wiedersehen mit meinem Bruder.

»Komm runter, Mapes!«, rief er mir zu, nachdem er unsere Großmutter gedrückt hatte.

Als ich wieder festen Boden erreicht hatte, schlang ich meine Arme um seinen Hals. »Es ist so schön, dich zu sehen, du Klappspaten.«

Chris hob mich lachend hoch und wirbelte mich im Kreis herum. »Gleichfalls«, entgegnete er und drückte mir einen Kuss auf die Wange. Dann nahm er die Wimpelkette von meiner Schulter und den Tacker aus meiner Hand, bevor er wie ein Eichhörnchen die Leiter emporkletterte. In Windeseile hatte er den blau-weiß-rot gemusterten Stoff an der hölzernen Fassade des Hauses befestigt und kam wieder herunter.

»Ich hole uns erst mal etwas zu trinken«, sagte Nan Nan, nahm ihrem Enkel den Tacker ab und verschwand im Buchladen.

»Was machst du hier eigentlich, Chris?«

»Ich muss mit Mom und Dad reden.« Ein ernster Schatten legte sich über sein ebenmäßiges Gesicht.

»Was ist los?«

»Nichts Schlimmes. Es ist nur … ich werde umziehen.«

»Und? Das macht doch jeder mal.«

»Ja, schon, aber ich werde nach London ziehen.«

»Nach London? Das in England?«

Er lachte. »Ja, genau. Das in England.«

»Das ist ziemlich weit weg.« Ich sah meinen Bruder momentan nicht oft, aber es war ein beruhigendes Gefühl gewesen, ihn nur vier Autostunden entfernt in Boston zu wissen. Nun würden bald ein ganzer Ozean und mehrere Zeitzonen zwischen uns liegen.

»Hey, guck nicht so traurig. Ich kann das Jobangebot nicht ablehnen.« Chris boxte mir in die Seite.

»Ich bin nicht traurig, ich freue mich für dich. Es spricht für dich, wenn dein Ruf dir bis nach Europa vorauseilt und sie dich hier abwerben.«

»Na ja, ganz so war es nicht. Ich habe mich dort beworben.«

»Was? Warum?«

Chris vergrub die Hände in den Hosentaschen und starrte auf den grauen Gehweg. »Ich werde nicht alleine nach London gehen.«

»O mein Gott! Hat es endlich jemand geschafft, den wilden Christian Turner zu zähmen? Musste dafür erst eine Engländerin kommen?«

»Sowas in der Art.«

»Das ist toll, Chris, wirklich! Der Liebe wegen nach London gehen, das ist richtig romantisch. Noch bezaubernder wäre natürlich Paris, aber das ist von England aus ja nur ein Katzensprung.« Ich legte eine flache Hand auf die Brust. »Wer hätte gedacht, dass ein Romantiker in dir schlummert?«

Chris winkte ab. »Hoffentlich werden Mom und Dad das nach Jarreds Tod genauso sehen … Ich glaube, sie sind froh, dass zumindest du hier in Woodside bist.«

Schulterzuckend ließ ich mich gegen die Hauswand sinken. Der Gedanke an meine Eltern machte mich traurig. »Ich bin nicht oft bei ihnen, seit … na, du weißt schon. Sie können einfach nicht mit Jarreds Tod abschließen. Mom ist nur noch ein Gespenst und Dad … er stürzt sich in die Arbeit. Vielleicht wäre es für die beiden auch besser, an einem anderen Ort neu anzufangen, aber davon wollen sie nichts hören.«

»Ich weiß. Gibt es denn Neuigkeiten von Kayne?«

»Nein. Soweit ich weiß, gehen die Ärzte nicht davon aus, dass er wieder aufwachen wird. Und wenn, dann ist es fraglich, ob er sich überhaupt noch an die Unfallnacht erinnern können wird. Ich glaube, wir sollten alle damit abschließen und nach vorne schauen.«

»Sagt die Frau, die wieder zurück nach Woodside gezogen ist.« Chris zwinkerte mir zu.

»Haha. Und das von dem Mann, der einen ganzen Ozean zwischen sich und seine Familie bringen möchte.« Auffordernd funkelte ich ihn an.

»Witzig, Schwesterherz.« Er stützte sich neben mir mit einer Hand an der Wand ab. »Es gibt da noch etwas, das ich hier klären muss, bevor ich mein neues Leben beginnen kann.«

»Und das wäre?«

»Erzähle ich dir später. Jetzt fahre ich erst mal zu unseren Eltern und berichte ihnen von meinen Plänen.«

»Viel Freude dabei.«

»Du kannst mich mal«, säuselte Chris, grinste aber. Im Gehen im streckte er mir den erhobenen Mittelfinger entgegen.

# 50. Ethan

Der kühle Fahrtwind strich über meinen Arm und bildete einen willkommenen Kontrast zur Hitze innerhalb des Wagens. Schon blöd, wenn einem mitten in der sommerlichen Hitze Kentuckys die Klimaanlage versagte. Schweiß rann mir über die Schläfen und meinen Nacken hinab, folgte meiner Wirbelsäule bis zu meinem Arsch, der sich auf dem billigen Kunstleder klamm und feucht anfühlte. Sobald ich mein Ziel erreicht hatte, würde ich diesen Schrotthaufen verkaufen. Vielleicht wäre jemand bereit, mir noch ein paar hundert Dollar für den rostigen Buick zu bezahlen, den ich extra für meine Fahrt bei einem etwas zwielichtigen Gebrauchtwagenhändler in Paducah gekauft hatte.

Paducah … Ich wusste nicht, was ich von diesem Ort halten sollte. Hier hatte ich mehr Schmerzen ertragen müssen als jemals zuvor. Mitten in Kentuckys Einöde hatte Paul mich in der Willow Creek-Entzugsklinik abgeliefert. Er hatte mir einen Platz dort organisiert, nachdem ich ihn angerufen und um Hilfe gebeten hatte. Für die Zeit meines Aufenthalts war mir jeglicher Kontakt zur Außenwelt untersagt gewesen.

Der körperliche Entzug war die Hölle gewesen. Ich hatte nicht schlafen können, nicht essen. Meine Gedanken kreisten ausschließlich um Alkohol. Mehr als einmal hatte ich versucht, aus der Klinik zu entkommen, um in Paducah eine Bar zu besuchen oder mir in einem Laden eine Flasche wovon auch immer zu kaufen. Zu meinem Glück war das Personal von Willow Creek darauf eingestellt gewesen; jedes einzelne Mal wurde ich wieder eingefangen. Zu dem Zeitpunkt hatte ich das allerdings nicht als Glück empfunden.

Als ich dachte, das Schlimmste überstanden zu haben, da mein Appetit zurückgekehrt war, mein Schlaf ruhiger und meine Gedanken weniger konfus wurden, startete der psychische Teil des Entzugs. In Einzel- und Gruppengesprächen wurde meiner Sucht auf den Grund gegangen. Hatte ich den ersten Part der Entwöhnung als Hölle empfunden, so war die Therapie die Gesamtheit aller Schmerzen und Qualen, die ich jemals erlitten hatte. Erbarmungslos tauchten die Therapeuten in meine Seele ein. Jedes noch so kleine, mühsam verschnürte Päckchen wurde brutal an die Oberfläche gezerrt, seziert und analysiert. Vollkommen nackt und schutzlos fühlte ich mich nach den Sitzungen, die wie zum Hohn meistens in dem parkähnlichen Garten der Klinik abgehalten wurden.

»Sie haben große Fortschritte gemacht, Ethan«, hatte Doktor Rivera bei meiner Entlassung gesagt. Sie hatte meine Therapie geleitet, war in die Tiefen meiner Seele vorgedrungen und hatte all meine Wunden gesehen – jede einzelne von ihnen. Sie hatte auch versucht, sie zu schließen.

Erst hatte ich meine Therapeutin gehasst. Jedes Mal, wenn ich ihre kleine, rundliche Gestalt erblickte, war mir eiskalt geworden. Wenn ihre wachen, dunklen Augen mich aufmerksam musterten, ihr faltiges Gesicht jedoch keinerlei Regung zeigte, hatte ich das Bedürfnis gehabt, mich zu einer kleinen Kugel zusammenzurollen. Sobald ich ihre hohen Absätze auf dem Terrassenboden klappern oder das Klicken ihrer Kugelschreibermine gehört hatte, bekam ich Gänsehaut. Ich war mir manchmal wie ein pawlowscher Hund in ihrer Gegenwart vorgekommen. Aber als sie mir zum Abschied die Hand reichte, liebte ich Doktor Rivera für alles, was sie getan hatte. Bei all dem Schmerz, den sie ans Tageslicht beförderte, war sie auch die Person in meinem Leben gewesen, die mir hatte helfen können.

***

Der Wagen rumpelte bedenklich, als einer seiner Reifen ein Schlagloch touchierte.

»Hör auf zu murren«, sagte ich mit rauer Stimme. »Wir sind da.«

Ich parkte den Buick am Straßenrand und drehte den Zündschlüssel um. Mit einem leisen Röcheln erstarb der Motor und es wurde still um mich herum. Sein kontinuierliches Brummen hatte eine beruhigende Wirkung gehabt, aber vor allem war es lauter als meine Gedanken gewesen. Nun, da Stille das Innere des Wagens flutete, hallte der Zweifel überlaut in meinen Ohren.

*Das wird nie was! Sie wird dir nicht verzeihen. Fahr lieber weiter und such dir eine Bar,* brüllte er mir entgegen. Ich schüttelte den Kopf. Mit geschlossenen Augen spulte ich einen Text immer und immer wieder im Geiste ab.

*Ich muss nichts trinken. Ich brauche den Alkohol nicht. Er hat keine Macht über mich.*

Doktor Rivera hatte mir empfohlen, ein Mantra zu nutzen, wann immer in mir die Versuchung aufkommen wollte, in alte Verhaltensmuster zurückzufallen. Für einige Menschen funktionierten Kraftorte, an die sie fliehen konnten. Wieder andere nutzten ein Gummiband am Handgelenk, um es bei der Anbahnung negativer Gedanken gegen die Haut schnipsen zu lassen und die Gedankenspirale so zu durchbrechen. Mir halfen diese Worte als Mantra. Manchmal reichte es, sie einmal aufzusagen. Gelegentlich musste ich die Sätze öfter wiederholen.

*Ich muss nichts trinken. Ich brauche den Alkohol nicht. Er hat keine Macht über mich.*

Ich holte tief Luft, hielt sie einen Moment in den Lungen, bis das Bedürfnis, wieder Atem zu holen, übermächtig wurde. Dann stieß ich die Tür des Buicks auf und schälte mich vom Kunstledersitz.

Der Wind, der vom nicht fernen Meer her wehte, war kühl und ließ mich frösteln. Ich überlegte einen Moment, ob ich mich erst umziehen sollte, aber mir war das Risiko zu groß, dann doch noch zu kneifen. Also beschleunigte ich meine Schritte und überquerte zügig die Main Street.

Die Ladentür begrüßte mich mit einem wohlbekannten Bimmeln. Ein warmes Gefühl der Erinnerung durchflutete mich. Dieser Shop war stets ein Zufluchtsort für mich gewesen. Nun war ich hier, um etwas zu tun, das ich bereits vor Jahren hätte tun müssen.

»Ich bin gleich bei Ihnen!«

Die Stimme, die durch die Tür hinterm Kassentresen zu mir drang, war mir vertrauter als irgendeine andere dieser Welt. Ihr Klang entzündete ein Feuerwerk aus Glühwürmchen in meinem Inneren. Wie flüssiger Honig legte sie sich samtig um mein Herz.

# 51. Maple

Ich bin gleich bei Ihnen!«, rief ich durch die Tür des kleinen Büros. Warum musste immer ein Kunde in den Laden kommen, wenn ich mich gerade hingesetzt hatte, um neue Bücher für die Buchhandlung zu bestellen? Es war jedes Mal das Gleiche. Ich sollte unbedingt mein Notebook mit in den Laden nehmen, dann könnte ich die Bestellungen vorne aufgeben und müsste nicht Nan Nans 90er-Jahre Ungetüm eines Stand-PCs dafür nutzen. Es sollte wohl kaum eine Schwierigkeit sein, die passende Software darauf zu installieren.

Seufzend erhob ich mich von dem durchgesessenen Bürostuhl, der noch älter als der Computer war, und schlüpfte zurück in den Verkaufsraum. Ich sah mich um, doch konnte niemanden entdecken.

»Hallo?«, fragte ich. Die Türglocke hatte nicht noch einmal gebimmelt, also musste der Kunde noch hier sein. »Kann ich Ihnen helfen?«, rief ich zwischen den Regalreihen.

Keine Antwort.

»Ich bin am Kassentresen, wenn Sie mich brauchen.«

Na toll, wenn ich eines wirklich hasste, seit ich in Nan Nans Buchladen arbeitete, dann waren es unfreundliche Kunden. Davon hatte es zwar bisher nicht besonders viele gegeben, aber hin und wieder verirrte sich ein Griesgram hierher, mit dem Ziel, mich in den Wahnsinn zu treiben.

Die Türglocke bimmelte erneut und Betty Boeman betrat den Laden.

»Hallo, Betty«, begrüßte ich sie.

»Hallo, Maple. Ist deine Großmutter auch da?«

»Großmutter? Lassen Sie sie das lieber nicht hören.« Ich schmunzelte.

»Sie soll sich nicht so anstellen. Wenn die Haut irgendwann mehr

Falten aufweist als der Kopf Haare, dann ist es an der Zeit, das eigene Alter zu akzeptieren.« Betty ging zum Kassentresen und stützte sich gegen ihn.

»Da könnten Sie recht haben.« Ich folgte ihr und deutete auf den Zettel in ihrer Hand.

»Was ist das?«

Sie folgte meinem Blick. »Oh, das ist nur eine Kleinigkeit für Weihnachten. Es ist zwar erst Juli, aber man kann ja nicht früh genug an die schönste Zeit des Jahres denken, nicht wahr?« Die alte Dame spähte in Richtung des Büros. »Also, ist sie da?«

Ich schüttelte den Kopf. »Nein, sie ist nach Wilmington gefahren.«

»Ach, stimmt ja. Das hatte sie mir erzählt.« Betty reichte mir die Liste. »Gibst du ihr das bitte? Sie weiß dann schon Bescheid.«

»Natürlich.«

Mit einem Strahlen drückte Mrs. Boeman mir den sorgsam gefalteten Zettel in die Hand und verabschiedete sich wieder. Ich huschte hinter den Tresen, um das Papier für Nan Nan in einer Schublade mit reichlich Krimskrams zu verstauen.

Als ich aufblickte, zuckte ich zusammen. Den anderen Kunden hatte ich vollkommen vergessen, doch nun schob er ein Buch über den Tresen. Ein mulmiges Gefühl kroch in mir empor. Warum hatte er seine Basecap so tief ins Gesicht gezogen? Weshalb stellte er sich so an die Kasse, dass ich ihn im Gegenlicht, das durch die Fenster fiel, nicht erkennen konnte? Mein Blick fiel auf das Buch, das der Kerl mir hingelegt hatte.

»Oh, *Alice im Wunderland*«, sagte ich mit meiner typischen Verkaufsstimme. »Wie schön. Das habe ich als Kind sehr gern gelesen.«

»Das weiß ich.«

Eine Gänsehaut jagte über meinen ganzen Körper und stellte mir die Härchen auf, als ich seine Stimme erkannte. Ich sah auf und blickte in die sturmumpeitschten, grauen Augen, die mir so vertraut waren wie keine anderen auf der Welt.

»Ethan.«

Meine eigene Stimme war ein Flüstern, doch mein Herz schrie laut vor Freude: *Du bist zurück!*

# 52. Ethan

Mein Herz polterte in meinem Brustkorb umher wie ein alter Heizkessel, der kurz vor der Explosion stand. Es fühlte sich an, als würde es gleich zerspringen, aber auf die allerbeste Weise, auf die Herzen zerspringen konnten. Vor Glück …

Der Moment, in dem Maple mich erkannte, war unbeschreiblich. Ich konnte jede Regung in ihrem wunderschönen Gesicht ablesen. Die leicht geöffneten Lippen, die geweiteten Pupillen und die winzige Falte auf ihrer Stirn. Das Leuchten in ihren Augen, das mir die Welt bedeutete. Sie hatte immer genauso ausgesehen, wenn sie überrascht und aufgeregt gewesen war.

Keine Ahnung, wie lange wir in dem alten Buchladen standen und uns fixierten, das Gesicht des anderen nach Veränderungen absuchten, aber irgendwann berührten sich unsere Fingerspitzen über dem Einband des Buches auf dem hölzernen Tresen. Erst nur in einer flüchtigen Berührung, dann verschränkten sich unsere Finger so fest miteinander, dass es beinahe schmerzte; und doch es waren keine Schmerzen, die ich fühlte. Es war ein Versprechen, diese Hand nie wieder loszulassen.

»Du bist wieder da«, flüsterte Maple.

Ihre Hand umfasste meine noch ein wenig fester und ich konnte nicht mehr anders. Mit einem Satz sprang ich über den Tresen. Etwas, das mein altes Ich, das hier ein und aus gegangen war, niemals geschafft hätte. Wie von selbst fanden meine Hände Maples schmale Taille und zogen sie dicht an meinen Körper. Mit einem überraschten Quietschen erwiderte sie meine Umarmung, schmiegte ihre schlanke Gestalt an mich. Sie war mir so nah, dass der blumige Duft ihres

Shampoos in meiner Nase kitzelte – Pfirsich und Maiglöckchen. Sie roch wie früher.

»Es ist so unglaublich, dich zu sehen. Du bist ohne ein Wort verschwunden. Wo … wo bist du gewesen?«

»In Kentucky.«

Maple löste sich ein Stück von mir. Unter ihren langen Wimpern blickte sie zu mir empor. »Kentucky? Wolltest du Hühner züchten?«

Ich lachte laut auf. »Nein.« Wie hatte ich ihren Humor vermisst. Kopfschüttelnd wischte ich mir eine Lachträne weg. »Keine Hühner. War eher so eine Klinik-Sache.«

Maples Lippen formten ein tonloses »Oh.« Sie musterte forschend mein Gesicht. »Du hast einen Entzug gemacht.« Es war keine Frage, sondern eine Feststellung.

Ich nickte. »Ja, hab ich. Alleine hab ich's nicht geschafft, weißt du.«

»Aber du warst nicht allein. Du hattest mich.«

»Das stimmt, nur … du hattest deine eigenen Probleme. Ich wollte nicht, dass du auch noch meine mit dir herumtragen musst. Außerdem war der Aufenthalt in der Klinik Gold wert. Er hat mir geholfen, mit einigen Dingen aus der Vergangenheit klarzukommen.«

»Welche Dinge aus der Vergangenheit?« Maples Fröhlichkeit wich einem fragenden Ausdruck. Ihre unausgesprochene Frage stand deutlich sichtbar für mich auf ihrer Stirn: *Bin ich dieses »Ding«?*

»Ist doch egal. Die Hauptsache ist, dass ich jetzt erst mal wieder in Woodside bin.«

»Warte mal, woher wusstest du überhaupt, wo du mich findest?« Mit zusammengekniffenen Augen starrte sie mich an.

Abwehrend hob ich die Hände. »Wusste ich nicht, wirklich nicht. Ich hab nicht gedacht, dich in Woodside zu treffen. Ich wollte zu meinen Eltern, doch als der Buchladen in Sichtweite kam, hatte ich so ein unbestimmtes Gefühl. Keine Ahnung, nenn es Eingebung oder so. Ich wusste plötzlich, dass du hier sein würdest.«

Das Lächeln kehrte in Maples Gesicht zurück. »Wirklich?«

»So war's.«

»Das heißt, deine Eltern wissen noch nicht, dass du zurück bist?«

Ich schüttelte den Kopf. »Noch nicht. Aber warum bist du nicht in New York?«

»Oh. Das ist eine längere Geschichte.«

»Ich bin ganz Ohr.«

Zeitgleich ruckten unsere Köpfe herum zur Tür, als die Glocke ertönte und einen neuen Kunden ankündigte.

»Guten Tag«, begrüßte Maple die Familie, die zielstrebig die Kinderbuchabteilung ansteuerte, freundlich.

»Ich erzähle es dir nachher. Sehen wir uns wie immer?«

»Klar.« Flüchtig und etwas unbeholfen streiften meine Lippen ihre Stirn zum Abschied. Ein Feuerwerk aus feinen Stromstößen jagte durch meinen Körper.

Ich ließ sie los. Sofort vermisste ich die Wärme ihrer Haut an meiner Hand.

»Bis später, E.T.« Maple zwinkerte mir zu und ich hob meine Hand zu einem kurzen Winken.

So oft hatte ich mir unser Wiedersehen vorgestellt, während ich in Willow Creek gewesen war. So oft hatte ich Maple in meinen Gedanken umarmt, ihr Lächeln gesehen, die Freude in ihrem Gesicht. Doch diese Fantasien und Tagträume waren absolut nichts gegen das Hochgefühl, Maples Haut in der Realität zu spüren, ihre Hand tatsächlich zu halten. Nichts, absolut gar nichts auf dieser Welt konnte sich jemals so gut anfühlen, wie Maple Elizabeth Turner in den Armen zu halten.

# 53. Maple

Keine Ahnung, warum ich so nervös war. E.T. hatte mich im Laufe unserer Freundschaft in so vielen unmöglichen Outfits gesehen, dass ich mir nun wohl kaum Sorgen um meine Kleidung machen musste – schließlich war es auch kein Date, zu dem wir uns verabredet hatten. Es war ein Treffen. Eine Verabredung unter zwei alten Freunden, die sich lange nicht gesehen hatten. Ebenso wie neulich mit Hazel, und da hatte ich auch keine Sekunde einen Gedanken an mein Äußeres verschwendet.

Warum taperte ich nun also in meiner kleinen Wohnung vor meinem noch kleineren Kleiderschrank auf und ab? Möglicherweise lag es daran, dass die Explosion in meinem Inneren nicht vergessen konnte, die ich bei unserem Kuss nach Jarreds Beerdigung verspürt hatte. Als Ethan mir heute im Buchladen einen Kuss auf die Stirn gehaucht hatte, war dieses verräterische Kribbeln erneut in mir aufgestiegen. Dieses Gefühl, das man bekommt, wenn man diese eine Person sieht oder, o mein Gott, berührt.

Ich schluckte bei der Erinnerung an Ethans Besuch im Buchladen. Wann hatte das angefangen, dass ich so an ihn dachte? Zu welchem Zeitpunkt waren meine freundschaftlichen Gefühle für ihn zu mehr geworden?

Mein Blick fiel auf das Chaos an Klamotten, das sich vor mir auf dem Boden ausbreitete. Ich schob achtlos ein paar Shirts, Hosen und Kleider beiseite und griff nach meinen Joggingpants. Ich schlüpfte hinein, zog ein Top mit auf dem Rücken gekreuzten Trägern an. Handy und Schlüssel wanderten in meine Hosentasche, dann lief ich barfuß die Treppe hinunter und zog meine Laufschuhe neben der Haustür an. Ich war so aufgeregt, dass mein Herz bereits ohne das Laufen rasend und ungehalten vor sich hin polterte. Nach ein paar beruhigenden Atemzügen lief ich los, die Main Street hinunter, über den kleinen Marktplatz und ein Stück am See entlang.

Als ich am kleinen Fluss ankam, zog ich meine Schuhe aus und watete durch das Flussbett aus Steinen und Sand unserer Lichtung entgegen. Das Wasser war trotz der hochsommerlichen Temperaturen kalt und stach wie tausend kleine Nadeln in meine Haut. Ich musste einen Schrei unterdrücken, als meine Zehen die Wasseroberfläche zum ersten Mal durchbrachen, aber das kühle Wasser tat mir gut. Es beruhigte meinen Herzschlag etwas, meine Gedanken jedoch konnte es nicht im Zaum halten. Wild rasten sie Ethan entgegen.

Die Lichtung kam in Sichtweite und ich stoppte. Da saß er auf dem Baumstamm, der noch immer nicht beseitigt worden war. Sein weißes T-Shirt spannte über seinem breiten Rücken, den er mir zugewandt hatte, und bildete einen wunderschönen Kontrast zu seiner braunen Haut, die jetzt im Sommer noch dunkler wirkte als sonst.

Ich gönnte mir einen Moment, um meinen alten Freund zu betrachten. Seine muskulösen Arme hatte er auf den Knien abgestützt. Ich konnte es zwar nicht wirklich erkennen, aber ich stellte mir vor, wie sich die Bizepse wölbten. Früher hätte ich nicht geglaubt, dass Ethan Humphrey Bogart überhaupt sowas wie Bizepse besaß.

Ich machte einen Schritt auf die Lichtung zu. Das laute Plätschern des Wassers erregte daraufhin Ethans Aufmerksamkeit. Ein erschreckter Ausdruck huschte über sein Gesicht, als er in meine Richtung blickte, aber verschwand sofort, als er mich entdeckte. Stattdessen breitete sich ein strahlendes Grinsen auf seinen Lippen aus. E.T. schwang sich über den Baumstamm und streifte seine Schuhe und Socken ab. Mit einem leicht verkniffenen Gesichtsausdruck stieg er ins Wasser und zog geräuschvoll die Luft ein. »Scheiße, ist das kalt!«, zischte er.

»Stell dich nicht so an. Ich dachte, du bist ein harter Kerl geworden.« Ich deutete auf seinen Oberkörper.

»Alles nur Show. Außerdem hab ich die Muskeln an den Füßen nicht trainiert.« Demonstrativ zog er einen Fuß aus dem Wasser und wackelte mit den Zehen.

Ich lachte und machte ein paar Schritte auf ihn zu. »Ich gebe zu, es war nicht meine beste Idee, den Weg durch den Fluss zu nehmen.«

»Dann komm doch raus.« Ethan winkte mir auffordernd zu und drehte sich wieder zu der kleinen Lichtung mitten im Wald.

»Ich würde ja gern, aber ich kann mich nicht mehr bewegen.« Mit den Händen deutete ich auf meine Füße, die vom kalten Wasser umspült wurden. »Ich glaube, meine Zehen sind festgefroren.«

Es war als Scherz gemeint, aber Ethan drehte sich um und watete mir entgegen, den Blick fest auf mich gerichtet. Als er mich so ansah, wurde meine Kehle trocken. Ich war mir nicht sicher, ob ich mich einfach in seine Arme oder ins Wasser fallen lassen sollte.

Ethan erreichte mich. Ohne ein Wort zu sagen, schlang er einen Arm um meinen Oberkörper, den anderen um meine Kniekehlen. Er hob mich hoch und trug mich aus dem Fluss zur Lichtung. Ich spürte das Spiel seiner Muskeln durch meine dünne Sportkleidung deutlich. Meine Haut brannte verräterisch an den Stellen, an denen seine Finger mich berührten. Ethans Wärme drang durch jede Pore meines Körpers, tropfte in meine Venen und legte sich schließlich wie Balsam um mein Herz.

»Ich muss nicht gerettet werden, weißt du?«

»Ach ja? Das sah aber eben anders aus, du Frostködel.« Er zwinkerte mir zu. In seinen grauen Augen lag ein Schalk, den ich schon so lange nicht mehr gesehen hatte. Da war keine Spur mehr von dem unsicheren kleinen Jungen oder dem gebrochenen erwachsenen Mann.

Behutsam setzte er mich auf dem weichen Waldboden ab. Sein Blick glitt über mein Gesicht, blieb an meinen Lippen hängen, wanderte dann wieder zu meinen Augen. »Du hast mir gefehlt«, flüsterte er.

»Du mir auch.« Meine Stimme war ebenfalls kaum mehr als ein Flüstern. »Ich bin trotzdem oft hier gewesen.« Ich deutete auf den Stamm neben uns. Dabei fiel mein Blick auf eine große Decke, die auf dem Boden lag. Darauf waren je zwei Teller und Gläser platziert worden. Dazwischen standen einige Schüsseln mit Brot, Dips, aufgeschnittenem Gemüse und Käse darin.

»Du hast ein Picknick vorbereitet?«, fragte ich ungläubig.

Ethan strich sich über den Nacken. »Ist das albern? Ja, oder? Ich dachte, es wäre eine nette Idee, um unser Wiedersehen zu feiern. Wenn du aber es doof findest, können wir auch wieder einpacken.«

»Quatsch, nein!« Ich griff nach seinem Arm. »Das ist eine zauberhafte Idee.« Lächelnd drückte ich sanft seine Haut.

»Wirklich?« Da war er wieder, der kleine, verschüchterte Junge, den ich so gut gekannt hatte und so sehr liebte.

»Absolut.« Ich ließ mich auf der Decke nieder und zog die Beine unter meinen Körper. Ich ließ meinen Blick über die Speisen gleiten, die Ethan für das Picknick organisiert hatte.

»O mein Gott! Sind das etwa Marcias Pattys?!« Ich deutete auf einen Teller, auf dem sich halbmondförmige Teigtaschen stapelten.

»Klar doch. Allerdings hab ich sie gemacht und nicht meine Mom. Sie werden also nicht so lecker sein, wie du sie kennst.« Entschuldigend zuckte er mit den Schultern.

Ich nahm mir eine der Teigtaschen und biss hinein. Mit einem genussvollen Seufzen ließ ich den Geschmack aus verschiedenen Gemüsesorten in Kombination mit jamaikanischen Gewürzen auf mich wirken. »O Gott, E.T.! Die sind großartig!«

»Findest du? Ich hab auf das Fleisch verzichtet, weil ich mir nicht sicher war, ob du inzwischen Vegetarierin bist.«

»Bin ich tatsächlich, aber für Marcias Pattys hätte ich eine winzige Ausnahme gemacht.«

»Das brauchst du jetzt ja nicht.« Ethan lehnte sich zurück und zog eine Flasche aus einer Kühltasche. »Möchtest du etwas trinken? Es ist nur Ginger Ale, weil … na ja, du weißt schon. Diese Entzugssache.«

»Gern.« Ich hielt ihm mein Glas hin und er füllte es mit der goldenen, sprudelnden Flüssigkeit. »Möchtest du mir davon erzählen?«

»Wovon?« Ethan schenkte sich selbst auch ein. »Vom Entzug?«

»Ja. Und was dich überhaupt dazu gebracht hat, so viel zu trinken.«

Sein Blick heftete sich an einem Krümel fest, der auf der Decke lag.

»Also, nur wenn du willst. Ich werde dich nicht dazu drängen.« Mit einem Zwinkern deutete ich auf seinen Arm. »Heute hätte ich wohl auch keine Chance mehr, dich zu etwas zu zwingen. Früher hab ich immerhin jede Rauferei gegen dich gewonnen.«

Ein zaghaftes Lächeln zupfte an Ethans Mundwinkeln. Er sah wieder auf. »*Jede* Rauferei?«

»Ja.«

»Wirklich jede?«

»Natürlich!«

»Und was ist mit dieser einen Begebenheit … Wir waren zwölf oder so und haben für das Dreibeinrennen trainiert. Du meintest damals, ich sei nicht im richtigen Takt.«

Ich lachte auf bei der Erinnerung. »O ja, ich weiß noch. Du warst richtig böse auf mich, weil meine Beine länger waren als deine.«

»Von wegen! Du warst böse auf *mich*, weil meine Beine kürzer waren und ich anscheinend keinen einzigen Muskel darin hatte.«

»Wir sind ständig hingefallen … und dann ist dir deine Brille runtergefallen und zerbrochen. Du warst so verärgert, weil du meintest, ich hätte dich geschubst.«

»Hast du ja auch.«

»Warum hätte ich das machen sollen? Schließlich bin ich wegen dir ja auch hingefallen und hab mir das Knie aufgeschlagen.«

»Stimmt. Trotzdem hab ich dich an dem Tag beim Raufen besiegt.«

»Na hör mal, aber nur, weil unsere Beine aneinandergebunden waren und du auf mich gefallen bist! Außerdem hat mein anderes Knie geblutet. Ich hatte Schmerzen!«

»Vollkommen egal. Ich hab gewonnen.«

»Pfft.« Ich winkte ab. »Erstens stimmt das nicht und zweitens hab ich dich nur gewinnen lassen.«

»Ach ja?«

»Ja!«

»Okay.« Ethan stellte sein Glas ab. Seine grauen Augen fixierten mich. »Du bleibst bei deiner Meinung?« Er schaute mich ernst an.

»Und ob!« Ich schaffte es gerade noch, mein Glas abzustellen, ehe Ethan mit einem Satz bei mir war. Ich landete auf dem Rücken, er umfasste meine Handgelenke mit einer Hand und drückte sie leicht auf die Decke über meinem Kopf. Mit der anderen kitzelte er meine Taille.

Ich schrie auf, bevor ungestümes Lachen aus meiner Kehle drang. Ohne jede Aussicht auf Erfolg versuchte ich, mich aus Ethans Griff zu befreien, aber ich hatte keine Chance, unter seinem muskulösen Körper hervorzuschlüpfen. Ich strampelte wie besessen mit den Beinen, bis er meine Oberschenkel mit seinen zusammendrückte und mich so zum Stillhalten zwang.

»E.T.!«, japste ich atemlos. »Ich kann nicht mehr!« Mir tat vor Lachen der Bauch weh und Tränen liefen über mein Gesicht. Er hielt inne und beugte sich vor, so dass seine Lippen nah an meinem Ohr waren. »Gibst du auf?«, flüsterte er mit plötzlich rauer Stimme.

Ihr Klang ließ mich frösteln, doch gleichzeitig jagte er eine Welle aus Hitze durch meinen Körper. Sie spülte durch mich hindurch und brandete als pochendes Verlangen in meiner Mitte auf.

»Gibst du auf, Maple?«, wiederholte Ethan. Seine vollen Lippen streiften mein Ohrläppchen, sein heißer Atem kitzelte die empfindliche Haut an meinem Nacken.

Ich nickte und ließ meinen Kopf in seine Richtung wandern. Dabei berührten sich unsere Lippen. Es war nur eine winzige Berührung, nicht mehr als ein sanftes Streicheln. Und doch wusste ich in dieser Sekunde, dass ich mehr wollte. Mehr als eine kleine Albernheit zwischen alten Freunden. Mehr als Freundschaft. Ich wollte Ethan. Ich wollte ihn, und zwar ganz und gar.

# 54. Ethan

Verfluchte Scheiße noch mal!

Hatte mein Herz jemals so schnell geschlagen? Ich konnte mich nicht erinnern. Alles, was ich jemals gewollt hatte, war plötzlich zum Greifen nah.

Maple lag unter mir, ihr Gesicht ganz nah an meinem. Die Lider halb geschlossen, die Lippen halb geöffnet. Bereit, von mir geküsst zu werden. Ich sah in ihren Augen, dass sie es wollte, und ich wollte es auch. Verdammt, ich wollte mehr als alles andere meine Lippen auf ihre legen, ihren Mund erobern, ihren Körper erkunden.

Ich hörte Dr. Riveras Stimme in meinem Kopf. *»Die Liebe zu dieser Frau hat für Sie viel Kummer bedeutet, nicht wahr, Ethan? In enger Definition würde man Ihre Beziehung zu Maple als toxisch beschreiben. Sie könnte als Ihre Sucht definiert werden.«*

Ich schloss die Augen, um die Erinnerung an die Sitzungen in Willow Creek auszublenden.

»Alles in Ordnung, Ethan?« Maple strich zaghaft mit ihren Fingerspitzen über meine Wange.

»Ja.« Ich blinzelte, um Dr. Rivera aus meinen Gedanken zu vertreiben. Vorsichtig richtete ich mich auf.

Meine veränderte Stimmung war Maple natürlich nicht entgangen. Sie musterte mich mit gerunzelter Stirn. »Ist wirklich alles okay mit dir?« Sie setzte sich auf und strich ihr Top glatt. »Hab ich etwas falsch gemacht?«

»Nein!« Ich griff nach ihrer Hand. »Nein. Du hast überhaupt nichts falsch gemacht. Mir tut es leid. Ich hätte nicht …« Ich schüttelte den Kopf und wusste selbst, wie lahm ich mich anhörte.

»Okay.« Maple zog die Knie an und umschlang sie mit ihren schlanken Armen. »Gibt es eigentlich einen guten Trick, wie man nach einer Beinahe-Kuss-Situation wieder normal miteinander umgeht?«

Sie blickte mich erwartungsvoll an und ich brach in lautes Gelächter aus. Gott, diese Frau … sie machte mich wahnsinnig!

Ich wachte auf und wusste nicht genau, wo ich war. Im Licht der Morgensonne, die durch vergilbte Vorhänge fiel, tanzten Staubkörner. Die reichlich durchgelegene Matratze unter mir quietschte ärgerlich, als ich mich auf den Rücken drehte. Es war merkwürdig, wieder hier zu sein. Der Trailer stand für eine Zeit in meinem Leben, in der ich die Kontrolle über mich und meine Entscheidungen verloren hatte. Eine Zeit, die ich nicht auslöschen oder vergessen konnte. Trotzdem schmerzte es mich, daran zu denken.

Immer wieder wanderten meine Gedanken zu Dr. Riveras Worten. Vielleicht hatte sie zumindest in dem Punkt recht, dass ich mich erst einmal auf meine Genesung konzentrieren und nicht eine Sucht durch eine andere ersetzen sollte. Aber Maple war so viel mehr für mich. Sie war keine Sucht; sie war mein Herz. Meine Liebe. Mein Leben.

Ich blies die Wangen auf und fuhr mir durchs kurze Haar. Ein Klopfen an der Tür des Trailers ließ mich auffahren.

»Hallo?«

Niemand antwortete, stattdessen wurde noch einmal geklopft. Ich schälte mich aus dem Bett und stemmte beide Hände gegen mein von der durchgelegenen Matratze schmerzende Kreuz. Rasch zog ich das T-Shirt vom Vortag über, welches ich achtlos auf den Boden hatte fallen lassen. Ich öffnete die Tür, sicher, meinen Vater davor zu finden. Doch der Anblick, der sich mir bot, ließ mich erschaudern.

»Hallo, Bogart.«

Christian Turner stand vor meiner Tür. Sein blondes Haar war wie immer perfekt frisiert. Ihm fielen keine Strähnen mehr in die Stirn, so wie sie es früher getan hatten. Inzwischen konnte er optisch als Doppelgänger von Harvey Specter durchgehen, lediglich der Anzug fehlte. Seine Lippen wurden vom gleichen selbstgefälligen Lächeln umspielt wie damals. Daran änderte auch ein neuer Haarschnitt nichts.

Bei seinem Anblick erwachte die alte Panik in mir – mein

Fluchtinstinkt, der sofort registrierte, dass Chris zu nah an der Tür stand und mir so meinen einzigen Ausweg blockierte. Ich ballte meine Hände zu Fäusten, bis sich meine Fingernägel in schmerzenden Halbmonden in die Haut bohrten.

*Ich bin kein ängstliches Kind mehr.*

*Körperlich ist er mir nicht mehr überlegen.*

*Ich bin stärker als meine Vergangenheit. Ich bin stärker als meine Angst.*

»Was willst du hier?« Mit verschränkten Armen baute ich mich vor ihm auf und Chris wich automatisch von der Stufe zurück, so dass ich ihn um ungefähr einen Kopf überragte.

»Ich muss mit dir reden.«

Etwas in seiner Stimme ließ mich aufhorchen. Etwas war anders als sonst, anders als früher; er wirkte weniger bedrohlich. Aber vielleicht war das nur seine neue Masche.

»Ich wüsste nicht, was wir zu bereden hätten.« Meine Stimme war fest und klar und ich wünschte, ich würde mich im Inneren genauso fühlen.

»Okay, Bogart.« Er trat nervös von einem Fuß auf den anderen, die Hände hatte er tief in der Kängurutasche seines Hoodies vergraben. »Ethan.« Sein Blick schnellte zu mir und ein verlegenes Lächeln huschte über sein Gesicht. »Du musst nicht mit mir reden. Aber … es … also …« Fluchend legte er den Kopf in den Nacken und starrte einen Moment in den morgendlichen Himmel. »Ich werde von hier fortgehen«, sagte er leise. »Nach London.«

»Schön für dich.«

»Ich bin verliebt.«

Ich zuckte mit den Schultern. Worauf, zum Teufel, wollte er hinaus? »Schön für dich«, wiederholte ich.

»Ja.« Ein Lächeln voller Zuneigung breitete sich auf seinem Gesicht aus. »Ich bin noch neu auf dem Gebiet der Beziehungen und muss noch viel lernen. Aber es ist toll.«

»Und was habe ich nun damit zu tun, Chris?«

Er ließ den Kopf wieder in den Nacken fallen. »Ich kann dieses neue Leben nicht beginnen, ohne mit dem alten abzuschließen.«

»Aha.« Mir wurde noch flauer zumute. Was hatte er vor? Wollte er mich wieder in Sicherheit wiegen, so wie früher? So tun, als sei er der nette Kerl von nebenan, nur um mir dann die Scheiße ins Gesicht zu schmieren oder mir ohne Vorwarnung in den Magen zu schlagen?

»Ich hab damals viel Mist gebaut. Weißt du, ich war der König der High School. Alle haben zu mir aufgesehen.«

»Du warst kein König, Chris. Du warst ein Sadist.«

»Ja.« Sein Blick wanderte zu mir.

In seinen klaren blauen Augen erkannte ich … Reue? Konnte das sein?

»Ich war scheiße zu dir. Das hattest du nicht verdient. Es tut mir leid.«

»Scheiße? Du warst nicht scheiße zu mir. Du hast ja nicht meine Hefte auf den Boden geworfen oder mein Essensgeld geklaut. Du hast mein Leben zur Hölle gemacht. Wegen dir ist meine Jugend ein einziges Martyrium gewesen. Du hast mich angepisst, mich mit deinem Auto verfolgt, bis ich vor Verzweiflung in den Straßengraben sprang, um dir zu entkommen. Du hast meiner Mutter gedroht!« Mit jedem meiner Sätze war Chris zusammengezuckt. Er stand nun so vor mir, wie ich früher vor ihm gestanden hatte: den Kopf so weit eingezogen, wie es anatomisch möglich war, den Blick unsicher auf den Boden gerichtet, die Hände in den Taschen vergraben, um bloß keine Bedrohung darzustellen.

»Es tut mir wirklich leid, Ethan.«

»Warum?«

»Weil es scheiße war.«

»Nein, das meine ich nicht. Warum hast du es getan? Was hatte ich an mir, das dich so provoziert hat? Es kann doch nicht nur meine Freundschaft mit deiner Schwester gewesen sein.«

Chris schüttelte den Kopf. »Nein. Das war es auch nicht. Ich war … du hast … ich wollte dich nicht in meinem Leben haben.«

»So weit waren wir schon, oder?«

»Du hast mich unsicher gemacht.«

»Wie das denn? Du warst der gefeierte Quarterback, der König der Schule, wie du selbst sagst. Ich hingegen war der Nerd, dessen Brillengläser dicker als Flaschenböden waren. Wie sollte ich dich wohl unsicher gemacht haben?«

»Ich mochte dich.«

»Ach komm.« Ich lachte bitter auf. »Du hattest eine sonderbare Art, das zu zeigen.«

»Nein, du hörst nicht zu, Ethan. Ich mochte dich.« Er sah mir nun wieder fest in die Augen.

»Was?«

»Ich hatte Gefühle für dich, die ich nicht zuordnen konnte. Fuck, ich war ein dummer Junge, dem erzählt wurde, Football und Frauen hätten mich zu interessieren, also hab ich darauf gehört. Football war meine große Liebe. Die Mädchen rannten mir hinterher. Ich musste mich nie anstrengen und hab immer gedacht, vielleicht kommt irgendwann die Eine, bei der ich mich bemühen muss. Keine Ahnung, ich hab geglaubt, das sei nun mal so. Aber immer, wenn ich dich gesehen habe, war da irgendwas in mir. Und … das fühlte sich gut an – und falsch, irgendwie anders. Ich wollte das nicht fühlen. Deshalb musste ich dich loswerden, dich von mir fernhalten. Verstehst du?«

»Du stehst auf Männer?«

Er nickte. »Ja. Inzwischen ist mir das klar geworden.«

»Okay, damit hatte ich jetzt nicht gerechnet.«

»Ja.« Er lachte auf. »Nicht nur du. Ich weiß, das ist keine Entschuldigung für das, was ich getan habe. Es gibt keine Entschuldigung dafür. Ich kann dich nur um Verzeihung bitten.«

»Warum jetzt? Als wir uns das letzte Mal sahen, hast du mich erneut wie einen Hund behandelt. Schlimmer sogar, wenn ich es mir recht überlege. Du hast meine Sucht ausgenutzt, um mich zu demütigen.«

Chris wand sich sichtlich unter meinen Worten. Wahrscheinlich hatte er gehofft, ich würde unsere letzte Begegnung nicht ansprechen.

»Es ist, weil … also … Mein Freund … er wurde während seiner High School-Zeit auch gemobbt. Er hat mir vor Augen geführt, wie schlimm es für ihn war, ständig schikaniert zu werden. Mir wurde durch seine Erzählungen klar, was ich dir angetan habe.«

»Ach so. Und nun denkst du, es reicht, wenn du herkommst, dich entschuldigst und dann zurück in dein neues, tolles Leben gehst?«

»Mein tolles, neues Leben … ja, genau.« Er zuckte resigniert mit den Schultern. »Mein Freund hat mit mir Schluss gemacht, als ich ihm von dir erzählt habe. Davon, was ich getan habe.« In Chris' Augen lag eine ehrliche Traurigkeit, die ich noch nie an ihm gesehen hatte. »Ich gehe nach London, um ihm zu folgen. Um ihm zu zeigen, dass ich mich geändert habe.«

Ich fuhr mit der Hand über mein Kinn. Die Bartstoppeln kratzten unter meinen Fingern. »Okay. Ich weiß nicht, was ich dir sagen soll. Du willst hören, dass ich dir verzeihe, doch ich kann dir keine Absolution erteilen. Es ist gut, dass du deine Fehler einsiehst – aber weißt du, du hast nicht nur mir geschadet.«

»Wie meinst du das?«

»Dein Verhalten mir gegenüber hat auch deiner Schwester zugesetzt. Es war zwar meine Entscheidung, sie immer wieder von mir wegzustoßen. Ich hätte ihr schließlich von deinen Schikanen berichten können. Ich habe ihr wehgetan, aber du hast mich dazu gebracht. Deshalb erwarte ich von dir, dass du mit Maple sprichst und ihr alles erzählst. Dann kann ich dir vielleicht verzeihen.«

»Ich kann es ihr nicht erzählen. Sie wird mich hassen.«

»Darüber hättest du eventuell vorher nachdenken müssen. Dein Handeln hat Konsequenzen, Chris. Manchmal früher, manchmal später, aber irgendwann musst du dich den Folgen stellen.«

***

Als Chris gegangen war, lehnte ich mich gegen die Tür meines Trailers. *Fuck.*

Wie lange hatte ich darauf gewartet, eine Entschuldigung von ihm zu hören? Mein Leben lang war die Angst vor ihm präsent gewesen. Christian Turner hatte mich in meinen Träumen heimgesucht, hatte meine Entschlüsse beeinflusst, wenn auch nicht immer aktiv. Er hatte sich über Jahre in meinem Bewusstsein festgesetzt und wollte mich nicht loslassen. Erst durch die Gespräche mit Dr. Rivera hatte ich allmählich gelernt, mit meiner tiefsitzenden Angst umzugehen. Nun aber kam er hierher und erzählte mir, *ich* sei der Grund für all das gewesen.

Ich lachte bitter auf. Was sollte ich jetzt damit anfangen?

Aus dem Schrank in der kleinen Wohnwagenküche zog ich meinen alten, verbeulten Espressokocher. In der Kaffeedose fand ich einen winzigen Rest Kaffeeschrot, den ich in das Gerät füllte. Als ich die Dose zurück in den Schrank schob, entdeckte ich im hintersten

Winkel, verborgen hinter ein paar alten Bechern und Tellern, eine kleine Flasche Vodka. Paul musste sie übersehen haben, als er sämtlichen Alkohol in meinem Wagen eingesammelt und entsorgt hatte.

Ich griff nach der Flasche. Sie lag tonnenschwer in meiner Hand. Vodka … Nicht meine bevorzugte Wahl, aber er hatte den Vorteil, geruchslos zu sein. Niemand würde ihn riechen.

Meine Finger zitterten. Mein Mund wurde trocken, meine Kehle fühlte sich sandig und rau an. Ich schluckte. Wie in Trance drehte ich den Schraubverschluss der Flasche. Das leise Knacken des Deckels versprach mir köstliche Leichtigkeit. Ich leckte mit der Zungenspitze über die Lippen. Ich war bereit. Was für ein Irrsinn es war, zu glauben, ein paar Wochen in einer Entzugsklinik würden aus mir einen gesunden Menschen machen. Ich war ein Wrack. Daran würde auch Christian Turners Entschuldigung nichts ändern.

# 55. Maple

E.T.?« Ich klopfte zum gefühlt hundertsten Mal gegen die Tür des Wohnwagens, aber ohne Erfolg. »Irgendwie entwickelt sich dieser Scheißtrailer zum Running Gag auf meine Kosten«, murmelte ich wütend und stemmte die Hände in die Hüften. »Wo bist du?« Ich stellte der Wohnwagentür meine aussichtslose Frage.

Mit einem Gemisch aus Ärger, Enttäuschung und Frust lief ich zurück zum See und joggte die Strecke nach Woodside. Auf der kleinen, geschwungenen Brücke, die über den schmalen Bach führte, hielt ich inne. Mein Blick folgte dem Wasser in den Wald hinein, aber ich konnte wegen der vielen Kurven nicht bis zur Lichtung blicken.

Die Haut an meinem Rücken kribbelte. Obwohl es sommerlich warm war, schlang ich meine Arme um meinen fröstelnden Körper. Ich verließ die Brücke und folgte dem Fluss, fort vom See. Diesmal vermied ich es, ins Wasser zu treten. Meine Motivation, wieder vereiste Füße zu riskieren, hielt sich in Grenzen, also stapfte ich am Ufer entlang. Es hatte lange nicht geregnet, deshalb lagen die großen Steine, die das Flussbett natürlich begrenzten, trocken vor mir. Nach der zweiten Biegung kam die Lichtung in Sicht. Ich stoppte.

Nervös knibbelte ich an meinem Daumennagel und versuchte, den gesamten Bereich zu überblicken. Durch das Schattenspiel des Blätterdachs und den ungünstigen Winkel konnte ich sie nur schemenhaft erkennen. Nach ein paar weiteren Schritten lag der Baumstamm zu meinen Füßen, auf dem ich schon so viele Stunden meines Lebens gesessen hatte. Seufzend stieg ich über ihn hinüber und ließ mich auf ihm nieder.

Mein Bick wanderte über die Lichtung, die schon seit Jahren

unverändert schien. Hier und da war ein Ast mehr gebrochen und das Moos an einigen Stämmen höher gekrochen, aber im Grunde war hier noch alles wie immer. Ethan war nicht da, also war wirklich alles wie immer.

Ich vergrub das Gesicht in den Händen und rieb mir mit den Fingern über die geschlossenen Augen.

»Hey.«

Die Stimme war leise, weich und warm, und mein dummes Herz machte einen kleinen Hüpfer, als es sie erkannte. Dann aber übernahm mein Verstand. Ich blickte auf und erkannte E.T., der auf mich zukam. Langsam, Schritt für Schritt, als wäre ich ein verängstigtes Tier, das er beruhigen müsste.

»Ich hab gehofft, dich hier zu treffen.«

»Ja? Weil ich immer hier bin und auf dich warte, richtig?«

»Nein, weil das unser Platz ist.«

»*Unser* Platz?« Ich schnaubte. »Es gibt doch gar kein *uns*, Ethan.« Kopfschüttelnd sah ich ihn an. »Ich habe es die ganzen Jahre über geglaubt, bis vorhin Chris zu mir kam. Er hat mir erzählt, was zwischen euch vorgefallen ist.«

»Hat er?«

»Ja.« Ein bitteres Lachen drang aus meiner Kehle.

»Und jetzt bist du sauer auf mich?«

»O ja!« Verwirrung spiegelte sich in Ethans Gesicht wider. »Versteh mich nicht falsch, ich bin auch sauer auf Chris. Was er dir angetan hat, ist …« Bei dem Gedanken an die Worte meines Bruders verzog ich das Gesicht. »Aber Chris ist jetzt nicht das Thema. Du!« Ich zeigte auf Ethan. »Du hast mich in dem Glauben gelassen, unsere Freundschaft wäre dir wichtig, *ich* wäre dir wichtig. Stattdessen hast du uns verraten, nur um deine Haut zu retten. Warum hast du mich nicht um Hilfe gebeten? Ich hätte doch alles für dich getan. Aber nein, du lässt zu, dass ich Chris um Hilfe für dich bitte. Chris! Meinen Bruder, der mir ins Gesicht gelogen hat, während er Kacke in deines geschmiert hat.«

»Aber das konntest du doch nicht wissen.«

»Nein, konnte ich nicht. Ich bin naiv, weißt du. Ich glaube den Menschen, was sie mir sagen; ich bin nicht misstrauisch. Chris hat mir gesagt, er passt auf dich auf. Ich habe ihm geglaubt. Er hat mir gesagt,

Jamie sei für das Mobbing gegen dich verantwortlich. Ich habe ihm geglaubt.« Ich spürte ein Brennen hinter den Augen, das ich mit aller Macht zu ignorieren versuchte. »Du hast mir gesagt, unsere Freundschaft sei dir wichtig. Ich hab dir geglaubt.« Freudlos lachte ich auf. »Ich sag ja, ich bin ein naiver Mensch.«

»Nein, bist du nicht. Unsere Freundschaft war immer das Wichtigste für mich, Maple.«

»Ach so? Und warum hast du dann nicht mit mir geredet?«

»Chris ist dein Bruder. Ich wusste nicht, ob du mir glauben würdest.«

»Klar, also hast du mich in dem Glauben gelassen, ich würde dich beschützen. Stattdesssen habe ich alles nur noch schlimmer gemacht.«

»Hast du nicht.« Ethan machte einen Schritt auf mich zu.

»Komm bloß nicht näher.« Ich zischte die Worte wie eine Schlange.

»Maple, komm schon. Ich weiß, für dich ist das alles neu, aber es ist ewig her. Mir geht es gut. Ich bin okay.«

»Ja, vielleicht im Moment; aber du bist Alkoholiker, ob nun trocken oder nicht. Das bist du meinetwegen.«

»Quatsch, Maple.« Er ignorierte meine abweisende Handbewegung und ließ sich vor mir auf den Waldboden sinken, so dass er mit mir auf Augenhöhe war. »Ich habe eine sehr schwere Zeit gehabt. In der High School wegen Chris und am College wegen … einer anderen Sache. Aber jetzt geht es mir gut. Ich habe noch einen weiten Weg vor mir. Ein Teil von mir wird immer ein Wrack bleiben, mit vielen dunklen Ecken und modrigen Winkeln, in die sich niemand vorwagen möchte.«

»Das klingt eklig«, flüsterte ich.

»Ja, das stimmt. Aber weißt du, was meine absolute und unumstößliche Wahrheit ist und schon immer war?«

Ich schüttelte den Kopf, ohne in sein Gesicht zu blicken.

»Du bist das Beste an mir, Maple Elizabeth Turner. Unsere Freundschaft bedeutet mir die Welt. Das hat sie an jedem einzelnen Tag meines Lebens, und das wird sich auch in der Zukunft nicht ändern. Der Teil von mir, der nicht eklig modrig und dunkel ist, gehört dir, nur dir.« Er griff nach meinen Händen. »Schau mich an.«

Ich hob den Blick und sah in Ethans graue Augen, die wie der Himmel kurz vor einem Sommergewitter aussahen: beinahe schwarz mit einem hoffnungsvollen, helleren Glimmen am Horizont.

»Ich liebe dich, Maple. Das habe ich von der ersten Sekunde an getan, als ich dich sah. Du bist mir vor die Füße gesprungen und ich war sofort verliebt in dieses wilde Mädchen, das lieber Kaulquappen fangen und wieder freilassen wollte, anstatt mit Puppen zu spielen. Ich war sofort in das Mädchen verliebt, das sich vor dem gesamten Englischkurs hingestellt und alle als Nichtsnutze beschimpft hat und das nur, weil mir wehgetan wurde. Ich habe mich unsterblich in das Mädchen verliebt, das jeden einzelnen Abend auf diese Lichtung kam, um mich zu sehen, obwohl ich sie darum gebeten hatte, genau das nicht zu tun. Es war ihr egal. Sie hat mir das Gefühl gegeben, etwas wert zu sein, und das tut sie bis heute.«

Ich konnte die Tränen nicht länger zurückhalten. Stumm liefen sie über mein Gesicht, tropften von meinem Kiefer und landeten auf Ethans Händen, die er mit meinen verschränkt hatte.

»Ich liebe dich, Maple.«

# 56. Ethan

*Scheiß drauf, Dr. Rivera. Maple ist nicht toxisch. Sie ist mein Leben!*

# 57. Maple

»Willst du gar nichts dazu sagen?« Ethan ließ sich auf seine Fersen fallen und suchte mit schiefgelegtem Kopf meinen Blick.

Mit dem Handrücken wischte ich mir über das tränenfeuchte Gesicht und schüttelte den Kopf. »Nein, will ich nicht.«

Bei meinen Worten rutschten Ethans Mundwinkel, die zu einem hoffnungsvollen Lächeln nach oben gewandert waren, mindestens fünf Stockwerke nach unten. »Oh«, machte er.

»Oder doch.« Ich seufzte. »Wie kannst du dich hierherstellen und mir verkünden, dass du mich liebst? All diese Dinge, die du gesagt hast, beschreiben mich als Kind. E.T. Ich bin keine zehn oder sechzehn mehr. Du liebst diese Erinnerung an mich, das glaube ich dir. Aber das bin nicht mehr ich. Das alles war, bevor wir jahrelang getrennt waren und kaum Kontakt gehabt hatten, der, nebenbei bemerkt, immer von mir ausging. Bevor ich wusste, dass mein großer Bruder ein sadistischer Lügner ist. Das war vor jener Nacht, in der mein Herz für immer zerbrach, weil Jarred starb. Ein Teil von mir hat sich nichts sehnlicher gewünscht, als diese Worte von dir zu hören, weil … ich auch Gefühle für dich habe, Ethan. Aber wir kennen uns überhaupt nicht mehr. Wir sind nicht mehr als zwei Fremde, die zufällig eine gemeinsame Vergangenheit teilen.«

Ethan zuckte zusammen, als hätte ich ihm eine Ohrfeige verpasst. Seine eben noch gestrafften Schultern sackten nach vorne. Plötzlich sah er nicht mehr wie der kräftige, durchtrainierte Mann aus, der er geworden war. Er war wieder der kleine, eingeschüchterte Junge, den ich als Kind gekannt hatte.

»Es tut mir leid, E.T.« Ich erhob mich und rannte so schnell ich konnte fort von der Lichtung. Fort von dem Freund, der mir so lange mehr bedeutet hatte als mein Leben.

***

In dieser Nacht konnte ich keinen Schlaf finden. Immer wieder wiederholten sich Ethans Worte in meinem Kopf. Wie ein Ball in einem altmodischen Flipperautomaten flitzten sie hin und her, unfähig, zur Ruhe zu kommen.

Genauso ruhelos wie meine Gedanken wälzte ich mich in meinem Bett hin und her. Ich startete ein Hörbuch, doch selbst die monotone Stimme des Vorlesers konnte mir nicht in den Schlaf helfen. Als die Sonne ihre ersten hellen Strahlen durch die breite Fensterfront schickte, gab ich endgültig auf.

Mühsam erhob ich mich von der Matratze und schleppte mich in die winzige Küche meines Appartements. Die Kaffeemaschine gurgelte kurze Zeit später laut vor sich hin. Der Gedanke an einen frischen Kaffee war das Einzige, das mich aufrecht hielt, bis es an der Tür klopfte.

Ich verdrehte die Augen. »Hat man in dieser Stadt denn niemals seine Ruhe?«, murmelte ich. Das Klopfen an der Tür wurde energischer und zunehmend schwieriger zu ignorieren. Genervt warf ich die Hände in die Luft. Als es zum gefühlt hundertsten Mal an die Tür polterte, öffnete ich sie mit einem geknurrten »Was?«

»Hi.«

»Verschwinde, Chris! Ich will nicht mit dir reden.« Meinen Bruder vor mir zu sehen, schnürte mir die Kehle zu. Eine unsichtbare Hand griff nach meinem Hals und drückte erbarmungslos zu, bis ich das Gefühl hatte, zu wanken. Er hatte mich belogen; schon so lange hatte er mein Vertrauen missbraucht. Mir wurde schlecht. Bittere Galle schwappte zähflüssig meine Speiseröhre empor und ließ mich meine eigene Naivität kosten.

»Komm schon, Mapes. Ich hab Mist gebaut, das weiß ich, aber ich hab auch Bagels und Frischkäse dabei. Und frisch gepressten Orangensaft.« Mein Bruder schwenkte eine Tüte vor mir hin und her, die den köstlichen Duft der Bagels verströmte. »Lass mich bitte rein.«

Ihn hereinlassen? War das sein verfluchter Ernst? Chris hatte mich nach Strich und Faden verarscht, mir seine Hilfe zugesagt, dabei war *er* das Monster gewesen, das ich zu bekämpfen versucht hatte.

Mein Körper gehorchte mir jedoch nicht. Ohne es zu wollen, trat ich zur Seite, um meinen Bruder eintreten zu lassen. Zielstrebig ging er zur Arbeitsplatte in der Küche und packte seine Einkäufe aus. »Ich kann uns auch Pancakes machen, wenn dir das lieber ist.«

»Am liebsten wäre es mir, wenn du verschwinden würdest.« Meine Stimme war ein Knurren.

Chris stieß die Luft aus, als hätte ich ihm einen unerwarteten Schlag verpasst. Wie konnte er so überrascht sein?! Es war ja nicht so, als hätte er mir gebeichtet, hin und wieder meine Süßigkeiten geklaut zu haben.

»Okay.« Er drehte sich um und ging zurück zur Tür. »Ich wollte dir nie weh tun, kleine Schwester. Niemals. Was mein Handeln für dich bedeutet, habe ich in keiner Sekunde bedacht. Das tut mir sehr leid, wirklich. Ich finde es schrecklich, wie es jetzt zwischen uns ist, zumal wir schon einen Teil unserer Familie verloren haben.«

Ein Schimmer legte sich über seine Augen. Chris' ohnehin schon ernsten Gesichtszüge verhärteten sich noch stärker. »Ich bin noch drei Tage in der Stadt, bevor ich nach London fliege. Vielleicht können wir vorher noch mal reden? Ich würde es fürchterlich finden, wenn wir uns im Streit trennen würden.«

Sein Blick huschte zu mir. Ein kleiner, beinahe schüchtern wirkender Funke Hoffnung erlosch, als sich unsere Blicke trafen. Resigniert sackten Christians Schultern nach unten und er trat ins Treppenhaus hinaus. Die Tür fiel hinter seiner breiten Gestalt ins Schloss und ich war wieder allein in meiner Wohnung.

»Ich auch«, flüsterte ich.

# 58. Ethan

Der Schweiß tropfte mir von der Nase und rann in feuchten, klebrigen Bächen über meinen gesamten Körper. Meine Arme brannten, doch ich gab nicht auf. Würde ich aufhören, die Battleropes zu schlagen, bräuchte ich eine andere Ablenkung. Die Gefahr, dass Alkohol diese Aufgabe übernehmen würde, war groß. Er rief wie eine Sirene nach mir. Also schlug ich weiter auf die Seile ein, die ich nach meiner Ankunft in Woodside aus dem Schuppen meiner Eltern mitgenommen und neben meinem Wohnwagen um einen Baum geschlungen hatte. Es waren keine professionellen Ropes aus dem Sportbedarf, sondern stinknormale Tampen mit ausgefransten Enden, aber sie erfüllten ihren Zweck.

Ihre rauen Fasern schnitten schmerzhaft in meine Haut. Ich hieß das pochende Brennen willkommen, aber es konnte nicht mein brüllendes Herz übertönen.

*Wir sind nicht mehr als zwei Fremde, die zufällig eine gemeinsame Vergangenheit teilen.*

Maples Worte hatten mir so sehr wehgetan. Sie hatten in mein Herz geschnitten wie ein scharfes Messer, das Fleischstücke mühelos zerteilte. Nein, das stimmte nicht. Sie waren eher wie ein stumpfes Messer, das das Fleisch nur mühsam zerstückelte und die Kanten dabei in Fetzen riss.

»Es stimmt also.«

Ich hatte nicht bemerkt, dass jemand auf die Lichtung gekommen war und stieß einen spitzen Schrei aus. In unerwarteten Situationen brach immer wieder der kleine, unsichere Junge hervor, der ich einst gewesen war, der noch immer dicht unter der trainierten Oberfläche meiner Haut wohnte. Eingesperrt in einem Gefängnis aus Muskeln und alter Unsicherheit.

Ich fuhr herum und erstarrte bei Chris' Anblick. Der bekannte Impuls, sich in seiner Gegenwart möglichst klein zu machen, peitschte augenblicklich durch meinen Körper, aber ich widerstand dem Drang. Stattdessen ließ ich die Ropes fallen und kreuzte meine Arme vor der Brust. Es war nicht notwendig, Christian Turner das Zittern in ihnen zu zeigen. Wenn er es doch wahrnahm, konnte er noch immer glauben, es würde vom Training herrühren.

»Was willst du?«

»Ich war eben bei Maple.«

»Und?«

»Sie sah scheiße aus.«

»Wie charmant du über deine Schwester redest.«

»Hast du gestern mit ihr geredet?«

»Ja.«

»Ihr scheint es nicht gut zu gehen. Vielleicht sprichst du noch mal mit ihr? Auf mich ist sie gerade viel zu sauer.«

»Warum nur?«

»Ich weiß, ich weiß, aber ich glaube wirklich, sie sollte gerade nicht allein sein. Maple hat einiges zu verdauen.« Er zuckte mit den Schultern. »Ich kann es nicht leiden, wenn es meiner kleinen Schwester nicht gut geht. Sie ist einer meiner absoluten Lieblingsmenschen und ich möchte, dass sie glücklich ist.«

»Was willst du von mir, Chris?«

»Pass einfach auf sie auf, wenn ich in London bin.«

»Du hast vielleicht Nerven. Wenn du nicht gewesen wärst …« Ich verstummte, als ich merkte, wie meine Stimme bebte.

»Ich kann die Vergangenheit nicht ändern. Ich kann heute nichts mehr daran ändern, dass ich jedes Mal, wenn ich eine Wahl hatte, die falsche getroffen habe.« Er zuckte mit den Schultern. »Ich kann nur versuchen, es jetzt besser zu machen.«

Wie konnte dieser Typ, der nun vor mir stand, der gleiche sein, der mir mein Leben früher zur Hölle gemacht hatte? Immer hatte ich in ihm meinen personifizierten Teufel gesehen, einen hinterhältigen, sadistischen Tyrannen. Aber jetzt? Wenn ich es nicht besser wüsste, würde ich sagen, Christian Turner konnte keiner Fliege etwas zuleide tun. Allmählich verstand ich, warum Maple ihm immer vertraut hatte. Die Seite, die er mir nun zeigte, war die Facette seiner Persönlichkeit, die seine Familie kannte: der gute Sohn, der sportliche Sunnyboy, der liebevolle Bruder.

»Du musst mir nicht glauben. Ich erwarte auch bestimmt keinen Gefallen von dir. Sei einfach nur für Maple da. Sie braucht jetzt jemanden, der sich um sie kümmert. Sie braucht dich.« Er nickte mir zu, dann verließ Chris die kleine Lichtung so geräuschlos, wie er gekommen war.

***

Nan Nan Turner schaute nur kurz auf, als ich ihren Buchladen betrat. Wortlos schüttelte sie den Kopf. Ihre akkurat gezupften, schmalen Augenbrauen wanderten beinahe bis zu ihrem Haaransatz hinauf, während sie mich betrachtete.

»Du hast Mist gebaut.«

Es war keine Frage. Natürlich nicht. Nan Nan stellte keine Fragen, sie stellte Dinge fest.

»Ist sie da?«

# 59. Maple

Himmel noch mal! Hat man in diesem beschissenen Kaff denn niemals seine Ruhe?!«

Mit voller Wucht schmetterte ich das bunte Kissen gegen die lila gestrichene Tür meiner Wohnung. Mir war egal, wer nun wieder hier auftauchte – ich wollte einfach niemanden sehen. Weder E.T. noch Hazel. Und schon gar nicht Nan Nan, die mit ihrem wissenden Blick direkt in meine Seele vordringen würde, nur um mir mit ein paar wohlplatzierten Kalenderweisheiten ein schlechtes Gewissen zu machen. Nein, das brauchte ich nun ganz und gar nicht.

Normalerweise ging ich in stressigen Situationen joggen, um den Kopf freizubekommen. Andererseits war ich bis zu diesem Zeitpunkt auch noch nie in einer vergleichbaren Lage gewesen, denn ich war jahrelang von meinem älteren Bruder und meinem besten Freund belogen und verarscht worden.

Nein, ich hatte jetzt genug damit zu tun, in Selbstmitleid zu versinken, Cookie-Dough-Eiscreme zu essen und einen Trashfilm nach dem anderen anzusehen. Das Leben in diesen Filmen schien so erfrischend unkompliziert zu sein. Schreien, rennen, schreien, rennen. Die einzige Aufgabe bestand darin, am Leben zu bleiben und Treppen jeglicher Art zu vermeiden. Am Ende dann musste man den Killer oder wahlweise das Monster besiegen, um anschließend glücklich und zufrieden in den sprichwörtlichen Sonnenuntergang zu reiten.

»Ich bin nicht da!«, rief ich, als es noch einmal klopfte.

»Mach die Tür auf, Maple.« Ethans vertraute Stimme jagte einen Schauer über meinen Rücken. Verflucht noch mal, warum reagierte mein bescheuerter Körper so auf ihn? Es war, als sei seine Stimme neuerdings wie Katzenminze und ich die Katze; sie hatte einen gewissen berauschenden Effekt auf mich.

Ich zwang meinen Blick weg von der Tür zurück zum Bildschirm, auf dem eine wild kreischende Studentin die Treppen nach oben rannte. Immer derselbe blöde Fehler …

Er klopfte wieder, diesmal aber zaghafter, weniger fordernd. »Okay«, hörte ich Ethan durch das Holz sagen. »Dann rede eben nur ich.«

Mit zitternden Fingern angelte ich nach der Fernbedienung und schaltete den Film auf stumm. Das nervöse Flattern in meinem Magen ignorierte ich so gut es ging, als Ethan auf der anderen Seite der Wohnungstür zu mir sprach.

»Es stimmt, ich habe dir nie die Wahrheit über meine Gefühle anvertraut. Stattdessen habe ich dir zugehört, wenn du über die Jungs geschwärmt hast, die dir gefielen. Dabei habe ich mir jedes Mal gewünscht, ich wäre dieser Junge. Und ja, ich habe dir auch nichts von Christians Drohungen erzählt. Nicht einmal als ich wusste, dass du ihn gebeten hattest, auf mich aufzupassen. Ich verstehe es heute selbst nicht mehr so genau. Damals erschien es mir das einzig Logische zu sein, jetzt würde ich wohl anders handeln. Keine Ahnung. Ich war ein verängstigter, kleiner Nerd mit viel zu langen Armen und Beinen, der sein Glück kaum fassen konnte, weil er mit dem schönsten Mädchen der Welt befreundet sein durfte. Ich habe mir nichts mehr gewünscht, als mehr für dich zu sein. Wie sehr wollte ich deine Hand halten und niemals wieder loslassen … aber ich habe mich nicht getraut.

Dein Bruder hat zu mir gesagt, er hätte immer die falsche Wahl getroffen. Wann immer er konnte, hätte er sich falsch entschieden. Genau das habe ich auch getan. Ich war einfach zu feige, den richtigen Entschluss zu fassen. Jetzt möchte ich nicht mehr feige sein, Maple … wenn du mich lässt. Das wollte ich dir nur sagen. Du weißt, wo du mich findest.«

Ich saß wie betäubt auf meinem Sofa; eingefroren, während Ethans Worte in mir nachhallten.

Langsam erhob ich mich. Nach einigen Schritten hielt ich inne, drehte mich zum Sofa. Ging zurück. Wandte mich erneut zur Tür. Es war, als würden zwei unterschiedliche Kräfte auf mich wirken, nämlich die beiden sprichwörtlichen Figuren auf den Schultern. Engel links, Teufel rechts … Meine Hand war kalt und klamm, als sie schließlich die Türklinke umfasste. Zögerlich öffnete ich die Wohnungstür. Zentimeter um Zentimeter vergrößerte sich der Türspalt und gab den Blick auf Ethan frei.

Er stand noch immer auf dem kleinen Treppenabsatz vor meiner Wohnung, die Hände tief in den Taschen seiner dunkelblauen Jeans vergraben. Das weiße T-Shirt spannte über seiner breiten Brust und betonte die Muskulatur, die ich noch immer als ungewohnt an ihm empfand. Der Blick aus seinen stahlgrauen Augen wanderte in Zeitlupe über meinen Körper, bis er schließlich bei meinen Augen ankam. Ich sah, wie sich seine Pupillen weiteten und sein Blick sich verdunkelte, seine Augen beinahe schwarz wirken ließ. Sein Adamsapfel hüpfte, als er schluckte.

Mit einem schnellen Schritt überbrückte ich die Distanz zwischen uns. Ich schlang meine Arme um seinen Hals, zog ihn sanft zu mir. Ein Schauer peitschte über meine Haut, als sein warmer Atem mein Gesicht streifte. Unsere Blicke fanden sich, verhakten sich ineinander und beantworteten stumm alle unausgesprochenen Fragen zwischen uns. Zentimeter um Zentimeter näherten sich unsere Gesichter. Quälend langsam, bis sich schließlich unsere Lippen berührten und sämtliche Gefühle in mir explodierten.

In diesem Kuss lag so viel mehr als nur Leidenschaft. Er verkörperte all die verpassten Chancen, die dunklen Schatten unserer Vergangenheit. Und all das, was wir in Zukunft sein könnten.

# 60. Ethan

Es war der Himmel auf Erden, anders konnte ich es nicht beschreiben. Ich musste tot und auf irgendeiner wattigen, rosa Wolke aufgewacht sein. Alles, was ich mir in meinem Leben jemals gewünscht hatte, passierte in dieser Sekunde. Maples Lippen auf meinen, ohne dass sie verzweifelt Trost suchte oder mich aufmuntern wollte. Nein, dieser Kuss war anders. Er war echt und richtig und so unglaublich sanft.

Ich hob Maple auf meine Arme und sie schlang ihre langen Beine um meine Hüfte. Ihr Körper passte so perfekt an meinen, als hätte niemals ein Zweifel daran bestanden, dass wir zusammengehörten.

Mit einem Kick und Maple in meinen Armen beförderte ich die Tür zurück ins Schloss. Ich durchquerte mit ihr das Wohnzimmer und legte sie auf dem Sofa ab. Mit einem hungrigen Ausdruck in den Augen griff sie nach meinem Shirt und zog meine Lippen wieder auf ihre. Ich stöhnte in ihren Mund, während ich feststellte, dass sich mein Blut pulsierend in einem bestimmten Körperteil sammelte. Es presste sich beinahe schmerzhaft gegen den Stoff meiner Jeans.

Meine Finger glitten unter den dünnen Stoff von Maples Top. Sie tasteten sich langsam einen Weg empor zu den Bügeln ihres BHs. Jeder Zentimeter ihrer Haut unter meinen Fingerspitzen entfachte dabei ein Feuerwerk in mir, eine Flut aus bunt aufleuchtendem Glück, das durch meine Adern strömte.

Maple wisperte meinen Namen, als ich eine ihrer Brüste umfasste und mein Finger sanft über die harte Brustwarze glitt. Mein Name hatte sich noch nie so vertraut angehört, noch nie so verheißungsvoll, und ich wusste mit einer unumstößlichen Sicherheit, dass ich für den

Rest meines Lebens meinen Namen auf diese Weise aus Maples Mund hören wollte. Sie hatte schon immer mein Herz besessen, doch nun gehörte ich ihr ganz und gar.

***

Unter der hellen Wolldecke schmiegte Maple ihren nackten Körper an meinen. Ihre Hand ruhte auf meiner Brust, ihr warmer Atem strich gleichmäßig über meine Haut. Meine Finger spielten mit den langen Strähnen ihres Haares. Um uns herum war es still, als hätte die Welt aufgehört, sich zu drehen. Nur die sanften Wellen kräuselten sich unbeirrt weiter auf dem Chrystal Lake, der sich atemberaubend vor dem großen Fenster ausbreitete. Das sommerliche Sonnenlicht tauchte den Raum in goldene Perfektion.

So wie jetzt hatte ich mich noch nie gefühlt. Tief in mir spürte ich eine unendliche Zufriedenheit, als hätte ich einen Cocktail aus Endorphinen und Dopamin intus. Es hätte nicht viel gefehlt und ich hätte geschnurrt.

Das Klingeln von Maples Handy durchbrach den Zauber des Moments. Sie versteifte sich an meiner Seite, sonst regte sie sich nicht.

»Willst du nicht rangehen?«

»Nein.«

Das Telefon bimmelte weiter seine schrille Melodie. Ich hasste es, wenn irgendwo ein Handy oder Telefon unbeachtet klingelte. Es machte mich nervös.

»Vielleicht ist es wichtig«, wagte ich einen neuen Versuch.

»Nein.«

Das Klingeln verstummte, nur um wenige Augenblicke später von Neuem zu beginnen. Mit einem genervten Stöhnen rollte Maple sich von mir weg. Sie fischte ihr Smartphone vom Tisch, nahm das Gespräch aber nicht an, sondern drückte direkt auf den roten Hörer, um es abzuweisen. Ein Lächeln umspielte ihre vollen Lippen, doch es konnte ihre Augen nicht erreichen. Sie wirkten seltsam abwesend.

»Alles in Ordnung?« Ich strich Maple die Haare hinters Ohr, die ihr ins Gesicht gerutscht waren.

Sie nickte. Diesmal erreichte ihr Lächeln auch ihre Augen, als sie sich vorbeugte, um mich zu küssen. Wie selbstverständlich teilte Maple meine Lippen mit ihrer Zunge, als hätte sie das schon tausende Male zuvor gemacht. Himmel noch mal, ich wollte, dass sie es noch mindestens tausend weitere Male machen würde!

Maple richtete sich auf. Ihre grünen Augen wanderten über meinen Körper, in ihnen lag unverhohlene Lust.

»Ich kann nicht glauben, wie muskulös du jetzt bist.« Mit dem Finger folgte sie den Konturen meiner Bauchmuskeln in Richtung meiner Leisten. Sie beugte sich vor und ihr Haar kitzelte meine Brust. »Lust auf noch eine Runde?«, raunte sie an meinem Ohr. Ihre Stimme war dunkler als sonst und verursachte ein wohliges Prickeln auf meiner Haut.

Ich packte ihre Handgelenke, drehte uns um, so dass sie wieder unter mir lag, und kostete ihren Körper, von der zarten Haut hinter ihrem Ohr über die Schlüsselbeine bis zu den Ansätzen ihrer Brüste. Sie bebte unter mir. Jeden Quadratzentimeter ihres Körpers wollte ich auf diese Weise erkunden und sie um den Verstand bringen.

Ein Pochen drang an meine Ohren. Zunächst dachte ich, es würde aus meiner eigenen Körpermitte stammen, doch es wiederholte sich immer lauter und lauter. Als Christians kräftige Stimme durch das Wohnzimmer hallte, erstarrte ich. »Das kann doch nicht …«, zischte Maple und ihr Körper spannte sich an.

»Meinst du, ich habe deine Anrufe ignoriert, weil ich unbedingt mit dir sprechen wollte?«, giftete sie ihre Wohnungstür an.

»Maple, ich muss dir etwas sagen. Mach bitte die Tür auf. Es ist wichtig.« Chris' Stimme klang aufgewühlt und nervös.

Ich spürte die Veränderung in Maples Körper. Sie erhob sich, schlang die Wolldecke um sich und öffnete die Tür.

Chris' Blick glitt über seine Schwester, dann huschte er hinüber zu mir. Ich erkannte seine Verwirrung, doch diese schob Chris rasch beiseite und richtete seine Aufmerksamkeit wieder auf Maple.

»Zieh dich an. Kayne ist aufgewacht.«

# 61. Maple

Mit einem Quietschen öffneten sich die Schiebetüren des trostlosen Pflegeheims und glitten dann lautlos auseinander.

Vor ein paar Wochen war Kayne aus dem Krankenhaus in ein Betreuungszentrum für Komapatienten verlegt worden. Niemand hatte mehr daran geglaubt, dass er wieder aufwachen würde; nur seine Eltern hatten sich an diese winzige Hoffnung geklammert. Die beiden hatten sich geweigert, die Maschinen, die ihren Sohn am Leben hielten, auszuschalten. Das Schicksal hatte ihnen nun recht gegeben.

»Weißt du, wie es ihm geht?« Nervös knibbelte ich am Nagel meines Daumens, als ich neben Chris im Fahrstuhl stand.

»Nein.« Die Stimme meines Bruders wirkte abgekämpft und tonlos. »Ich weiß nur, dass er wach ist.«

Gebannt starrte ich auf die Geschossanzeigen in der Kabine, die gemächlich nacheinander aufleuchteten. Dies musste der bei weitem langsamste Fahrstuhl der Welt sein. Ob die Lifte in medizinischen Einrichtungen wohl immer besonders schleppend auf- und abwärtsfuhren, damit das Personal hin und wieder Zeit zum Durchatmen hatte?

Einige Augenblicke später hielten wir an. Unser Stockwerk wurde von einer verzerrten Computerstimme bekanntgegeben.

»Endlich!« Ich seufzte, als sich die Türen öffneten, und marschierte voran zum Informationstresen, an dem zwei Frauen saßen und ein Pläuschchen hielten. Eine von beiden war eine hübsche Brünette mittleren Alters. Sie hatte dunkle Ringe unter den Augen und einen müden Zug um den Mund. Die andere war deutlich älter. Sie trug das schwarze Haar in einem beeindruckenden Knoten, ihr Teint wirkte frisch und ihre Augen sprühten vor Elan. Beide trugen die charakteristischen blauen Kittel, die sie als Angestellte des Heims auswiesen.

Ich stellte mir vor, dass die Brünette zu Hause pubertierende Kinder und einen faulen Ehemann versorgen musste, während die Ältere nach Schichtende zu ihren Katzen heimfuhr und es sich mit einem guten Buch gemütlich machte.

»Hi.« Ich lehnte mich gegen den Tresen und wartete, bis die beiden Frauen mich beachteten.

»Können wir Ihnen helfen?« Sie musterten mich und Chris, der sich neben mich stellte.

»Wir möchten zu Kayne Miller.«

»Ah, zu unserem Glückskind. Es grenzt an ein Wunder, dass er wieder aufgewacht ist. Sie finden ihn in Zimmer 508. Aber bitte nur fünf Minuten, und nicht Sie beide gemeinsam. Er braucht noch viel Ruhe.« Die ältere Pflegerin schaute uns aus ihren warmen, braunen Augen an. Mit dem Finger deutete sie in die Richtung, in die wir gehen sollten.

»Danke.«

Die Sohlen meiner Schuhe quietschten auf dem grauen Linoleumboden, der das Ambiente der Pflegeeinrichtung noch trostloser machte.

»Kein Wunder, dass hier kaum jemand wieder aufwacht«, murmelte Chris. Er hatte die Schultern hochgezogen. Man konnte ihm sein Unbehagen förmlich ansehen.

»Aber Kayne ist wieder aufgewacht. Vielleicht erfahren wir nun endlich, was mit Jarred passiert ist.«

»Ja, vielleicht. Womöglich erinnert er sich aber nicht.«

»Wir werden es sehen.« Mein Blick huschte zu den schmucklosen Ziffern neben der grauen Tür. »508«, sagte ich. »Wir sind da.«

Das Blut rauschte in meinen Adern. Mir war heiß, aber gleichzeitig krabbelte eine Gänsehaut über meinen gesamten Körper, als ich meine Hand hob, um gegen die Zimmertür zu klopfen.

Ich kannte Kayne, seit er ein kleiner Junge war und ständig mit Jarred bei uns gespielt hatte. Später hatten die beiden zusammen abgehangen und so getan, als wären sie die coolsten Menschen auf dem Planeten. Niemand hatte es ihnen je abgekauft, aber das hatte Jarred und Kayne nicht weiter gestört.

Und nun würde ich Kayne wiedersehen – in einem Krankenhausbett, nachdem er monatelang im Koma gelegen hatte. Wusste er überhaupt von Jarreds Tod?

Meine Kehle fühlte sich an wie Wüstensand. Das Schlucken gelang mir nur mit größter Mühe. Langsam öffnete ich die Tür des Krankenzimmers.

Ursula, Kaynes Mutter, trat mir entgegen. »Maple.« Ihr Blick glitt abschätzig an mir hinab. »Was machst du denn hier?«

»Hallo, Mrs. Miller. Ich habe gehört, dass Kayne wieder aufgewacht ist und wollte ihn gern besuchen.« Ich bemühte mich um mein verbindlichstes Lächeln. »Chris ist auch hier.« Mit dem Kopf deutete ich zur Tür. »Man hatte uns gesagt, dass zurzeit nur einer Kayne …«

Mit einer raschen Handbewegung schnitt sie mir das Wort ab. »Ihr habt Nerven!«, zischte sie. »Hier aufzutauchen, nachdem euer Bruder meinem Sohn das angetan hat.«

»Soweit ich weiß, war es ein Unfall.« Ich bemühte mich um einen neutralen Tonfall, aber das Beben in meiner Stimme konnte ich nicht verbergen. »Ein Unfall, den mein Bruder mit dem Leben bezahlt hat.«

Mrs. Miller schnaubte. Ihr eisiger Blick ruhte auf mir, als wäre ich ein unliebsames Insekt und sie würde überlegen, wie man es am besten entfernen könnte. »Fünf Minuten, keine Sekunde länger. Ich besorge mir in der Zwischenzeit einen Kaffee.« Aus verengten Augen taxierte sie mich noch einen kurzen Augenblick, bevor sie den Raum verließ.

Erleichtert ließ ich die Luft aus den Lungen entweichen, die ich unbewusst angehalten hatte. Mrs. Miller war schon immer eine schwierige Frau gewesen. Das war auch der unbestreitbare Grund, weswegen Kayne immer bei Jarred gewesen war und so gut wie nie andersherum. Sie ließ einen Eisklumpen neben sich warm erscheinen. Meine Mom hatte zwar immer gesagt, dass Mrs. Miller erst nach dem frühen Tod ihres Mannes so geworden war, weil sie allein für ihre beiden kleinen Söhne sorgen und dazu noch die alte Pferderanch etwas außerhalb von Woodside über Wasser halten hatte müssen. Vermutlich wäre da jeder ein wenig frostig geworden. Nun aber war sie noch unausstehlicher.

Ich drehte mich zu dem Vorhang aus weiß-grau gestreiftem Stoff, der das Bett vom restlichen Raum abschirmte. Behutsam, um Kayne nicht zu erschrecken, zog ich ihn beiseite und erschrak. Vor mir auf dem Bett lag nicht mehr der athletische junge Mann, der er vor seinem Unfall gewesen war. Seine Arme waren kaum mehr als Streichhölzer, das Gesicht war blass, die Wangen eingefallen. Unter seinem Shirt zeichneten sich die Schlüsselbeine deutlich ab. Auch sein restlicher Körper, der unter einer dünnen Decke verborgen lag, zeichnete magere Konturen in den Stoff.

Ich biss mir auf die Wange, um die Tränen zurückzuhalten, die bei Kaynes Anblick hinter meinen Lidern brannten. Es gab wohl kaum einen unpassenderen Ort zum Losheulen, also räusperte ich mich und trat unsicher noch einen Schritt auf das Bett zu. Plötzlich war ich meiner leeren Hände sehr bewusst. Hätte ich nicht irgendwas mitbringen müssen? Einen Blumenstrauß, ein Kuscheltier oder wenigstens einen Ballon … Was schenkte man jemanden, der gerade aus dem Koma erwacht war?

»Hi …« Meine Stimme klang selbst in meinen Ohren viel zu leise und tonlos. Ich räusperte mich noch einmal und wiederholte mich: »Hi.«

Kayne öffnete die Augen, als sei es die schwierigste Aufgabe, die er jemals hatte absolvieren müssen. Langsam drehte er den Kopf in meine Richtung. Ein müdes Lächeln zupfte an seinen Mundwinkeln, als er mich entdeckte. »Maple.« Wie in Zeitlupe hob er sein dünnes Ärmchen und streckte es nach mir aus. Mit einem Satz war ich an seiner Seite und ergriff seine Hand. Er sollte sich wegen mir nicht noch mehr anstrengen.

»Hallo, Kayne.«

»Du hättest mir sagen müssen, dass du kommst. Dann hätte ich mich für dich hübsch gemacht.«

»Mir reicht es schon, dass du nicht mehr schläfst, Dornröschen.« Ich zwinkerte ihm zu. »Wie geht's dir?«

Kraftlos zuckte er mit den Schultern. »Als hätte ich monatelang im Koma gelegen.«

»Blöde Frage … entschuldige.« Ich deutete mit fragendem Blick auf die Bettkante. Als Kayne schwach nickte, ließ ich mich darauf nieder.

»Wo ist Mom?« Kaynes Blick huschte durch den Raum.

»Sie holt sich einen Kaffee.«

»Gott sei Dank. Sie macht mich wahnsinnig.« Er griff nach meiner Hand. »Schön, mal ein anderes Gesicht zu sehen.«

»Darf ich dich etwas fragen, Kayne?« Ich wollte nicht mit der Tür ins Haus fallen, und bestimmt war das alles andere als feinfühlig, aber ich konnte nicht anders. Ich musste endlich erfahren, was in jener Nacht wirklich geschehen war. »Erinnerst du dich an den Unfall?«

Kaynes strahlend blaue Augen verdunkelten sich etwas. Er schluckte hörbar und sah mich dann unverwandt an. »Ja. An jede einzelne Sekunde.«

# 62. Maple

Was, wenn alles, woran du immer geglaubt hast, eine Lüge ist? Was, wenn jeder, dem du vertraut hast, dich belogen hat?

Was tust du, wenn deine Welt implodiert und dich ohne Sauerstoff in den Orbit schleudert?

# 63. Ethan

Die Ginger-Ale-Flaschen klirrten leise, als ich die braune Papiertüte auf der kleinen Arbeitsfläche in Maples Wohnung abstellte. Ich hatte beschlossen, ein paar Einkäufe zu erledigen und uns ein Abendessen zu kochen. Mir kam es zwar komisch vor, allein in ihrer Wohnung zu sein, doch ich wollte auch nicht einfach gehen. Der Besuch bei Kayne würde Maple zweifellos nicht kaltlassen. Da würde jamaikanisches Essen sicher helfen.

Die Teigtaschen, die ich mit Tomaten, Kräutern und reichlich Chili gefüllt hatte, brutzelten im Ofen und verströmten ihren köstlichen Duft, als ich einen Schlüssel im Schloss hörte. Ich legte das Buch zur Seite, welches ich mir aus Maples Regal geschnappt hatte, und erhob mich vom Sofa.

»Hey.« Ich schob die Hände in die Hosentaschen. »Ich hoffe, du findest es nicht seltsam, dass ich hiergeblieben bin. Wenn du Ruhe haben möchtest, gehe ich direkt, aber ich hab dir Pasteten gemacht. Nach dem Rezept meiner Mutter. Schön scharf, so wie du sie magst.«

Maple schloss die Tür hinter sich und ließ ihre Tasche achtlos auf den Boden fallen. Ihr Gesicht war blass, nur die Haut um die Augen wirkte gerötet. Hatte sie geweint?

Ich suchte ihren Blick. Als ich ihn fand, erschrak ich. In ihm lag ein Ausdruck, den ich so noch nie an ihr gesehen hatte. Eine Mischung aus Schmerz, Trauer und Enttäuschung.

»Du warst da.« Sie blieb reglos an der Tür stehen. Ihre Augen waren fest auf mich gerichtet.

»Was?«

»Du warst da.« Ihre Stimme wurde lauter und eine Ahnung kroch aus meinem Unterbewusstsein. So kalt und geisterhaft, dass sich die Härchen an meinen Armen aufstellten.

Erinnerungsblitze peitschten durch meinen Kopf. Ein brüllender Motor. Zwei gleißende Scheinwerfer. Jarred, der in meinen Armen starb.

»Maple, ich …«

»Nein!«, rief sie und der Schmerz in ihrer Stimme ließ mich erschaudern. Da war keine Wärme mehr in ihr, keine Zuneigung. Noch vor ein paar Stunden hatte sie meinen Namen voller Leidenschaft gestöhnt, und nun lag nichts mehr als eisige Enttäuschung darin. »Ich will nichts hören. Du wirst meine Wohnung verlassen und nie zurückkommen. Hörst du? Niemals! Ich bin fertig mit dir!« Maple griff hinter sich und zog die Tür auf.

»Ich möchte dir doch nur erklären, was damals passiert ist.«

»Du warst da«, wiederholte Maple tonlos. »Du hast den Unfall verursacht. Er ist dir ausgewichen. Die ganze Zeit dachten wir, es wäre ein Tier gewesen, aber das warst du. Du hast ihn getötet und es mir nicht gesagt. Hast du gehofft, Kayne würde nie wieder aufwachen und dein Geheimnis so bewahren?«

»Nein, so war das doch gar nicht! Sie haben mich verfolgt. Ich wollte doch nur weg, vor dem Auto fliehen. Es war wie damals. Genau wie früher. Ich hatte … ich hatte Angst, Maple.«

»Ist mir egal, Ethan! Du bist mir egal!« Sie deutete wieder auf die geöffnete Tür hinter sich. »Verpiss dich!« Mit abgewandtem Kopf wartete sie, bis ich über die Schwelle getreten war, dann donnerte die Tür hinter mir ins Schloss.

»Maple?« Ich lehnte meine Stirn an das kühle Holz der Tür, die mich aus meinem neuen Leben aussperrte. Einen winzigen Blick hatte ich darauf werfen können. Darauf, wie wunderbar mein Leben sein könnte. Doch das war es nun nicht mehr. »Kann ich dir bitte alles erzählen?«

Auf der anderen Seite der Tür hörte ich Maples Schritte näherkommen. Ich legte beide Handflächen gegen das lilafarbene Holz, als würde ich sie beschwören können, mich anzuhören.

»Tausend Mal hättest du mir alles erzählen können.« Maples Stimme war kalt und voller Zorn. »Aber du hast es vorgezogen, mich anzulügen.

Mir zu verschweigen, dass du meinen Bruder auf dem Gewissen hast. Stattdessen lullst du mich mit deinem beschissenen Liebesgeständnis ein!« Ein dumpfer Knall ertönte und die Tür vibrierte leicht unter meinen Händen. Offenbar hatte Maple von der anderen Seite dagegen geschlagen. »Verschwinde!«

Das letzte Wort klang nicht mehr kalt und zornig. In ihm steckte all der Schmerz, den Maple fühlen musste. All der Schmerz, den ich ihr zugefügt hatte.

»Jarred war nicht allein. Ich habe seine Hand gehalten, als er starb. Vielleicht ist das zumindest ein kleiner Trost.« Mit den Fingerspitzen strich ich über die Maserung. Genau so hatten meine Finger in der letzten Nacht über Maples zarte Haut gestrichen.

In meinen Eingeweiden tobte ein Sturm. Ein Teil von mir wollte die verfluchte Tür eintreten, Maple in den Arm nehmen, sie um Verzeihung anflehen. Ein anderer wollte sich verkriechen und in Selbstmitleid versinken. Und über beiden Bruchstücken meines Selbst thronte ein Monster mit Whiskyflasche in der Hand, das nach mir griff und mich zu sich lockte. Ich presste die Handballen gegen meine Augen, versuchte, meinen viel zu schnellen Puls zu beruhigen, aber es half nichts. Es brüllte nach mir, laut und unnachgiebig.

In mir zog sich alles zusammen. Meine Beine zitterten, als hätte ich einen Marathon hinter mir, als ich langsam die Treppe hinunterstieg und das Haus verließ. Draußen umfingen mich warme Sommerluft und heller Sonnenschein. Wie konnte mein Leben an so einem schönen Tag in sich zusammenbrechen? Sollte es nicht eigentlich regnen oder wenigstens stürmen, wenn so etwas passierte?

Wie ferngesteuert überquerte ich Woodsides Main Street und folgte ihr, bis ich vor Freds kleinem Laden ankam. Dort leuchtete mich das altmodische Neonschild in bunten Farben an, auf dem nur ein einziges Wort geschrieben stand: *Liquor.*

# 64. Ethan

Fuck.«

Kerzengerade richtete ich mich in meinem Bett auf, als mein Hirn verstanden hatte, was die Zeiger der Uhr an der gegenüberliegenden Wand bedeuteten. Verschlafen – ich hatte verschlafen! Ausgerechnet heute!

Wie von der Tarantel gestochen, sprang ich auf, sammelte eine dunkle Jeans und einen grauen Wollpulli von der Sofalehne und flitzte ins kleine Badezimmer. Nachdem ich in Windeseile meine Zähne geputzt und eine winzige Katzenwäsche vollzogen hatte, verließ ich meine kleine Wohnung, in der sich noch die Umzugskartons stapelten.

Ich rannte so schnell ich konnte über den nassen Asphalt, wobei das Wasser unangenehm kalt gegen meine Beine spritzte. Als ich um die Ecke bog und endlich den Laden sehen konnte, sackten meine Schultern resigniert nach unten. Ich ließ meine Jacke los, die ich zum Schutz vor dem kühlen Regen über meinen Kopf gezogen hatte. Ich verlangsamte meine Schritte und starrte die Pappkartons an, die sich als trauriger, nasser Haufen vor der Eingangstür stapelten. Der Lieferant hatte die Bücherkisten einfach vor der Tür abgestellt und war weitergezogen.

»Das war's«, murmelte ich. »Nan Nan wird mich umbringen.« Ich kramte den Ladenschlüssel aus der Jackentasche, öffnete die Tür und hievte dann die durchnässten Kartons in den Buchladen.

Zu meiner Erleichterung waren die Bücher im Inneren der Kartons in Folie geschweißt. Normalerweise verfluchte ich solch unnötige Nutzung von Plastik, aber heute rettete sie mir das Leben.

Behutsam stapelte ich die Werke auf den kleinen Wagen, den ich immer nutzte, um die Regale umzusortieren. Dann entsorgte ich die nasse Pappe. Erleichtert lehnte ich mich an den Kassentresen. Nan Nan hatte weder bemerkt, dass ich auf den letzten Drücker zur Arbeit gekommen war, noch dass die neuen Bücher beinahe ruiniert worden wären.

Eine Stimme ertönte hinter mir und ließ mich zusammenzucken. »Kaffee?«

Ich hatte gedacht, allein im Laden zu sein, doch Nan Nan stand in dem schmalen Durchgang, der ins kleine Lager, das auch als Büro diente, und ihren privaten Bereich führte. Sie trug ein weites dunkelrotes Kleid und ihre Lippen waren im gleichen Rotton geschminkt. Wie immer hatte sie es für meinen Geschmack mit dem Lippenstift übertrieben. An ihren Ohren baumelten riesige orangefarbene Ohrringe, die mich an Kürbisse erinnerten.

»Du hast mich erschreckt«, brachte ich hervor, als sich mein Herzschlag endlich wieder beruhigt hatte.

»Du warst schon immer schreckhaft, Junge. Ich erinnere mich noch daran, wie sehr Maplechen es liebte, dich zu erschrecken.« Ein trauriger Ausdruck huschte über das faltige Gesicht der sonst immer fröhlich wirkenden alten Frau.

»Ja.« Ich schmunzelte. »Das mochte sie für meinen Geschmack etwas zu sehr.«

Drei Monate waren nun vergangen, seit ich Maple zuletzt gesehen hatte. Sie war verschwunden, ohne jemandem zu sagen, wohin sie wollte. Wenigstens verriet es mir niemand, als ich alle möglichen Leute nach ihr fragte. Ich rief bei Aziz und ihrer Freundin Summer an und fragte Hazel immer wieder Löcher in den Bauch. Irgendwann hatte ich sogar all meinen Mut zusammengenommen und Chris angerufen, doch niemand von ihnen konnte oder wollte mir helfen. Maple fehlte mir. Sie fehlte mir so sehr.

»Sie wird schon wiederkommen, Junge.« Nan Nan tätschelte mir den Arm.

»Wann wolltest du mir denn beichten, dass du beinahe die ganzen Weihnachtsschnulzen zerstört hättest?«

Ich erstarrte. Also hatte sie es doch mitbekommen. »Ich … entschuldige, Nan Nan. Ich hab verschlafen.«

»Das rieche ich.« Sie zog eine Augenbraue hoch. »Ist ja nichts passiert, Junge.« Mit einem Lächeln verschwand sie ebenso lautlos im abgetrennten Bereich, wie sie aufgetaucht war.

Kopfschüttelnd machte ich mich daran, die Bücher umzuräumen. Heute war es meine Aufgabe, den Laden für die nahende Feiertagssaison herzurichten. Erst stand Halloween an, dann Thanksgiving, gefolgt von Weihnachten. Ob Maple an einem der Feiertage nach Hause kommen würde?

Dabei gab es ihr Zuhause gar nicht mehr. Ihre Eltern hatten das große Haus verkauft und waren nach Vancouver gezogen. Chris lebte nun in London. Und Jarred … Hier gab es nur noch Nan Nan, die ihr etwas bedeutete. Wobei ein winziger Teil meines Herzens wider besseren Wissens hoffte, dass auch ich ihr noch etwas bedeutete.

Als ich an jenem Tag vor Freds Laden gestanden hatte, zitternd am ganzen Körper, wollte ich meinem inneren Monster nachgeben. Ich hatte den Laden betreten, stand vor dem Regal mit dem Whisky und wollte eben meine Hand nach einer Flasche mit der bernsteinfarbenen Flüssigkeit ausstrecken, als Nan Nan Turner plötzlich neben mir stand. Sie hakte sich unter und zog mich zum Regal mit den Nudeln, damit ich ihr diese eine Packung Spaghetti reichen konnte, die besonders weit oben verstaut war.

Danach hatte sie mich mit zu sich genommen, für mich gekocht und mich bei sich schlafen lassen. Am nächsten Tag hatte Maples Großmutter mich zu meinen Eltern begleitet. Seitdem verbrachten wir viel Zeit zusammen. Ich half der alten Dame im Laden aus und übernahm immer öfter Maples Schichten. Schließlich hatte Nan Nan mich fest eingestellt.

Inzwischen war der kleine Buchladen zu meinem Lebensmittelpunkt geworden. Die Routine, die der Job mir bot, half mir sehr, meinem Monster kein Gehör zu schenken – ebenso wie die AA-Treffen in Wilmington, zu denen mich mein Vater einmal in der Woche begleitete. Nicht weil er sie brauchte, aber weil es ihn beruhigte zu wissen, dass er mir helfen konnte.

Ich drückte den Rücken durch und stöhnte, als ich den endlich den schweren Eichentisch an die Stelle verrückt hatte, an der ich ihn schon immer haben wollte. Nan Nan betrat den Verkaufsraum und musterte mein Werk. Sie schnalzte tadelnd mit der Zunge, bevor sie sich wortlos umdrehte und wieder verschwand.

Irritiert schaute ich ihr nach. »Was?«, rief ich. »Was bedeutet das?« Ich imitierte ihr Zungenschnalzen, aber natürlich erhielt ich keine Antwort.

Das Bimmeln der Türglocke kündigte neue Kundschaft an, deshalb machte ich mich auf den Weg hinter den Kassentresen. Eine kurze Pause vom Bücherschleppen und sie auftürmen, Tische verrücken und Deko aufhängen kam mir und meinem schmerzenden Rücken ganz gelegen.

Ich beobachtete die kleine Gruppe von Touristen, die offenbar auf der Durchreise zum Meer einen Zwischenstopp einlegten. Sie strichen ziellos durch die Gänge und schienen sich nicht brennend für Bücher zu interessieren, also zog ich mein Smartphone aus der Gesäßtasche. Auf dem Display leuchtete mir eine Nachricht von Paul entgegen.

*Mietvertrag in DC ist unterschrieben. Bald sind wir wieder Nachbarn.*

Ich schickte ihm ein Thumbs-up-Emoji und schob das Telefon zurück in meine Tasche. Paul hatte eine Frau kennengelernt und sich Hals über Kopf in sie verliebt. Sie war Journalistin und hatte ihren absoluten Traumjob als Pressereferentin im Weißen Haus ergattert, also zogen die beiden nach Washington DC um. Ich freute mich unglaublich darüber, meinen besten Freund bald nur noch eine gute Autostunde von mir entfernt zu wissen. Zu Beginn meiner unrühmlichen Collegezeit hatte ich nicht erwartet, mit jemandem wie Paul befreundet sein zu können, aber ich hatte mich getäuscht. Gründlich.

Eine der Touristinnen kam zum Tresen und schob mir ein Buch entgegen. Ich nahm es in die Hand und lächelte wehmütig.

»*Alice im Wunderland*«, murmelte ich. »Das ist eine gute Wahl. Ich habe es als Kind oft gelesen. Auch jetzt noch stöbere ich hin und wieder darin.«

»Ich weiß.«

Ich erstarrte. Diese Stimme würde ich unter tausenden erkennen. Maple war zurück.

# 65. Maple

Woran denkst du, East?« Summer legte ihren Kopf auf die gebräunten, angezogenen Knie. Ihre fröhlichen, blauen Augen musterten mich neugierig.

»Du sollst mich nicht East nennen.« Ich schmunzelte und ließ mich gegen sie sinken. Summer legte einen Arm um meine Schultern und zog mich näher an ihren zierlichen Körper. Einige stille Augenblicke lang nahmen wir das Farbenspiel des Sonnenuntergangs über dem Pazifik in uns auf.

»Du wärst gern bei Ethan, oder?«

»Nein.«

Summer lachte. »Du bist so eine schlechte Lügnerin.«

»Ja, okay, er fehlt mir. Aber ich bin auch so unfassbar sauer auf ihn.«

»Natürlich bist du das.« Sie strich mit der Hand über meinen Rücken. »Er hat dich verletzt, weil er die Wahrheit über Jarreds Tod nicht mit dir geteilt hat. Und das, obwohl er doch immer dein bester Freund sein sollte.«

»Genau.«

»Hmmm«, machte Summer. »Ich habe mir deine Version der Geschichte nun seit einigen Wochen angehört und Ethan nicht verraten, dass du hier bist. Das habe ich gern gemacht, East, wirklich. Aber meinst du nicht, dass es an der Zeit ist, dir auch seine Seite anzuhören?«

»Was soll er schon für eine Seite haben? Er ist meinem Bruder vors Auto gefahren, der hat das Steuer verrissen, ist gegen einen Baum gefahren und gestorben. Da gibt es keine zwei Meinungen.«

»Schon, aber hatte Ethan nicht gesagt, er hätte Angst gehabt? Dass er sich verfolgt gefühlt hätte?«

»Ja, und?«

Summer seufzte vernehmlich. »Maple, ich liebe dich, aber manchmal bist du echt schwer von Begriff.«

»Ey!« Ich knuffte ihr in die Seite.

»Kurz vorher hat Chris, mit dem du übrigens auch nicht mehr redest, dir gestanden, dass er Ethan früher brutal gemobbt hat.«

»Ich kann dir nicht folgen.«

»Mann, Mädchen!« Kopfschüttelnd streckte sie die Handflächen aus. »Chris«, sagte sie und deutete mit dem Kopf auf eine Hand. »Ethan.« Summer nickte zur anderen hinüber. Dann schlug sie die Handflächen aneinander. »Angst. Klingelt's?«

»Sorry, Sum. Ich verstehe dich nicht.«

Meine Freundin vergrub das Gesicht in den Händen und rieb sich über die Augen. »Gut, dann also in ganz deutlichen Worten. Ruf Chris an. Rede mit ihm über Ethan. Erzähl ihm vom Unfall. Vielleicht kann er ja eine Erklärung finden.«

»Meinst du, dass Chris etwas mit Jarreds Unfall zu tun hat?«

»Nein, natürlich nicht. Jedenfalls nicht direkt. Aber ich könnte mir vorstellen, dass vielleicht früher mal irgendetwas zwischen deinem Bruder und Ethan vorgefallen ist, das deinen Freund irgendwie getriggert hat.«

»Womöglich hast du recht. Chris war früher quasi mit seinem BMW verwachsen.«

»Siehst du. Ruf deinen Bruder an und finde es heraus. Bei der Gelegenheit verträgst du dich auch direkt mit ihm, ja? Du bist harmoniebedürftig bis ins Mark, Maple Elizabeth Turner. Du erträgst so viele Streitereien auf einem Haufen nicht. Mach jetzt reinen Tisch.«

***

Ich zitterte am ganzen Körper, als ich das vertraute Bimmeln der Türglocke wahrnahm. Zum Teil war es der Kälte geschuldet, denn es hatte lange gedauert, bis endlich eine etwas größere Gruppe Menschen den Buchladen betreten wollte. Ich hatte in meinem Leihwagen auf der gegenüberliegenden Straßenseite gewartet, doch allmählich war die ungewöhnlich kalte Oktoberluft in den Wagen gekrochen.

Aber auch die übermenschliche Nervosität ließ mich schaudern. Drei Monate waren vergangen, seit ich Woodside verlassen hatte. Ich hatte keine andere Möglichkeit gesehen. Es hatte sich angefühlt, als würden in diesem Ort in jeder Ecke Lügen lauern. Ich wollte irgendwo neu anfangen, wo ich nicht in einem Netz aus Unwahrheiten gefangen war – nur hatte es meine Gedanken immer wieder an diesen Ort gezogen. Meine Seele wollte nach Hause. Mein Herz wollte zurückkehren.

Es kam mir wie ein guter Plan vor, mir das Buch zu schnappen, das E.T. und ich als Kinder rauf und runter gelesen hatten. Das Buch, das auch er damals auf den Tresen im Buchladen gelegt hatte, als er nach Woodside zurückgekehrt war. Doch nun war ich mir nicht mehr sicher, ob dieses Vorhaben nicht einfach nur bescheuert war.

Ethans graue Augen durchbohrten mich bis zum Grund meiner Seele. Meine Haut kribbelte unter seinem Blick. Die Geräusche des Geschäfts um uns herum schienen zu verstummen. Das Bedürfnis, über den Tresen zu greifen und ihn zu berühren, wurde immer größer, aber ich war wie erstarrt. Ich konnte nicht mal blinzeln.

Ein zaghaftes, unsicheres Lächeln erweichte Ethans Züge. Der Schreck wich der Überraschung. Die Überraschung wich der Freude, die sich in seinen Augen einnistete und Funken daraus sprühte. »Du bist zurück.«

Ich nickte.

»Ich hatte Angst, ich würde dich nie wiedersehen.«

»Ja, ich weiß.«

»Wo warst du denn?«

»In Kalifornien. Bei Summer.«

Ethan streckte seine Hand nach meiner aus. Ganz langsam, Zentimeter für Zentimeter. Als die Wärme seiner Fingerspitzen auf meine Haut traf, schloss ich die Augen. Er hatte mir so gefehlt. »Wir müssen reden, Ethan.«

Er öffnete den Mund, um etwas zu sagen, doch in dem Moment durchschnitt ein schriller Aufschrei die Luft.

»Mapelchen!«

Meine Großmutter stürzte aus dem hinteren Teil ihres Buchladens auf mich zu. Kurz fragte ich mich, wie die alte Dame noch so schnell laufen konnte, doch dann riss mich die Wucht ihrer Umarmung beinahe um. Ich vergrub mein Gesicht an ihrem Hals und atmete ihren Duft tief ein – das blumige Parfum, das sie schon immer getragen hatte, und den leichten Geruch nach Büchern. Ich verstärkte die Umarmung und konnte die Tränen, die ich bisher tapfer zurückgehalten hatte, nun nicht mehr stoppen. Sie rollten stumm über meine Wangen und versickerten in Nan Nans rotem Kleid. Sanft tätschelte sie meinen Rücken.

»Schon gut, Kleines.« Sie drückte mir einen Kuss auf die Wange. »Komm mit. Wir gehen zu mir nach Hause und du erzählst mir, wo du warst und was du so getrieben hast. Und mit wem.« Sie zwinkerte mir zu und knuffte mir in die Seite. Typisch Nan Nan. Bloß keine Sentimentalitäten aufkommen lassen.

Mit einem Lachen, das eher einem Schnauben glich, wischte ich mir die Tränen aus den Augen.

»Okay. Lass uns gehen.« Ich folgte meiner Großmutter und warf Ethan über die Schulter noch einen Blick zu. Er nickte und ich wusste, dass wir uns noch immer verstanden, ohne ein Wort miteinander zu wechseln.

***

Es dämmerte bereits, als ich dem schmalen Waldweg folgte, den ich schon so oft in meinem Leben entlanggegangen war. Die Äste der Bäume hingen schwer unter der Last der Regentropfen hinab. Bis auf gelegentliches Hinabrieseln des Wassers, das überall auf dem Waldboden Pfützen hinterließ, war nichts zu hören. Lediglich das fröhliche Gurgeln des Flusses konnte ich in der Ferne bereits wahrnehmen.

Heute hatte ich mich gegen Sportkleidung entschieden. Ich war durch den Sommer in Kalifornien wärmere Luft gewöhnt und konnte mich nicht dazu überwinden, in der nasskalten Oktoberluft Delawares ohne Wollmantel, Jeans und Boots unterwegs zu sein. Ein Windstoß ließ mich noch mehr frösteln, als ich es ohnehin schon tat, und ich vergrub die Hände tiefer in den Taschen.

Nur noch ein paar hundert Meter müsste ich zurücklegen, um zu erfahren, ob Ethan meinen Blick vorhin im Buchladen wirklich richtig gedeutet hatte.

Als ich die Lichtung erreichte, sackten meine Schultern, die ich vor Aufregung und Kälte beinahe bis zu den Ohren hinaufgezogen hatte, nach unten. Sie war verlassen. Niemand war hier. Ich kramte mein Smartphone aus der Manteltasche.

*5:58 Uhr.*

Der umgestürzte Baum lag noch immer an seinem Platz. Ich ging hinüber und ließ mich darauf nieder, nachdem ich mir eine Handvoll Kieselsteine gegriffen hatte. Ungeduldig warf ich die Steinchen ins Wasser. Mit jedem plumpsenden Geräusch, das ertönte, wenn ein Kiesel auf die Wasseroberfläche traf, wurde mein Herz schwerer und meine Hoffnung ein wenig kleiner.

# 66. Ethan

Den ganzen Tag über, nachdem Maple im Laden aufgetaucht und dann mit Nan Nan verschwunden war, fühlte ich mich wie ferngesteuert. Es war mir unmöglich, mich auf die Arbeit zu konzentrieren. Zum Glück war kaum etwas los gewesen, also konnte ich mich den Rest der Arbeitszeit damit beschäftigen, Bücher auf Stapel zu legen – nur um sie dann wieder woanders einzuräumen.

Maples Blick, den sie mir zugeworfen hatte, als sie ihrer Großmutter gefolgt war, ging mir nicht mehr aus dem Kopf. Ich hoffte inständig, dass ich ihn richtig gedeutet hatte.

Als es kurz nach halb sechs war, schloss ich den Laden frühzeitig ab, in der Hoffnung, Nan Nan würde mir wegen der halben Stunde nicht den Kopf abreißen.

Ich beeilte mich, in meine Wohnung zu kommen, um mich frisch zu machen. Glücklicherweise war mir wieder in den Sinn gekommen, dass die Dusche am Morgen hatte ausfallen müssen. Also stellte ich mich unter den Wasserstrahl, der diesen Namen eigentlich nicht verdiente, duschte mich schnell ab und gönnte mir nur einen winzigen Moment, um das warme Wasser auf meiner Haut zu genießen.

’Als ich mich abgetrocknet hatte, schlüpfte ich in eine schlichte Jeans und einen dicken, grauen Hoodie. An der Tür befreite ich noch meine warme Weste von der Garderobe und verließ die Wohnung wieder.

Meine Sneaker schmatzten wenig später auf dem nassen Waldboden. Überall fielen währenddessen Regentropfen von den Ästen. Zum Glück hatte es inzwischen aufgehört zu regnen. Die trübe Dämmerung wurde sogar noch von einigen roten Sonnenstrahlen erhellt.

Ich blickte auf das Display meines Handys und erschrak. Schon

Viertel nach sechs! Verdammt, ich hatte viel zu lange gebraucht!

Ich beschleunigte meine Schritte, während das Schmatzen meiner Schuhsohlen auf dem Waldboden immer lauter wurde. Als ich die kleine Lichtung endlich erreichte, schwand augenblicklich jede Hoffnung in mir. Ich hatte sie verpasst. Sie war fort und ich war zu spät. Schon wieder …

***

Mit den Fingerspitzen glitt ich über das Holz des Baumstamms, der mir bereits so oft als Sitzgelegenheit gedient hatte. Ich stieß einen Schwall Luft aus meinen Lungen, die vor mir in kleine Wölkchen zerfaserte und sich dann mit der Abendluft verband. Mit beiden Händen fuhr ich mir durchs Haar, umfasste meinen Hinterkopf und stützte die Ellenbogen auf den Knien ab.

»Fuck!«

Ich hätte den Laden noch früher schließen oder auf die Dusche verzichten und direkt in den Wald kommen sollen. Mein Blick fiel auf einen flachen Stein, den ich ergriff und kurz in meiner Hand wiegte, dann schnippte ich ihn mit Schwung über das Wasser. Wie früher als Kind zählte ich die Aufsetzer, die der Stein schaffte.

»Eins … zwei … drei … vier … fünf …«

»Sechs … sieben … acht. Du hast geübt.«

Zuerst war ich mir nicht sicher, ob ich mir Maples Stimme nur eingebildet hatte. Doch dann drehte ich mich langsam um und … da stand sie. Die Hände hatte sie tief in den Taschen ihres grauen Mantels vergraben, die langen Haare lugten unter einer grünen Mütze hervor. Ein unsicheres Lächeln umspielte ihre Lippen.

»Hi.« Ihre Stimme war kaum mehr als ein Flüstern.

»Hi«, echote ich leise.

»Ich dachte, du kommst nicht mehr.« Sie machte ein paar zaghafte Schritte auf mich zu.

»Tut mir leid, ich war zu spät. Ich musste noch den Laden zumachen.«

»Klar, das ist mir dann auch eingefallen. Und ich hab deine Schuhe gehört.« Sie deutete auf meine Sneaker, die vom nassen Waldboden eine unschöne bräunliche Färbung bekommen hatten. »E.T., ich hab in den letzten Monaten viel nachgedacht.« Maple erreichte den Baumstamm und setzte sich neben mich. »Du hast mir nicht die Wahrheit erzählt … das hat mich sehr verletzt. Du hast nicht nur verschwiegen, was Chris und die anderen dir angetan haben. Du hast, und das ist viel schlimmer, mir nicht erzählt, dass du bei Jarreds Unfall dabei warst.« Maple sah mich nicht an, sondern hatte den Blick starr auf das Wasser vor uns gerichtet.

»Ich weiß. Ich hätte dir alles sagen müssen, aber …«

»Lass mich bitte ausreden.« Sie schluckte. »Nachdem Kayne aufgewacht war und mir erzählt hatte, dass du in jener Nacht am Unfall beteiligt warst, konnte ich nicht glauben, was er da sagte. Es war, als würde man mir im vollen Lauf die Beine wegreißen. Verstehst du? Ich hatte dich immer als den einen Menschen in meinem Leben gesehen, der mich nie anlügen, sondern mir immer die Wahrheit sagen würde. Zu erkennen, dass du mich belogen hast, hat mir den Boden unter den Füßen weggerissen. Wie sollte ich dir jemals wieder vertrauen? Wie sollte ich dir jetzt also glauben, wenn du mir sagst, dass du mich liebst?«

Mein Herz krampfte sich schmerzhaft zusammen, stolperte, stockte, nur um dann in viel zu schnellem Tempo gegen meine Rippen zu hämmern.

»Aber ich habe nur mich dabei gesehen, das ist mir jetzt klar. Ich habe Chris damals gebeten, auf dich aufzupassen, und ich habe auch Jarred zu deinem Trailer geschickt, damit er nach dir sieht.« Sie seufzte so tief, dass ich befürchtete, ihr zarter Brustkorb würde zerspringen.

»Chris hat mir erzählt, dass er dich mit seinem Auto verfolgt hat. Er ist dir gefolgt, dir gegen die Beine gefahren … Gott, ich kann mir nicht einmal vorstellen, was du für Angst gehabt haben musst. Und dann wiederholte sich die Situation in der Nacht im Wald. Natürlich hast du Panik bekommen. Du wurdest getriggert und hast darauf mit Flucht reagiert, aber du bist nicht für den Unfall verantwortlich. Das war Jarred. Er ist zu schnell gefahren und hat wohl auch nicht auf die Straße geachtet. Als er dich am Seitenstreifen entdeckte, bekam er wohl einen Schreck und hat das Lenkrad verrissen. Kayne hatte noch mal mit Chris gesprochen. Er hat es mir erzählt.« Maple stockte. Mit dem Handrücken wischte sie sich über die tränennassen Wangen.

»Ich weiß das«, begann ich. »Also das mit dem Unfall. Nachdem du fort warst, hat mich der Sheriff befragt. Ich habe ihm meine Version erzählt und Kayne hat das dann so bestätigt.«

Ich erinnerte mich kurz an den ersten Tag, nachdem Maple verschwunden war. Der einzige Polizeiwagen, den Woodside besaß, schaukelte langsam zum Haus meiner Eltern. Der Sheriff und sein Deputy hatten mir ein paar Fragen gestellt und ich kam mit einer Verwarnung davon, weil ich mich nicht früher mit meinem Wissen über die Unfallnacht gemeldet hatte. Danach hatte ich mich seltsam befreit gefühlt. Alle Geheimnisse waren gelüftet. Ich musste nichts mehr für mich behalten und konnte wieder frei atmen. Nur Maple hatte mir gefehlt.

»Es tut mir leid, dass ich ohne ein Wort gegangen bin.« Sie wandte mir ihr wunderschönes Gesicht zu, das in den letzten Strahlen des abendlichen Sonnenlichts warm leuchtete.

»Du hast dich verraten gefühlt. Das verstehe ich.«

»Ja, das trifft die Sache ziemlich gut. Ich hab nicht mehr gewusst, wem ich überhaupt noch glauben kann. Ich musste einfach weg.«

Vorsichtig spreizte ich den kleinen Finger ab, um damit Maples Hand zu berühren, die neben meiner lag. Sie tat es mir gleich. Als ihre Haut meine streifte, durchflutete mich ein Feuerwerk des Glücks. Wie von selbst verschränkten sich unsere Finger miteinander und ihre Wärme durchströmte meine Adern bis in den hintersten Winkel meines Körpers.

»Du hast mir so gefehlt«, flüsterte ich.

»Du mir auch.«

Hand in Hand saßen wir da und schauten auf den kleinen Fluss zu unseren Füßen hinunter.

»E.T.?«, fragte Maple nach einiger Zeit des Schweigens.

Als Antwort wandte ich ihr mein Gesicht zu und blickte in ihre grünen Augen, die ich so gut kannte wie meine eigenen.

»Ich liebe dich. Ich liebe dich schon sehr, sehr lange. Es ist nur so viel Unschönes vorgefallen und ich weiß nicht, wie wir weitermachen können.« Maples runzelte besorgt ihre Stirn. In ihren Augen schwammen Tränen.

Ich strich meiner Freundin mit dem Daumen über die Wange und sie schmiegte ihr Gesicht in meine Handfläche.

»Wir können die Vergangenheit nicht ändern, Maple; diese Macht hat niemand. Aber wir können uns dafür entscheiden, unsere Zukunft nicht von der Vergangenheit bestimmen zu lassen.«

Maple nickte. »Du meinst so etwas wie einen Neuanfang?«

»Ja, genau. Wir beginnen einfach noch mal von vorn.«

Ein schelmisches Lächeln ergriff Besitz von Maples Zügen und vertrieb alle Sorgenfalten. Unvermittelt sprang sie auf, schlüpfte aus ihrem Mantel und legte ihn über den Baumstamm. Kurz blickte sie sich auf der Lichtung um, doch ging dann zielstrebig zu einer Platane. Etwas verwirrt beobachtete ich ihre Versuche, auf den Baum zu klettern. Schließlich schaffte sie es und balancierte auf dem untersten dicken Ast entlang.

»Du musst schon herkommen!«, rief sie mir zu.

»Ich klettere da aber nicht rauf«, murrte ich.

»Musst du auch nicht. Stell dich einfach neben den Baum.« Ich hatte noch immer keinen Plan, was dieses verrückte Mädchen im Schilde führte, doch ich folgte ihren Anweisungen und stellte mich in die Nähe des Baumstamms.

Mit einem Satz sprang Maple vom Ast direkt vor meine Füße, womit ich nicht gerechnet hatte. Ich taumelte ein paar Schritte nach hinten, verlor das Gleichgewicht und landete mit dem Hintern auf dem nassen Waldboden.

Meine Freundin lachte so laut auf, dass einige Vögel, die in den umliegenden Bäumen saßen, empört das Weite suchten. Sie kam auf mich zu und streckte mir die Hand entgegen, um mir auf die Beine zu helfen.

»Hi«, sagte sie mit einem verschmitzten Lächeln. »Ich bin Maple.«

Endlich begriff ich, was sie hier tat. Genau so waren wir uns als Kinder das allererste Mal begegnet. Ich lachte auf und ergriff ihre Hand, doch anstatt mir von ihr aufhelfen zu lassen, zog ich sie zu mir auf den Boden. Maple landete mit voller Wucht auf meiner Brust, woraufhin wir beide lachend aufstöhnten.

»Hi, Maple. Ich bin Ethan.«

»Ethan«, echote sie. »Schön, dich kennenzulernen.« Dann neigte sie ihr Gesicht zu mir herunter, bis unsere Lippen sich trafen und wir ineinander versanken.

Ich wusste, dass ich niemals wieder etwas anderes in meinem Leben brauchen würde außer dieser Frau. Meine Maple.

# Epilog

Und wenn sie es hassen wird?«

Zum gefühlt tausendsten Mal schob ich das Glas mit den Cookies, die Hazel für die Wiedereröffnung gebacken hatte, auf die andere Seite des Tresens.

»Wird sie nicht.« Ethans Stimme drang blechern aus dem Lautsprecher meines Handys, das ich vor mir auf der hölzernen Arbeitsplatte abgelegt hatte, um beide Hände frei zu haben. »Du musst nicht nervös sein, sie ist deine Oma. Es ist ihr Job, die Dinge toll zu finden, die du machst.«

»Das wäre bei anderen Großmüttern so, aber du weißt, dass meine Nan Nan nicht wie andere Grandmas ist.«

»Wer ist hier eine Grandma?« Nan Nan stand mit verschränkten Armen in der Tür zum Büro und musterte mich mit einer hochgezogenen Augenbraue.

Ich hörte Ethan noch »Viel Glück« sagen, bevor die Verbindung getrennt wurde und mein Handy stumm zurückblieb.

»Hi, Nan Nan.« Ich ging zu ihr und schloss sie in die Arme. »Wie war dein Urlaub?«

»Schön. Deine Eltern haben es sich nett gemacht in Vancouver.«

»Ja, Mom hat mir Bilder geschickt. Wie geht es den beiden?«

»Sie werden schon wieder. Der Ortswechsel hat ihnen gutgetan.« Sie schob mich sanft zur Seite und trat einen Schritt in den Verkaufsraum hinein. »Das ist es also?«

»Ja.« Ich folgte ihr und breitete die Arme aus. »Herzlich willkommen im *Rabbit Hole.*«

»*Rabbit Hole*?«

»Ja, aus *Alice im Wunderland.* Die Kunden sollen sich hier in fremden Welten verlieren.«

»Und hoffentlich mit vielen Büchern nach Hause gehen.«

»Ja, das auch.«

Nan Nan deutete auf die Sitzecke, die ich unter dem Fenster platziert hatte, damit die Kunden eine Möglichkeit hatten, schon im Laden ein wenig zu schmökern. »Gemütlich.«

»Dir gefällt es also?«

Meine Oma lächelte und nahm meine Hand. »Dein kleiner Freund hat recht: Ich bin deine Grandma und es ist mein Job, die Dinge zu unterstützen, die du machst.« Sie blickte sich in dem Buchladen um, der so lange ihr Leben gewesen war. »Und das hier hast du ganz wunderbar gemacht.«

***

Zwei Stunden später war gefühlt ganz Woodside im *Rabbit Hole.* Wir hatten auf dem Bürgersteig vorm Laden ein paar Tische und Bänke aufgestellt, die alle voll besetzt waren. Hazel wuselte mit einem breiten Lächeln zwischen den Menschen hin und her und verteilte ihre köstlichen Kuchenkreationen, während sich im Laden jede Menge Menschen versammelt hatten und neugierig durch das Sortiment stöberten. Die Zukunft würde zeigen, ob das *Rabbit Hole* eine Chance haben würde, aber darüber wollte ich noch nicht nachdenken.

Mein Herz machte einen Hüpfer, als das vertraute Bimmeln der Türglocke ertönte und Ethan endlich den Laden betrat.

»Hi. Sorry, dass ich so spät bin, aber ich musste nach der Vorlesung noch kurz etwas fragen. Dann war noch megaviel Verkehr.« Er beugte sich zu mir und küsste mich.

»Kein Problem. Ich hab alles im Griff.«

»Maple, ich möchte dir endlich Paul vorstellen.« Ethan trat zur Seite und gab den Blick auf einen sympathisch lächelnden Mann frei. An seinem Arm hatte sich eine atemberaubend hübsche Brünette untergehakt, die mich mit einem freundlichen Lächeln anstrahlte.

»Hallo, Maple.« Er streckte mir die Hand entgegen. »Ich bin Paul und das ist meine zauberhafte Verlobte Diana.«

»Hi. Schön, euch endlich kennenzulernen.«

»Woodside ist ja ganz bezaubernd. Warum hast du das nicht schon früher erzählt? Stattdessen haben wir diese viel zu teure Wohnung in D.C. gemietet.« Sie knuffte Paul spielerisch in die Seite, dann verabschiedeten sich die beiden auch schon wieder, um sich umzusehen.

Ethan zog mich an sich und gemeinsam lehnten wir uns an den Tresen unseres neuen Geschäfts.

»Was sagt man dazu … der ganze verdammte Ort ist auf den Beinen, um dein Baby zu begrüßen.« Ethan küsste mich auf die Schläfe.

»Es ist *unser* Baby und ich freue mich wahnsinnig darauf, wenn du deinen Abschluss nachgeholt hast und wir gemeinsam im Laden arbeiten.«

Er brummte zustimmend in mein Ohr. »Dann hast du genug Zeit, dich um deine Karriere als Autorin zu kümmern.«

»Genau.« Ich lachte. »Die sich darauf beschränken wird, dass ich meine Bücher hier verkaufe. Wenn ich denn überhaupt mal eines fertig bekomme.«

»Das wirst du. Du bist immerhin Nan Nan Turners Enkelin. Wenn du das nicht schaffst, schafft es niemand.« Er zog mich näher an sich heran. »Ich hab übrigens noch andere Neuigkeiten.« Er machte eine theatralische Pause. »Wir können morgen den Mietvertrag unterschreiben.«

»Wirklich?«

Er nickte.

Ethan und ich hatten beschlossen, dass es unsinnig war, zwei winzige Wohnungen zu haben, da wir uns sowieso die meiste Zeit gemeinsam in einer aufhielten. Also hatten wir nach etwas Größerem gesucht und waren schnell fündig geworden.

Ethan begleitete Paul und Diana nun durch den Laden, während ich zufrieden meinen Blick schweifen ließ. Mein Leben war aus den Fugen geraten. Es war an einen Baum geschleudert worden und war in abertausend kleine Teile zerborsten. Aber allmählich fügten sich die Bruchstücke wieder zu einem Ganzen zusammen, zu etwas Neuem, weniger Makellosem. Ich hatte in den letzten Monaten und Jahren Verletzungen davongetragen, aber diese verheilten mittlerweile zu Narben. Sie schmerzten noch, aber nicht mehr so oft und stark wie früher.

Und Ethan? Seine Wunden heilten auch. Er konnte endlich der Mensch sein, der schon immer in ihm gewohnt hatte, den ich schon immer in ihm gesehen hatte: mein bester Freund, meine einzige Liebe.

# Danksagung

Es heißt, man braucht ein Dorf, um ein Kind zu erziehen. Mit einem Buch ist es nicht viel anders. Nun, man muss es vielleicht nicht erziehen, aber schreiben – und noch so vieles mehr. Meinem kleinen, persönlichen Dorf, welches mir bei *Maple Leaves* geholfen hat, gilt an dieser Stelle großer Dank.

Allen voran meinem Mann, der überhaupt erst den Anstoß zu dieser Geschichte gegeben hat, als ihm der Titel spontan einfiel. Ja, zuerst war der Titel da, dann kam die Geschichte dazu. Ich danke dir für die gefühlt tausenden Spaziergänge, in denen ich den Plot immer und immer wieder umstürzte und deine Meinung dazu wissen wollte. Danke für die Abendessen, die du gekocht hast und für die unzähligen Liter Kaffee, die du mir an den Arbeitsplatz gebracht hast. Für die zahllosen Male, in denen du »Mama muss schreiben« zu unserer eigenen verrückten Brut sagen musstest. Danke für deinen unerschütterlichen Glauben an meine Geschichten und in mich. Was Maple für Ethan ist, bist du für mich.

Ein besonderer Dank gilt auch der lieben und wunderbaren Astrid Töpfer. Du hast die Geschichte um Maple und Ethan lange bevor ich wusste, ob *Maple Leaves* überhaupt einen Verlag finden würde, in die richtige Richtung geschubst. Ich danke dir für deinen konstruktiven Input, deine Ratschläge und dein offenes Ohr.

Meine großartigen Bloggerdamen, die mich nun schon zum Teil das dritte Mal begleiten. Elli, Nina, Lisa, Krissi. Ich danke euch von ganzem Herzen für eure unermüdliche Unterstützung, euren Enthusiasmus und jedes liebe und ermutigende Wort. Irgendwann werden wir uns alle außerhalb von Bookstagram treffen und anstoßen. Auf dass noch viele Bücher folgen werden!

Lisa und Anna – ihr wunderbar funkelnden Leitsterne des Dunkelstern Verlags! Ich danke euch für euer Vertrauen und euren Glauben an mich und meine Woodside Stories. Ich bin glücklich und stolz, mit meinen Büchern an eurem Sternenhimmel leuchten zu dürfen und freue mich auf viele weitere Sterne.

Auch den Kreativsternen des Verlags danke ich unendlich, waren sie es doch, die *Maple Leaves* erst haben in voller Pracht erstrahlen lassen. Besonders du, liebe Katrin!

Noch ist kein Dorf voll, aber das kommt jetzt! ;) Ihr lieben Leser: Ohne euch wäre es mir überhaupt nicht möglich, meinen Traum zu leben und Bücher für euch zu schreiben. Vielleicht würde ich trotzdem die ein oder andere Geschichte in meinen Computer tippen, aber seien wir ehrlich, wenn eine Geschichte gelesen wird, ist das schon etwas Besonderes. Wenn sie es dann noch vermag, zu gefallen, ist's gleich noch viel besser.

Nun hoffe ich natürlich, dass *Maple Leaves* euch berühren konnte und ihr gerne nach Woodside zurückkehren würdet. Denn das könnt ihr … bald. :)

# Quellenverzeichnis

*Of Mice and Men* – Buch von John Steinbeck, 1937.

*Die Frauen von Stepford* – Film, 2004, United International Pictures.

*Casablanca* – Film, 1942, Warner Bros.

*Downton Abbey* – Fernsehserie, 2010-2015, Carnival Films.

*Sports Illustrated* – Zeitschrift, USA seit 1954, Authentic Brands Group.

*Friends* – Fernsehserie, 1994-2004, NBC.

*Sex and the City* – Fernsehserie, 1998-2004, HBO.

*Frozen* – Film, 2013, Disney.

*Alice im Wunderland* – Buch von Lewis Carroll, 1865, Originaltitel: *Alice's Adventures in Wonderland.*

*Wie werde ich ihn los in zehn Tagen?* – Film, 2003, Paramount Pictures.

*Crazy. Stupid. Love* – Film, 2011, Warner Bros.

Die Woodside Stories gehen weiter.
Band 2 erscheint im Frühjahr 2023 im Dunkelstern Verlag.

# Auflistung der potenziell triggernden Inhalte, die dieses Buch nutzt:

– Mobbing und damit verbundene Erniedrigung durch Fäkalien
– körperliche und verbale Gewalt inklusive Gewaltandrohungen bzw. Erpressung
– Blut
– Klinik- und Krankenhausaufenthalte
– Suchtverhalten, Entzug und Entzugserscheinungen in Bezug auf Alkoholismus
– Unfalltod und Koma
– ableistisch geprägte Ausdrücke, die weder die persönlichen Ansichten der Autorin noch den Standpunkt des Dunkelstern Verlags widerspiegeln
– Depression und Trauer.

Persönliche Trigger und Traumata sind vielfältig, weshalb diese Warnung solche Themen nur grob anreißen kann. Dennoch möchten wir hiermit versuchen, euch angemessen auf die genutzten Inhalte, die Unwohlsein hervorrufen können, vorzubereiten.

Eure Anna und der Dunkelstern Verlag